William H. Calvin

Die Sprache des Gehirns

Wie in unserem Bewußtsein Gedanken entstehen

Aus dem Amerikanischen
von Hartmut Schickert

Carl Hanser Verlag

Titel der Originalausgabe:
The Cerebral Code. Thinking a Thought in the Mosaics of the Mind
Cambridge, Mass. , The MIT Press, 1996

1 2 3 4 5   04   03   02   01   00

ISBN 3-446-19867-9
© by William H. Calvin
Alle Rechte der deutschen Ausgabe:
© Carl Hanser Verlag München Wien 2000
Redaktion: Birgit Brandau/agens Redaktionsservice, Stuttgart
Satz: Jürgen G. Rothfuß, Neckarwestheim
Druck und Bindung: Kösel, Kempten
Printed in Germany

Inhalt

Ein zeitweiliger Arbeitsraum

Prolog

Es mag vielleicht nichts Neues unter der Sonne geben, doch die Permutation des Alten im Rahmen komplexer Systeme kann Wunder wirken. Stephen Jay Gould, 1977

Dieses Buch handelt vom Denken, von Gedächtnis, Kreativität, Bewußtsein, von Geschichten, Selbstgesprächen und sogar vom Träumen. In einem weiteren Werk, das ich parallel zu diesem geschrieben habe (*Wie das Gehirn denkt*), behandele ich diese Themen eher allgemein; hier verfolge ich sie im Rahmen einer detaillierten darwinistischen Theorie, wie unser zerebraler Kortex mentale Bilder repräsentiert – und sie gelegentlich umarrangiert, um etwas Neues, davon völlig Verschiedenes hervorzubringen.

Anders ausgedrückt: in diesem Buch stelle ich eine Hypothese auf, wie durch das Zusammenwirken darwinistischer Prozesse im Gehirn mentale Vorstellungen gebildet werden könnten. Ausgehend von durcheinandergewürfelten Erinnerungsstücken, die nicht mehr hergeben als das Durcheinander unserer nächtlichen Träume, kann eine mentale Vorstellung sich zu etwas von höherer Qualität weiterentwickeln, beispielsweise einem Satz, der dann laut ausgesprochen wird.

Jung sagte, wir hätten ständig Träume, wir könnten sie nur nicht sehen, wenn wir wach sind, genau wie wir tagsüber die Sterne nicht sehen können, weil der Himmel zu hell ist. Ich habe eine bestimmte Theorie, was da vom grellen Glanz unserer bewußten mentalen Operationen verborgen vor sich geht und dabei unser typisch menschliches Bewußtsein mit seiner vielseitigen Intelligenz hervorbringt. Piaget definierte Intelligenz als das, was wir einsetzen, wenn wir nicht wissen, was wir tun sollen, wenn wir also improvisieren müssen, weil wir keine Standardlösung parat haben. In diesem Buch versuche ich einen Mechanismus aufzuspüren, der dieses Suchen und Verbessern quasi offline erledigt, und

9

damit hoffe ich zu zeigen, wie wir denken, bevor wir handeln, und wie wir die Kunst des »richtig Tippens« praktizieren.

Wenn ich auf diesen Seiten von »mentalen Mosaiken« schreibe, handelt es sich nicht bloß um eine literarische Metapher. Vielmehr wird damit ein Mechanismus umschrieben, der anscheinend eine angemessene Erklärungsebene für zahlreiche geistige Phänomene darstellt: Sechseck-Mosaiken elektrischer Aktivität, die um die territoriale Vorherrschaft im assoziativen Kortex des Gehirns wetteifern. Ähnlich wie Zuckerkristalle auf dem Boden eines Glases mit übersättigtem Eistee wachsen diese zweidimensionalen Mosaiken und lösen sich wieder auf, lautet meine Hypothese. Wenn man mit den richtigen bildgebenden Verfahren auf die Oberfläche des Kortex herabblickt, müßte sich ein Flickenteppich zeigen, dessen Muster sich ständig verändert.

Betrachtete man sich jeden Flicken genauer, müßte man ein Sechseck-Muster erkennen, das sich alle 0,5 mm wiederholt. Das Muster innerhalb eines jeden Sechsecks könnte die Repräsentation eines Details unseres Vokabulars sein: Objekte und Aktionen wie etwa die Katze, die an der Matratze kratzt, Melodien wie beispielsweise Beethovens »Dit-dit-dit-däh«, Bilder wie die Profilansicht Ihrer Großmutter, Vorstellungen höherer Ordnung wie eine Turing-Maschine – sogar etwas, für das wir keinen Begriff haben wie zum Beispiel das Gesicht eines Menschen, dessen Namen man nicht kennt. Wenn ich recht habe, stellt das spatiotemporale Feuermuster innerhalb eines solchen Sechsecks den zerebralen Code für ein Wort oder eine mentale Vorstellung dar.

Noch ein weiterer zentraler Begriff dieses Buches könnte leicht als literarische Reminiszenz mißverstanden werden, und das ist natürlich der »zerebrale Code«. Den Begriff »Code« gebrauchen wir oft, wenn es darum geht, die »Geheimnisse von XYZ« zu entschlüsseln, und gerade die Verfasser von Schlagzeilen lieben solche kurzen, griffigen Wörter. Auch Neurobiologen gehen locker mit dem Begriff um, beispielsweise wenn wir von »Frequenzcodes« und »Stellencodes« sprechen, in Wirklichkeit aber nur eine simple Kartierung meinen.

Echte Codes sind auf Zeichenfolgen basierende Chiffrierungstabellen, wie sie etwa im internationalen Bankendatenaustausch und bei diplomatischen Depeschen zur Anwendung kommen. Ein Code ist ein Übersetzungsschlüssel, mit dem abstrakte Phrasen zur »eigentlichen Sache« ausgebaut werden. Es ist ähnlich, als würden Sie einen Begriff wie »Ambivalenz« im Fremdwörterbuch nachschlagen und dort einen Satz finden, der Ihnen die Sache erklärt. Im Falle des genetischen Codes wird die RNS-Nukleotidsequenz CUU in Leucin übersetzt, das Triplett GGA in Glycin und so weiter. Genaugenommen müßten wir als zerebralen Code das bezeichnen, mit dessen Hilfe wir Gedanken in Aktionen umwandeln, eine Tabelle zur Umsetzung des kleinen, abstrakten zerebralen Musters in seine muskuläre Implementierung.

Inoffiziell wird der Begriff »Code« auch für das abstrakte Muster selbst benutzt, beispielsweise für eine Nukleotidkette wie GCACUUCU-UGCACUU. Im Rahmen dieses Buches aber bezieht sich der Ausdruck »zerebraler Code« auf das spatiotemporale Feuermuster neukortikaler Neuronen, das für die Repräsentation eines Begriffs, Wortes oder Bildes oder sogar einer Metapher entscheidend ist. Meine theoretische Arbeit hat unter anderem ergeben, daß in einer sechseckigen Einheit von rund 0,5 mm Durchmesser ein einzigartiger Code enthalten sein kann (auch wenn er oft redundant in vielen benachbarten Sechsecken wiederholt wird).

Einst hielt man den genetischen Code für universell, glaubte also, daß alle Organismen von Bakterien bis zu Menschen sich derselben Übersetzungstabelle bedienen. Nun hat sich herausgestellt, daß Mitochondrien eine irgendwie unterschiedliche Übersetzungstabelle verwenden. Obwohl es sich beim zerebralen Code um einen echten Code handelt, ist er mit Sicherheit alles andere als universell; ich bezweifle, daß das spatiotemporale Feuermuster, welches ich für »Hund« verwende (in eine Tonleiter transponiert ergäbe sich eine kurze Melodie, vielleicht mit einigen Akkorden), genau dasselbe ist, welches Sie verwenden. Die zerebralen Codes eines jeden Menschen sind vermutlich das Zufallsergebnis von Entwicklung und Kindheitserlebnissen. Ich wäre angenehm überrascht, wenn wir irgendwelche Gemeinsamkeiten herausfänden – beispielsweise, daß die meisten Menschen von Natur aus für belebte Objekte eine bestimmte Untergruppe von Codes verwenden (etwa Ces-Akkorde) und eine andere Untergruppe (vielleicht Dis-Akkorde) für unbelebte Objekte.

Bei meinem Kandidaten für den zerebralen Code ist von besonderer Bedeutung (was damit zu tun hat, daß kortikale Mechanismen zum Kopieren von Mustern anscheinend neue Kategorien erzeugen können), daß damit zunehmende Abstraktionsebenen möglich werden – sogar Analogien können miteinander wetteifern und so Ihnen helfen, Multiple-

Choice-Aufgaben zu bewältigen wie etwa »A verhält sich zu B wie C zu D, E, F«. Wenn im zerebralen Kortex darwinistische Prozesse ablaufen, kann man sich vorstellen, daß mittels stratifizierter Stabilität jene Schichten von Vorstellungen generiert werden, die nur mit unangemessenen, umschreibenden Mitteln ausgedrückt werden können – beispielsweise wenn wir etwas wissen, über das wir nicht sprechen können. Dies ist Thema des vorletzten Kapitels, »Die Metaphern-Manufaktur«.

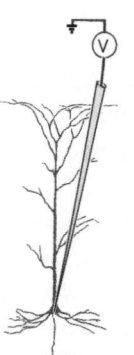

Als Neurophysiologe bin ich sehr geübt darin, an so unterschiedlichen Schauplätzen wie Seeschnecken-Ganglien *in vitro* oder am menschlichen zerebralen Kortex *in situ* einzelne Neuronen anzuzapfen. Doch vor rund einem Jahrzehnt habe ich mich auf dieses Theorie-Abenteuer eingelassen. Ich hatte dabei nicht vor, Repräsentationen zu erklären oder womöglich das Wesen des Arbeitsgedächtnisses aufzudecken. Wie die meisten Neurobiologen hielt ich solche Fragen für zu komplex, um sie direkt angehen zu können. Statt dessen mußte man sich ihre Grundlagen erarbeiten.

Damals hatte ich ein viel bescheideneres Ziel: im Gehirn nach Analogien zu den darwinistischen Mechanismen zu suchen, die in der Natur komplexe Systeme höherer Ordnung hervorbringen – etwas, das (wie Kenneth Craik es 1943 formulierte) einen möglichen Handlungsablauf simulieren könnte, ehe die Handlung tatsächlich in Gang gesetzt wird. Schließlich wissen wir, daß die Darwinsche Sperrklinke Stufe um Stufe verbesserte Fähigkeiten ausbilden kann, daß dies ein algorithmischer Prozeß ist, der nach und nach Qualität kreiert – und damit die weitverbreitete Vorstellung umschifft, daß trickreiche Dinge einen noch trickreicheren Konstrukteur brauchen. Wir haben sogar eine Menge von den vielen Einzelschritten erkannt, die an jenem Prozeß beteiligt sind – etwa warum sich die Evolution auf Inseln beschleunigt und warum sie sich auf Kontinenten verlangsamt.

So attraktiv ein kognitiver Konstruktionsprozeß von oben nach unten auch erscheinen mag, wir wissen, daß von unten nach oben verlaufende darwinistische Prozesse zu ausgefeilten Resultaten führen können, wenn genügend Zeit zur Verfügung steht. Vielleicht hat ja das Gehirn sogar etwas noch Trickreicheres erfunden als den Darwinismus, doch zunächst sollten wir (so überlegte ich damals) den darwinistischen Algorithmus ausprobieren – als Ausgangsbasis gewissermaßen – und erst dann nach Abkürzungen suchen. 1987 schrieb ich darüber einen Artikel in *Nature*, »The Brain as a Darwin Machine«, womit ich in Analogie zur Turing-Maschine einen Ausdruck für alle Arten von voll ausgebildeten darwinistischen Prozessen vorschlug.

Seit William James erstmals die Hypothese in den siebziger Jahren des 19. Jahrhunderts – noch zu Lebzeiten Charles Darwins – diskutierte, hat man darwinistische Prozesse für eine mögliche Basis mentaler Prozesse gehalten, für einen Weg, wie man grammatisch korrekte Sätze ausformt oder eine effizientere Strategie entwickelt, die entscheidenden Gänge des Supermarkts zu finden. Sie stellen eine Möglichkeit dar, das Piagetsche Labyrinth zu erforschen, bei dem man anfänglich nicht weiß, was man tun soll. Standardisierte neurale Entscheidungsbäume für in- und auswendig gelernte Dinge reichen vielleicht aus, um irgendwelche Fragen zu beantworten, doch wenn es darum geht zu entscheiden, was als nächstes zu tun ist – wenn man sich selbst eine Frage stellt –, dann muß etwas Kreatives ins Spiel kommen.

Als Darwin und Wallace erstmals mit dem Bild der Zahnstange plus Sperrhaken erklärten, wie sich im Verlauf von vielen Millennien neue Arten herausbildeten, glaubte man natürlich, daß dieser Mechanismus nur sehr langsam arbeitet. Später fand man heraus, daß die nach demselben Prinzip erfolgende Ausbildung von Antikörpern nur einen Zeitraum von Tagen bis Wochen beansprucht und das Immunsystem auf ein neuartiges Antigen reagieren kann. Am Ende verfügt man über einen neuen Typ von Antikörper, der hundertmal effizienter wirkt als die, die zum Zeitpunkt der Infektion zur Verfügung standen – und zugleich natürlich in viel größeren Stückzahlen vorliegt. Wie lange, kann man fragen, würde wohl das Gehirn brauchen, um diesen kreativen Mechanismus nachzubilden, indem seine noch viel schnellere neurale Maschinerie die im Prinzip identischen Prozesse ablaufen läßt? Bildet vielleicht eine nur Millisekunden bis Minuten brauchende darwinistische Artenbildung die Grundlage, auf der unser komplexes geistiges Leben aufgebaut ist?

Wittgenstein bemerkte einmal, daß man neue Einsichten größtenteils nicht erlangt, indem man neue Informationen sammelt, sondern indem man bereits bekannte Dinge umarrangiert. Auf die Ebene der biologischen Variationen trifft das sicherlich zu; obwohl ständig von Mutationen gesprochen wird, sind es in Wirklichkeit das zufällige Durcheinandermischen der großelterlichen Chromosomen im Verlauf der Meiose (bei der

Ausbildung von Spermien und Eiern) und die darauf folgende sexuelle Rekombination während der Befruchtung, die substantiell neue Varianten hervorbringen, wie man beispielsweise an den unzähligen Unterschieden zwischen Säuglingen sieht. Auch neuartige geistige Vorstellungen, so glaubt man, gehen aus der Rekombination im Verlauf der Gehirnaktivität hervor. Im Wachzustand bleiben die meisten davon sicherlich auf unterbewußten Ebenen verborgen – viele davon gleichen aber wahrscheinlich weitgehend dem zusammenhanglosen Neben- und Durcheinander, das wir jede Nacht in unseren Träumen erleben. Der Neurophysiologe J. Allan Hobson schrieb:

»Personen, Orte und Zeiten wechseln plötzlich ohne Vorwarnung. Es kann zu abrupten Sprüngen, Schnitten und Einschüben kommen. Auch Verschmelzungen gibt es: unmögliche Kombinationen von Menschen, Orten, Zeiten und Aktivitäten zuhauf.«

Solche Juxtaposita und Schimären ergeben größtenteils keinen Sinn. Im Wachzustand jedoch könnten sie nach darwinistischer Manier besser ausgebildet werden, und nur die realistischeren würden normalerweise bis zum »Bewußtsein« durchdringen.

Über die für solche darwinistischen Prozesse erforderlichen Mechanismen weiß man heute viel mehr als in den siebziger Jahren des 19. Jahrhunderts; sie gehen weit über die beliebten Trivialisierungen des Themas hinaus, die den Darwinismus auf das Problem des selektiven Überlebens reduzieren. Leider prägte Charles Darwin selbst für seine Theorie den Begriff der »natürlichen Auslese« und verleitete so viele seiner Nachfolger dazu, sich auf diesen einen Aspekt zu konzentrieren, der in Wirklichkeit nur eines von einem halben Dutzend Schlüsselelemente des darwinistischen Prozesses ist. Und bislang drehen sich auch die meisten »darwinistischen« Diskussionen über die Ontogenese des Gehirns bei genauerer Überprüfung nur um einige dieser Schlüsselelemente – und nicht um die gesamte kreative Schleife, die ich in späteren Kapiteln abhandeln will.

Jene sechs darwinistischen Schlüsselelemente habe ich in *Die Symphonie des Denkens* und in »Islands in the mind« (veröffentlicht 1991 in *Seminars in the Neurosciences*) auf unsere geistigen Prozesse zu übertragen versucht; damals hatte ich jedoch noch keinen spezifischen neuralen Mechanismus entdeckt, der die Sache ankurbeln könnte. Gegen Ende

1991 ging mir auf, daß zwei neuere Entdeckungen in den Neurowissenschaften – emergenter Synchronismus und intrakortikale Axone von Standardlänge – genau die wesentlichen Elemente darstellen, die es braucht, damit ein darwinistischer Prozeß in den oberen Schichten des zerebralen Kortex ablaufen kann. Diese neokortikale Darwin-Maschine eröffnete die Möglichkeit, die Operationen des Kortex auf breiter neurophysiologischer Grundlage zu diskutieren. Ein ganzes Spektrum kognitiver Themen kann man damit angehen, vom Wiedererkennungs-Gedächtnis bis zu höheren intellektuellen Funktionen einschließlich der Sprache und der Mechanismen für die Vorausplanung und bis hin zur Frage, was wohl zu den Resten im Kühlschrank passen würde.

Trotz des Erbes von William James und Kenneth Craik, trotz der jüngsten interdisziplinären Welle, uralte Probleme mit den neuen Ansätzen der darwinistischen und komplexen adaptiven Systeme anzugehen, wird jede mögliche darwinistische »Kurbel« all jenen Wissenschaftlern suspekt sein, die über das grobschlächtige, karikierende »Überleben des Tüchtigsten« hinaus nur wenig detaillierte Kenntnisse von den darwinistischen Prinzipien haben.

Denn zunächst einmal muß man nicht nur über die Statistik des Waldes nachdenken, sondern auch über die charakteristischen Eigenschaften eines jeden Baumtyps. In Populationen zu denken, wird einem nicht leicht zur Angewohnheit, doch ich hoffe, das erste Kapitel wird in aller Kürze zeigen, wie man damit zu einer Liste von sechs Schlüsselelementen des darwinistischen Prozesses gelangt – zuzüglich einiger weiterer Merkmale, die als Katalysatoren dienen, um die Sperrklinke schneller einrasten zu lassen. Dann wenden wir uns einigen lokalen neuralen Schaltkreisen des zerebralen Kortex zu, denn dort werden die Dreiecksanordnungen synchronisierter Neuronen vermutet, die es sowohl für die Codierung als auch für die kreative Komplexität braucht. Dabei werde ich auch das Sechseck als die kleinste Einheit des Hebbschen Zellensembles einführen und seine Größe auf rund 100 Minikolumnen zu jeweils 10 000 Neuronen abschätzen (im Grund entspricht das den 0,5-mm-Makrokolumnen des assoziativen Kortex, die ungefähr genausogroß wie die dominanten okularen Säulen des primären visuellen Kortex sind, aber vielleicht nicht so dauerhaft verankert). Dort wird auch die Komprimierung des Codes diskutiert, und das versetzt uns in die Lage zu verstehen, wie vielleicht das Langzeitgedächtnis funktioniert – und zwar sowohl das Verschlüsseln wie das Wiederauffinden von Erinnerungen.

Ungefähr in der Mitte des Buches sind wir mit der Verschaltung einer neokortikalen Darwin-Maschine fertig und bereit, im zweiten Akt uns einigen ihrer erstaunlichen Hervorbringungen zuzuwenden: Kategorien, Sequenzen, Analogien, Metaphern und transmodalen Abgleichen. Das erinnert an die vertraute Unterscheidung zwischen den Prinzipien der Evolution und den Produkten der Evolution. In diesem Fall zählen die Produkte zu den interessanten Aspekten, in denen sich Menschen von ihren Affen-Vettern unterscheiden: Wir können über bloße Kategorien hinausgehen, um höhere Ebenen von Komplexität auszubilden wie etwa Metaphern, Geschichten und sogar ganze Tagesordnungen. Ich glaube, daß auch die Vorausplanung, daß Sprache und musikalische Fähigkeiten sich dieser Art von neokortikalen Mechanismen verdanken, wie ich es in meinen früheren Büchern diskutiert habe (neben den Aspekten einer »kostenlosen Dreingabe«, die sich gemeinsam benutzten neuronalen Mechanismen verdankt).

Einige Leser dürften mittlerweile bemerkt haben, daß sich dieses Buch von meinen früheren unterscheidet. Jene habe ich in erster Linie für interessierte Laien geschrieben und erst in zweiter für meine wissenschaftlichen Kollegen; hier ist es umgekehrt. Zum Ausgleich habe ich dem Werk ein Glossar mitgegeben (Seite 227), das sogar Neurowissenschaftler als kurze Einführung in die Chaostheorie und die Evolutionsbiologie brauchen werden. Machen Sie fleißig und von Anfang an davon Gebrauch.

An den allgemein interessierten Lesr dachte ich auch beim Design des Buches (bis hin zum Seitenlayout ist alles meine Schuld). Die Illustrationen sind mal bloße Skizzen, mal von gediegenerer Art. In *Three Places in New England* spielt der Komponist Charles Ives auf charakteristische Weise ein bekanntes Lied wie etwa *Yankee Doodle* an und löst es dann zu seiner eigenen Melodie auf; selbst ein Zitat von nur vier Noten Länge reicht aus, um beim Zuhörer eine Flut von Assoziationen auszulösen (ein Phänomen, das ich mechanistisch im zweiten Akt angehe, wenn wir uns für die Metaphern-Mechanismen warm machen). In Anlehnung an Ives habe ich gewissermaßen als Stilmittel briefmarkenkleine, legendenlose Illustrationen eingeführt, die als kleine Abschweifungen in kürzestmöglicher Form den Leser auf das Kommende vorbereiten sollen. Abermals habe ich den Untergrund-Architekten Malcolm Wells verpflichtet, mir dabei zu helfen – Sie dürften keine Schwierigkeiten haben, herauszufinden, welche Illustrationen von Mac sind! Was ein paar meiner eigenen Illustrationen angeht, so mußte ich mich mit dem Problem rumschlagen, spatiotemporale Muster in einem rein spatialen Medium wiederzugeben (was zusätzlich dadurch erschwert wurde, daß mir nur eine Grauwert-Skala und eine Stammbaum-Anordnung zur Verfügung standen!). Ich stütze mich zwar in großem Umfang auf musikalische Analogien, doch das Material verlangt eindeutig nach einer Animation.

Ich habe der Versuchung widerstanden, Computersimulationen einzusetzen, um nicht allzuviel Verwirrung zu stiften (in meinem eigenen Kopf – wie vielleicht auch in dem des Lesers). Simulationen, die mehr sein sollen als bloße Animationen einer Idee, basieren auf nur schwer nachvollziehbaren kritischen Grundannahmen. Im Moment brauchen wir einfach noch keine Simulationen, denn auch ohne sie kann man die offensichtlicheren Konsequenzen einer neokortikalen Darwin-Maschine nachvollziehen, sowohl was die modularen Schaltkreise als auch was die territorialen Wettkämpfe angeht. Für unsere Zwecke reicht glücklicherweise die ebene Geometrie – jene, die die alten Griechen entdeckten, als sie über die sechseckigen Kachelmosaiken auf dem Boden des Badehauses nachdachten.

Erster Akt

Jeder weiß, daß im Jahr 1859 Darwin die Evolution der Arten mit so überzeugenden Beweisen nachwies, daß seine Theorie bald universell akzeptiert war. Nicht jeder weiß jedoch, daß Darwin bei dieser Gelegenheit eine Reihe weiterer wissenschaftlicher und philosophischer Konzepte einführte, die bis auf den heutigen Tag von weitreichender Bedeutung sind. Diese Konzepte, die Auslese und das Denken in Populationen, mußten aufgrund ihrer umfassenden Originalität enorme Widerstände überwinden. Man sollte meinen, daß unter den Hunderten von Philosophen, die über den Wandel nachdachten – die Ionier, Plato und Aristoteles, die Scholastiker, die Philosophen der Aufklärung, Descartes, Locke, Hume, Leibniz, Kant und die zahllosen Philosophen der ersten Hälfte des 19. Jahrhunderts –, daß unter all diesen wenigstens einer oder zwei das enorme heuristische Potential jener Kombination von Variation und Selektion erkannt hätten. Doch dem ist nicht so. Für einen modernen Menschen, der überall die Manifestationen von Variation und Selektion erblickt, erscheint dies ziemlich unglaublich, doch es ist eine historische Tatsache.   Ernst Mayr, 1994

In der Geschichte der Biologie scheint immer dann, wenn ein Phänomen etwas mit Lernen zu tun zu haben schien, zunächst eine instruktive Theorie vorgeschlagen worden zu sein, um die zugrundeliegenden Mechanismen zu erklären. In jedem einzelnen Fall wurde diese später dann durch eine selektive Theorie ersetzt. So glaubte man einst, die Arten hätten sich durch Lernen oder Anpassung von Individuen an die Umwelt entwickelt, bis Darwin zeigte, daß dies ein selektiver Prozeß sein mußte. Die Resistenz von Bakterien gegenüber antibakteriellen Wirkstoffen sei, so glaubte man, durch Adaption erworben, bis Luria und Delbrück zeigten, daß der zugrundeliegende Mechanismus ein selektiver ist. Bei adaptiven Enzymen handelte es sich, wie Monod und seine Schule nachwiesen, um induzierbare Enzyme, die durch die Selektion bereits existierender Gene entstanden. Schließlich glaubte man, die Bildung von Antikörpern basiere auf der Instruktion durch das Antigen; jetzt weiß man, daß sie aus der Selektion bereits existierender Muster resultiert. Folglich stellt sich die Frage, ob das Lernen des Zentralnervensystems vielleicht nicht auch ein selektiver Prozeß ist, mit anderen Worten: ob Lernen vielleicht überhaupt kein Lernen ist.   *Niels K. Jerne, 1967*

1 Das Repräsentationsproblem und die Kopierlösung

Obwohl die Welt der Gehirnwissenschaft damals [in den sechziger Jahren des 19. Jahrhunderts] noch klein war, begannen sich doch schon zwei Lager zu bilden. In dem einen vertrat man die Auffassung, daß sich psychologische Funktionen wie Sprache oder Gedächtnis auf keinen Fall einer bestimmten Gehirnregion zuordnen ließen. Wenn man auch widerstrebend anerkennen mußte, daß das Gehirn den Geist hervorbringt, so bestand man zumindest darauf, daß es dies als Ganzes leiste und nicht als Konglomerat von Teilen mit speziellen Funktionen. In dem anderen Lager war man dagegen der Überzeugung, das Gehirn bestehe durchaus aus spezialisierten Teilen und diese Teile seien für separate geistige Funktionen verantwortlich. An der Kluft zwischen beiden Lagern kann nicht allein der Umstand schuld gewesen sein, daß die Hirnforschung noch in den Kinderschuhen steckte, denn der Streit hat ein weiteres Jahrhundert überdauert, und ganz haben wir ihn selbst heute noch nicht überwunden.

Antonio R. Damasio, 1995

Eine Zelle, eine Erinnerung: so einfach funktioniert das Ganze nicht, doch anscheinend entwickeln Menschen zunächst einmal diese Vorstellung, wenn sie über das Problem nachdenken, wie Erinnerungen in Zellen lokalisiert sein könnten. Auch wenn man nicht vertraut damit ist, wie Computer Daten speichern, vermitteln die meisten Einführungen über die Funktionsweise des Gehirns den Lesern die leicht faßliche Botschaft, daß das Gedächtnis ähnlich wie ein Taubenschlag funktioniert – das Feuern hochspezialisierter Interneuronen könnte das darstellen, was die Erinnerung an einen bestimmten Sachverhalt evoziert. Geht es um die Wahrnehmung, sprechen wir in diesem Fall in der Neurophysiologie von einer »Großmutter-Zelle« (ein Neuron, das vielleicht nur einmal im Jahr,

21

beim Weihnachtsessen, feuert). Geht es um Bewegung, löst also ein einzelnes Interneuron (also ein »Insider-Neuron«, kein sensorisches und auch kein motorisches) eine bestimmte Reaktion aus, nennt man dies ein »Kommando-Neuron«. Im simpelsten aller Arrangements würde es sich in beiden Fällen um dasselbe Neuron handeln.

Tatsächlich handelt es sich bei den Mauthner-Zellen, die den Fluchtreflex von Fischen auslösen, genau um solche Neuronen. Wird der Fisch von der einen Seite attackiert, feuert die zuständige Mauthner-Zelle, und das löst einen kräftigen Schwanzschlag aus, der den Fisch von den Beißerchen seines Verfolgers fortträgt. Glücklicherweise hatten diese Zellen bereits einen passenden Namen, folglich blieb uns die Bezeichnung »Beißerchen-entdecken-Schwanz-schlagen-Zelle« erspart.

Doch wir sind klug genug, diese Sonderfälle nicht auf das gesamte Gehirn zu übertragen – eine Zelle, ein Konzept, das kann es nicht sein. Aber die sich daraus ergebenden Überlegungen sind nicht so einfach wie die leichtfertigen Taubenschlag-Analogien für das Gedächtnis aus jenen Einführungsbüchern. Daß ein einzelnes Neuron für jeweils ein Konzept zuständig ist, gilt für die meisten Wirbeltiere als unplausibel, wenn man sich die Beweislage betrachtet, die die Neurophysiologie seit 1928 akkumuliert hat, als die ersten Messungen an sensorischen Nerven ein breites Sensibilitätsspektrum erkennen ließen. Man fand völlig unterschiedliche Typen, wobei das Sensibilitätsspektrum des einen Typs sich mit jenen anderer Typen überlappte. Diese Überlappung ohne eine »reine« Spezialisierung erregte lange Zeit den Verdacht zumindest der physiologisch denkenden Wissenschaftler. Thomas Young formulierte seine trichroma-

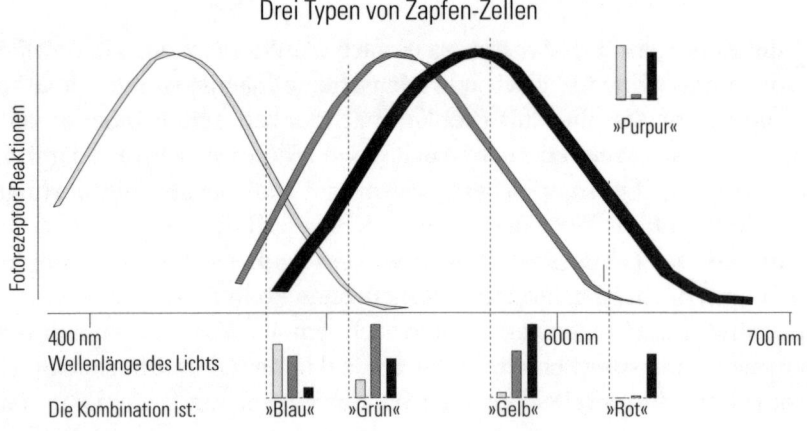

Drei Typen von Zapfen-Zellen

tische Farbentheorie 1801; nachdem Hermann von Helmholtz 1865 die Theorie ausgeweitet hatte, lag es ziemlich auf der Hand, daß jede spezifische Farbe nicht eine singuläre Entität sein konnte, sondern ein bestimmtes *Muster* von Reaktionen haben mußte, zu dem es auf verschiedene Weise kommen konnte. In jüngerer Zeit hat sich dasselbe für den Geschmack herausgestellt: »Bitter« ist bloß ein Muster von starken und schwachen Reaktionen von vier Typen von Geschmacksknospen, nicht die Aktivität eines speziellen Typs.

Das soll nicht bedeuten, daß sich ein bestimmtes Interneuron nicht auf eine einzigartige Kombination spezialisieren könnte. Doch solche eingeschränkten, allem anderen gegenüber unsensiblen Spezialisten lassen sich nur so schwer finden, daß wir die Erwartung, einen aufzutreiben, als den »Großmutter-Zellen-Trugschluß« bezeichnen. Auch die »Kommando-Neuronen« machen sich in der Regel rar, denn ein Arrangement nach Art der Mauthner-Zellen ist nicht gerade weit verbreitet. Wenn wir in der Hoffnung, ein handhabbares Modell für unsere Experimente zu finden, spezialisierte Neuronen suchen, müssen wir in der Regel erkennen, daß Komitees höchstwahrscheinlich die nicht weiter reduzierbare Basis von Repräsentationen sind – mit Sicherheit von jenen abstrakteren, die wir Schemata nennen.

Weil die inhaltliche Gedächtniseinheit wahrscheinlich eng verwandt mit den sensorischen und motorischen Schemata ist, wurden Taubenschlag-Analogien à la Eine-Zelle-eine-Erinnerung in Frage gestellt. Als Karl Lashley mit seinen Läsionen am Rattenkortex fertig war und keine entscheidenden neokortikalen Stellen für Erinnerungen an Labyrinthe gefunden hatte, kam der Verdacht auf, daß eine spezifische »Gedächtnisspur« ein irgendwie breit verteiltes Muster sein mußte, das dazu eine erhebliche Redundanz aufwies. Man steht also vor dem Problem, sich vorzustellen, wie eine Gedächtniseinheit auf redundante Weise räumlich verteilt sein und sich dabei auch noch mit anderen Erinnerungen überlappen kann.

Das Hologramm wäre eine technische Analogie, doch es sieht nicht danach aus, daß sich das Gehirn auf vergleichbare Weise der Phaseninformation bedient. Ein einfacheres und vertrauteres Beispiel, wie ein Ensemble repräsentiert werden kann, ist das Lichtermuster auf einer Anzeigetafel. Für sich allein bedeutet jedes Licht nichts, nur in Kombination mit anderen Lichtern macht das Ganze Sinn. Moderne Beispiele wären die Pixel eines Computerbildschirms oder die Punkte eines Matrixdruckers. Schon in den vierziger Jahren unseres Jahrhunderts hat der Physiologe und Psychologe Donald Hebb als Einheit der Wahrnehmung – und damit des Gedächtnisses – solch ein Ensemble postuliert (er nannte es »Zellensemble«). Die interessante Geschichte von der Entdeckung des Zellensembles werde ich im »Zwischenspiel« erzählen, fürs erste genügt es, wenn Sie sich »ein Komitee, ein Konzept« merken und sich dabei vorstellen, daß eine einzelne Zelle bei unterschiedlichen Komitees zugleich mitwirken kann.

Und denken Sie daran, daß es nicht nur die eingeschalteten Lichter sind, die das charakteristische Muster eines Konzepts ausmachen. Genauso wichtig ist es, daß andere abgeschaltet sind – jene, die das erwünschte Muster »verschlieren« würden, wären sie eingeschaltet. Glücklicherweise feuern die meisten Neuronen im assoziativen Kortex so selten, daß wir oft die Abkürzung nehmen und nur von der »Aktivierung von Zellen« sprechen; in anderen Teilen des Nervensystems (vor allem der Retina) kann das Aktivitätsniveau im Hintergrund sowohl gesenkt als auch erhöht werden, genau wie es ein grauer Hintergrund dem Buchgestalter erlaubt, sowohl schwarze als auch weiße Schrift zu verwenden. Doch wie wir sehen werden, hat der Neokortex auch seine »digitalen« Aspekte.

Eine kleinere Generalisierung des Hebbschen Zellensembles wären bewegliche Muster, als würden Bilder über die Anzeigetafel »rollen«: Entscheidend ist das Muster selbst, unabhängig davon, mit Hilfe welcher Zellen es implementiert wird. Leider fällt mir kein zerebrales Beispiel ein, das den beweglichen Mustern von Conways *Game of Life* entspräche, etwa den »Flashers« und »Gliders«, doch es ist kein Fehler, die freifließenden Muster der Computer-Automaten im Hinterkopf zu behalten.

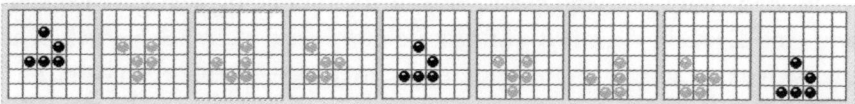

Eine wichtige Erweiterung der Anzeigentafel-Analogie wäre ein Muster von aufblitzenden Lichtern, so daß das relevante Erinnerungsmuster ein spatiotemporales ist, nicht bloß ein spatiales. Wenn wir nach spatiotemporalen Mustern suchen und versuchen, ihre Komponenten ausfindig zu machen, stehen wir vor demselben Problem wie das Kind, das sich einen großen Weihnachtsbaum anschaut und die unabhängig voneinander aufblitzenden Lichterketten auszumachen versucht, die hineingeflochten wurden.

Auf Dauer jedoch kann ein Erinnerungsmuster nicht spatio*temporal* sein: Langzeiterinnerungen überleben alle möglichen Zusammenbrüche der elektrischen Gehirnaktivität, etwa ein Koma; sie überdauern auch allerhand »Verschlierungen«, wie sie beispielsweise mit Gehirnerschütterungen und Schlaganfällen einhergehen. Hebbs Theorie des zweispurigen Gedächtnisses zufolge mußte es zwischen dem Langzeitgedächtnis und dem aktuelleren »Arbeitsgedächtnis« größere Unterschiede in der Art und Weise der Repräsentation geben, und diese könnten auf verschiedene Muster neuronalen Feuerns zurückzuführen sein. Hebb drückte es so aus:

»Wenn man einen Weg findet, wie möglicherweise eine nachklingende Gedächtnisspur mit dem strukturellen Wandel kooperiert *und die Erinnerung bewahrt, bis der Wachstumswandel vollendet ist*, müßten wir den theoretischen Wert der Spur, die einzig eine Aktivität ist, anerkennen können, ohne ihr die gesamte Erinnerung zuzuschreiben.«

Diesen Unterschied zwischen archivalisch und aktuell, zwischen passiv und aktiv kennen wir von den Schallplatten her, bei denen ein rein spatiales Muster die Information »eingefroren« lagert, woraus dann, wenn verlangt, ein spatiotemporales Muster wiedererschaffen wird, das beinahe mit dem identisch ist, welches ursprünglich das spatiale Muster lieferte. Auch ein Notenblatt oder die gelochte Rolle eines mechanischen Klaviers erlauben es, daß ein rein spatiales Muster in ein spatiotemporales umgewandelt wird. In der Regel werde ich die musikalische Aufführung als Analogie für mein spatiotemporales Muster verwenden und das Notenblatt als Analogie für die rein spatiale Grundlage.

Auf den ersten Blick scheint es so etwas wie rein spatiale Wahrnehmungen zu geben – beispielsweise die, die meine Armbanduhr auf meiner Haut verursacht (doch in Wirklichkeit ist sie nicht statisch, denn auch mir ist der physiologische Tremor zu eigen sowie ein radialer Impuls, um ihr Gewicht zu konterkarieren). Die meisten unserer Wahrnehmungen sind jedoch ganz offensichtlich *spatiotemporal,* etwa wenn wir den Finger an die Ecke der Seite legen, um sie gleich umzuwenden. Selbst wenn der Input statisch erscheint – wenn wir vielleicht auf die Mitte eines Schachbretts starren –, tritt oft eine winzige, zittrige Bewegung hinzu wie beispielsweise der Mikronystagmus des Augapfels (wie ich in der Mitte meines »Zwischenspiels« eingehender diskutieren werde, erhält das Nervensystem ein spatiotemporales Muster dadurch, daß die Fotorezeptoren unter dem projizierten Bild leicht hin- und herschwingen). Sei es etwas Zeitloses wie die Zeichnung eines Kamms oder etwas in der Zeit veränderliches wie das Gefühl eines Kamms, der durch das Haar streicht – die aktive »Arbeits«-Repräsentation ist höchstwahrscheinlich eine spatiotemporale wie beispielsweise das Lichterflackern einer Flippermaschine oder die blinkenden Lichterketten auf dem Weihnachtsbaum.

Selbstverständlich bedürfen alle unsere Bewegungen spatiotemporaler Muster der Muskelaktivierung. Selbst bei einer statisch wirkenden Pose hält der physiologische Tremor alles in Bewegung. Die Implementierung besorgt im allgemeinen ein spatiotemporales Muster, an der ganze Pools von zahlreichen motorischen Neuronen beteiligt sind. Manchmal, wie im Fall des mit dem Schwanz schlagenden Fisches, geht der Befehl dazu von nur einem Punkt in Raum und Zeit aus, für gewöhnlich aber ist schon die *Initiierung* des Bewegungsschemas spatiotemporal, über Zeit und Raum verschmiert.

Die Wahrnehmung muß nicht wie durch einen Trichter auf einen Punkt konzentriert werden, von dem sie sich dann wieder ausbreitet, um die Sequenz einer angemessenen Reaktion bereitzustellen; vielmehr könnte das spatiotemporale Muster der Wahrnehmung das angemessene spatiotemporale Muster der Reaktion hervorrufen, *ohne jemals lokalisiert zu sein*. Über Raum und Zeit verteilt, lassen sich solche ephemeren (und vielleicht translozierbaren) Ensembles nur schwer in Flußdiagrammen oder Metaphern fassen. Stellen Sie sich etwa zwei Stimmen vor, von denen die eine (der sensorische Code) das Lied anstimmt, woraufhin die andere (der Bewegungs-Code) einfällt; die beiden Stimmen sind eine Weile lang miteinander verflochten (und die Bewegung wird schließlich in Gang gesetzt), und dann beendet die zweite Stimme das Lied.

Für mich besteht das Repräsentationsproblem darin, *welches* spatiotemporale Muster ein mentales Objekt repräsentiert: Bestimmt bedingt das Abrufen einer Erinnerung nicht, das ursprüngliche Feuermuster sämtlicher Zellen im Gehirn wiederzuerschaffen, so daß sie alle die Aktivität zum Zeitpunkt des Inputs nachahmen. Irgendeine Untergruppe muß genügen. Wie groß ist sie? Handelt es sich um ein synchronisiertes Ensemble ähnlich einem Akkord, wie es einigen kortikalen Theorien zufolge der Fall sein müßte? Oder ist es eher eine Melodie aus einzelnen Tönen? Vielleicht mit ein paar Akkorden dazwischen? Wird sie andauernd wiederholt, oder reicht eine Repetition für eine Weile aus?

26

Solche Fragen lagen größtenteils schon in der Luft, als ich als Student Ende der fünfziger Jahre mich erstmals mit Hebb traf, nachdem ich sein damals zehn Jahre altes Buch *The Organization of Behavior* gelesen hatte. Hebb hatte erstaunlicherweise schon 1945 eine Lösung vorgeschlagen, noch ehe Messungen an einzelnen Neuronen des zerebralen Kortex von Säugetieren vorgenommen worden waren (gläserne Mikroelektroden wurden erst 1950 erfunden). Obwohl unser Datenmaterial in den dazwischenliegenden Dekaden immens angewachsen ist, haben wir Hebbs Formulierung des Problems nichts wesentlich Besseres entgegenzusetzen – und auch nicht seiner sachlich fundierten Vermutung, wo wahrscheinlich die Lösung zu finden ist.

Es ist unangemessen – schlimmer noch: es ist irreführend –, unter Psychologie die Erforschung des Verhaltens zu verstehen. Psychologie ist die Erforschung der ihm zugrunde liegenden Prozesse, genau wie die Chemie sich heute eher mit dem Atom beschäftigt als mit pH-Werten, Spektroskopen und Reagenzgläsern.

D. O. Hebb, 1980

Mit dem Einsatz multipler Mikroelektroden ist es heute möglich, mehrere Dutzend benachbarte Neuronen in einem Areal von ein paar Quadratmillimetern zugleich zu messen. Im motorischen Kortex kann man sogar anhand eines zufällig ausgewählten Ensembles vorhersagen, welche Bewegung – aus einem Standardrepertoire – ein darauf trainierter Affe als nächstes machen wird. Wenn man Affen, die die Wahl zwischen verschiedenen Verhaltensweisen haben, zwingt, mit dem Agieren zu warten, läßt sich überwiegend in prämotorischen und präfrontalen Arealen während des Wartens ein anhaltendes Feuern von Zellen beobachten. Im prämotorischen und präfrontalen Kortex sind einige der mittels multipler Mikroelektroden aufgezeichneten spatiotemporalen Muster erstaunlich präzise und aufgabenspezifisch.

Mit den weniger scharfen bildgebenden Verfahren haben wir erst kürzlich einige Beispiele entdeckt, wo Arbeitsgedächtnis-Muster möglicherweise lokalisiert sind: Wenn Menschen versuchen, sich lange genug an Telefonnummern zu erinnern, um sie wählen zu können, sind es die klassischen Sprachzentren von Broca und Wernicke, die bei diesen bildgebenden Techniken aufleuchten.

Weil Erinnern so viel schwieriger ist als bloßes Wiedererkennen (man erkennt eine altbekannte Telefonnummer, selbst wenn man sich nicht willentlich an sie erinnern kann), müssen wir vielleicht zwischen unterschiedlichen Repräsentationen derselben Sache differenzieren. Kryptographen machen einen ähnlichen Unterschied zwischen einem Dokument und einer verhackstückten Zusammenfassung desselben Dokuments (so etwas wie eine Prüfsumme, die sogar vertauschte Buchstaben erkennt). Solch eine Signatur von gerade mal 100 Byte reicht aus, um ein bestimmtes, mehrseitiges Dokument wiederzuerkennen (»Das habe ich schon einmal gesehen!«), enthält aber nicht genügend Informationen, um es tatsächlich zu rekonstruieren. Also müssen wir vielleicht zwischen simplen Hebbschen Zellensembles – die für das Wiedererkennen ausreichen – und detaillierten Verbänden unterscheiden, die man für das vollständige Wiedererinnern und für Abstraktionen braucht.

Hebbs Formulierung legt an jede mögliche Erklärung für zerebrale Repräsentationen wichtige, eng gefaßte Maßstäbe an: Sie muß sowohl rein spatiale als auch spatiotemporale Muster erklären sowie ihre Umwandlung von der einen in die andere Form, ihre Redundanz und räumliche Ausdehnung, ihre Imperfektion (und die daraus resultierenden charakteristischen Fehler) und die Verbindungen zum assoziativen Gedächtnis (zugleich auch, wie es durch neue Verknüpfungen zu Verzerrungen alter Erinnerungen kommt). Keine heutige Technologie bietet eine Analogie, die uns helfen könnte, über das Problem nachzudenken.

Welche Rolle solche eng gefaßten Maßstäbe bei der Theoriebildung spielen, erkennt man auch daran, daß Keplers drei Gesetze über die Planetenbewegungen das Schwerkraftproblem aufwarfen, welches dann Newton zu lösen sich anschickte. Gerade mal vor einem halben Jahrhundert sah sich die Molekulargenetik mit ähnlichen, überaus wichtigen Bedingungen konfrontiert, die der Lösung den Weg bereiteten. Die Biologen wußten, daß das genetische Material – worum es sich dabei auch immer handeln mochte – in das Innere der Zelle passen, chemisch stabil sein und – was am wichtigsten war – in der Lage sein mußte, während der Zellteilung sehr gute Kopien von sich anzufertigen. Wie sich herausstellen sollte, war damit das Problem so formuliert, daß es gelöst werden konnte.

Die meisten glaubten damals, daß sich die Gene als Proteine herausstellen würden, deren Winkel und Ecken als Schablonen für andere solche Riesenmoleküle dienen würden. Cricks und Watsons helikales Reißverschluß-Modell der DNS sorgte 1953 für so viel Aufregung, weil es der Kopier-Bedingung genügte. Erst ein paar Jahre später wurde klar, wie ein Triplett des vierbuchstabigen DNS-Codes in Ketten des Aminosäure-

Alphabets mit 20 Buchstaben übersetzt wird und so die Enzyme und andere Proteine hervorbringt.

Die Suche nach einem molekularen Kopiermechanismus führte zu der Lösung des Rätsels, wie die Gene decodiert werden. Könnte die Suche nach einem neuralen Kopiermechanismus eine analoge Möglichkeit eröffnen, das Rätsel des zerebralen Codes anzugehen?

»Meme« nennt man Dinge, die von Geist zu Geist kopiert werden. Richard Dawkins prägte diesen Begriff 1976 in seinem Buch *Das egoistische Gen*. Bei der Zellteilung werden Gene kopiert, Gehirne aber kopieren alles von Wörtern bis hin zu Tänzen. Das kulturelle Analogon des Gens ist das Mem (von »Mimem« oder »mimen«), es ist die Einheit der kulturellen Vererbung. Auch ein Werbeslogan kann ein Mem sein. Wenn sich ein Gerücht verbreitet, wird ein Muster von einem Gehirn in andere geklont: die Metastase einer Repräsentation.

Ließe sich ein solcher Kloniervorgang nicht nur zwischen verschiedenen Gehirnen, sondern auch innerhalb ein und desselben Gehirns finden? Könnte uns das, *was* da geklont wird, zur Repräsentation führen, zum zerebralen Code? Das Kopieren eines Ensemble-Musters ist bislang nicht beobachtet worden, doch es gibt Gründe zur Annahme, daß genau dies in jedem Gehirn stattfindet – zumindest in jedem Gehirn, das groß genug ist, um ein Problem mit der Langstreckenkommunikation zu haben.

Wenn das Muster das entscheidende ist, wie wird es dann von der linken Gehirnhälfte auf die rechte übertragen? Oder von vorn nach hinten? Wie ein Postpaket können wir es nicht schicken, also denken wir einmal an das Telekopieren, bei dem von einem lokalen Muster an einem entfernten Ort eine Kopie hergestellt wird. Ist vielleicht eine Art NeuroFax-Prinzip am Werk?

Als die neurologischen Meßtechniken noch grob waren und eine maximale Auflösung von vielleicht 1 mm boten, sah es so aus, als gäbe es Punkt-zu-Punkt-Entsprechungen, eine geordnete Topographie für die wichtigen sensorischen Bahnen, so daß Nachbarn immer beieinander blieben. Man konnte sich vorstellen, daß jene langen kortikokortikalen Axonenbündel wie Glasfaserkabel funktionierten, die ein Bild mittels tausender kleiner »Lichtröhrchen« übertragen. Doch mit immer besserer Auflösung stellte sich heraus, daß jene topographischen Entsprechungen nur annähernd von Punkt zu Punkt verliefen; vielmehr spaltet sich jedes Axon in ein ganzes Büschel von Endungen auf. Die kortikokortikalen Axon-Terminals der »Interoffice-Mail« sind fächerförmig ausgebreitet und erreichen die Dimensionen von Makrokolumnen, manchmal viele Millimeter groß. Ganz genaue Punkt-zu-Punkt-Entsprechungen gibt es nicht.

Auf den ersten Blick sieht es also danach aus, daß jene kortikokortikalen Bündel noch erheblich schlechter sind als die aufgedröselten Glasfaserkabel, die in der Fabrik als Ausschuß anfallen – solange nicht noch etwas anderes ins Spiel kommt. Vielleicht spielt es keine Rolle, daß das lokale spatiotemporale Muster am anderen Ende erheblich verzerrt ankommt; bei arbiträren Codes macht es nichts, wenn es für *Apfel* in verschiedenen Teile des Gehirns unterschiedliche Codes gibt. Genau wie es für jede Quadratzahl zwei gleichermaßen gültige Wurzeln gibt, genau wie Isotopen trotz unterschiedlicher Massenzahlen gleiche chemische Eigenschaften haben, genauso sind degenerierte Codes ziemlich weit verbreitet. Beispielsweise gibt es sechs verschiedene DNS-Tripletts, die alle in dem Leucin resultieren, das an wachsende Peptide angehängt wird.

Der Hauptnachteil eines degenerierten kortikalen Codes besteht darin, daß die meisten kortikokortikalen Projektionen reziprok sind. Sechs von sieben interarealen Bahnen weisen eine passende Rückprojektion auf. Das könnte mittels einer inversen Transformation die Verzerrung der Vorwärts-Projektion rückgängig machen, doch dies bedürfte einer erheblichen Feinabstimmung und regelmäßiger Rekalibrierung. Und es ist ja nicht einfach so, daß jede Region zwei lokale Codes für *Apfel* hat, den einen fürs Senden, den anderen fürs Empfangen. Jede Region hat multiple Projektions-Ziele und daher viele mögliche Feedback-Codes, die alle *Apfel* bedeuten.

Es könnte natürlich eine Art von Fehlerkorrektur-Code geben, der dafür sorgt, daß es nur ein einziges charakteristisches spatiotemporales Muster für *Apfel* gibt. Dieser müßte alle aus spatialen Verschiebungen resultierenden Verzerrungen entfernen und auch die rückgängig machen, die mit der temporalen Streuung der kortikokortikalen Transmission

30

zusammenhängen. Darüber hinaus müßte er sowohl in den Vorwärts- als auch in den Rückwärts-Bahnen operieren. Ursprünglich verwarf ich diese Möglichkeit, weil ich davon ausging, daß ein Mechanismus zur Fehlerkorrektur zu komplex für die zerebralen Schaltkreise sein müsse. Doch wie am Ende des nächsten Kapitels deutlich werden wird, ist eine solche Fehlerkorrektur einfacher, als sie erscheint; das verdankt sich jener Ausfächerung der kortikokortikalen Axonendungen, die zur Standardisierung eines spatiotemporalen Musters beitragen.

Der zerebrale Kortex muß also in der Lage sein, auch ein *Faux-Fax* zu kopieren, auch wenn einfachere Nervensysteme ohne das Langstrecken-Problem keinen Kopiermechanismus brauchen. Kopieren ist auch ein probates Mittel, um die Redundanz zu fördern. Doch es gibt noch einen dritten Grund, warum sich das Kopieren für ein einfallsreiches Gehirn als nützlich erwiesen hat: Darwinismus.

Vielleicht ist nur unser kärgliches Wissen über komplexe Systeme daran schuld, doch Kreativität scheint ein Prozeß der immer besseren Ausgestaltung zu sein. Wenn die Evolution neue Arten hervorbringt und wenn das Immunsystem immer bessere Antikörper produziert, werden aufeinanderfolgende Generationen – und nicht so sehr einzelne Individuen – in immer bessere Form gebracht. Ja, das Individuum ist bildbar und kann lernen, doch diese Modifikationen im Verlauf einer Lebensspanne sind üblicherweise nicht in den Genen verkörpert, die weitergegeben werden (Lernen und Erfahrung verändern nur die *Wahrscheinlichkeit,* daß die Gene weitergegeben werden, mit denen das Individuum geboren wurde – die Prädisposition, solche Dinge zu lernen, nicht die Dinge selbst). Ja, auch die Kultur reicht Imitate weiter, doch Meme werden im Vergleich zu echten Genen leicht verzerrt und gehen leicht verloren.

Zur Reproduktion gehört das Kopieren von Mustern, wobei es manchmal zu kleinen, zufälligen Variationen kommt. Die Kreativität dreht sich vielleicht nicht immer um fehlerhaftes Kopieren und Rekombination, doch vernünftigerweise sollte man erwarten, daß sich das Gehirn im gewissen Umfang diesen elementaren darwinistischen Mechanismus zunutze macht, um Unsinniges auszusondern und Variationen des besser Passenden in der nächsten Generation zu fördern.

Die natürliche Auslese allein reicht für eine Evolution nicht aus, genausowenig wie das Kopieren – noch nicht einmal die Kombination beider genügt. Ich kann sechs entscheidende Schlüsselelemente des kreativen darwinistischen Prozesses identifizieren, mittels dessen die Qualität aus sich selbst heraus immer höher geschraubt wird.

1. Das involvierte Muster muß hinreichend komplex sein.
2. Das Muster muß irgendwie kopiert werden (ja, das, *was* kopiert wird, kann auch dazu dienen, das Muster zu definieren).
3. Gelegentlich müssen per Zufall Variationen des Musters entstehen.
4. Das Muster und seine Varianten müssen miteinander um die Besetzung eines begrenzten Arbeitsraums in Wettbewerb treten (beispielsweise wie Wiesengräser und Quecken um den Platz im Hausgarten konkurrieren).
5. Die Wettbewerbssituation wird von einer facettenreichen Umwelt beeinflußt – beispielsweise, indem der Rasen mehr oder weniger oft gesprengt, gemäht, gedüngt wird oder mehr oder weniger Frost abbekommt –, so daß das eine Muster sich einen größeren Anteil erobern kann als das andere. Das ist die natürliche Auslese.
6. Es gibt eine ungleiche Überlebensrate bis zur Reproduktionsreife (die Auslese durch die Umwelt arbeitet überwiegend mit juveniler Sterblichkeit) oder eine ungleiche Verteilung derjenigen ausgewachsenen Exemplare, die sich erfolgreich fortpflanzen (sexuelle Auslese), so daß neue Varianten sich immer bevorzugt um die erfolgreicheren der gegenwärtigen Muster herum ausbilden.

Ein paar dieser sechs Grundelemente reichen für den weiter verbreiteten Prozeß des selektiven Überlebens aus (worunter die Öffentlichkeit meist schon »Darwinismus« versteht). Es kann zwar zu ein paar Veränderungen kommen (zu so etwas wie einer Evolution im weitesten Sinne des Wortes), doch bald kommt alles zum Stillstand, denn es fehlt an Dampf, um die umfassende darwinistische Artenbildung in Schwung zu bringen.

An vielem, was wir darwinistisch nennen, ist keinerlei Kopierprozeß beteiligt, beispielsweise am selektiven Überleben einiger synaptischer Verbindungen im Gehirn während der prä- und postnatalen Entwicklung des Individuums. Für ein selektives Überleben braucht es darüber hinaus noch nicht einmal Biologie. Ein Grobkiesstrand beispielsweise entsteht dadurch, daß die Wellen die kleineren Steinchen und den Sand forttragen, genau wie eine Skulptur das selektive Abtragen von einigem Material zur Erzeugung eines Musters reflektiert. Die Schleife von Kopieren-Mutation-Selektion, mit der Molekularchemiker versuchen, die Leistungsfähigkeit der RNS-basierten Evolution zu demonstrieren, entspricht schon eher einem umfassenden Darwinismus, und dasselbe gilt für die »genetischen« Algorithmen der Computerwissenschaft.

Nicht alle Schlüsselelemente müssen auf derselben Organisationsebene liegen. Muster, Kopien und Varianten sind Sachen der Gene, die Auslese aber basiert auf den Körpern (den Phänotypen, die Träger der Gene sind) und ihrer Umwelt; die Erblichkeit hingegen ist wieder auf der Ebene des Genotyps angesiedelt. Bei der RNS-basierten Evolution sind beide Ebenen zu einer verschmolzen (die RNS fungiert so als Katalysator, daß sie sich auf ihr eigenes Überleben auswirkt, und zugleich ist sie das, was kopiert wird).

Weil im Rest des Buches neurale Versionen dieser sechs Schlüsselelemente eine so wichtige Rolle spielen werden, will ich noch etwas ausführlicher auf die bekannteren Versionen eingehen.

Das Gen ist eine Kette von DNS-Basenpaaren, die dem Rest der Zelle Instruktionen gibt, wie ein bestimmtes Protein herzustellen ist – vielleicht ein Enzym, das die Wachstumsrate des Gewebes reguliert. Von den neuralen Implementationen – etwa Bewegungskommandos – werden wir zurückschauen und herauszufinden versuchen, welche Muster als der zerebrale Code gedient haben könnten, der sie in Gang setzte. Größere genetische Muster wie beispielsweise ganze Chromosomen werden nur selten exakt kopiert. Also müssen auch wir unterhalb der größeren Bewegungen herumstöbern, um zu erkennen, worum es sich bei den kleineren Einheiten handeln könnte.

Biologische Variationen sind zwar anscheinend zufallsbedingt, doch eine ungesteuerte Variantenbildung ist eigentlich nicht nötig, damit ein darwinistischer Prozeß in Gang kommt. Die Zufälligkeit ist uns aus mehreren Gründen so wichtig: Erstens ist die Zufälligkeit die Grundannahme, von der wir in Ermangelung von etwas anderem ausgehen und mit Hilfe derer wir Steuerungs-Thesen auf die Probe stellen können. Und zweitens funktioniert der Prozeß auch ohne Steuerung prima, ohne irgendein Vorwissen von einem erwünschten Resultat. Dies vorausgesetzt, verläuft der Prozeß allerdings schneller und in gewissem, eingeschränktem Sinn auch besser, wenn es einige Anhaltspunkte gibt, die die generelle Richtung der Variantenbildung beeinflussen; das heißt nicht, daß so etwas Trickreiches wie eine künstliche Auslese daran beteiligt sein muß. Wir werden neurale Versionen von Rekombinationen und zufälligen Kopierfehlern kennenlernen, und unter anderem wird (im letzten Kapitel) auch diskutiert, wie ein langsamer darwinistischer Prozeß einen schnelleren dadurch steuern kann, daß er die generelle Richtung vorgibt, in die sich seine Varianten entwickeln.

Der Wettstreit der Varianten untereinander dreht sich um begrenzte Ressourcen (in meinen zukünftigen Beispielen wird das der Raum im assoziativen Kortex sein) oder um die Belastbarkeit von Nischen. Bei einer ungehinderten Bevölkerungsexplosion herrscht zunächst nur wenig Wettbewerb, weil der zur Verfügung stehende Raum noch nicht ausgefüllt ist.

Damit der Wettstreit spannend wird, muß er auf einer komplexen, facettenreichen Umwelt basieren. Statt mit einem Rasenstück als Umwelt werden wir es mit den Einflüssen der Wahrnehmung, des Feed-back von unseren eigenen Bewegungen und sogar von unseren Stimmungen zu tun bekommen. Höchst interessant ist dabei, daß es sowohl aktuelle Versionen dieser Umweltfaktoren als auch Erinnerungen an vergangene gibt.

Unter den Nachkommen finden sich nun zahlreiche Varianten, die »schlechter« als das erfolgreiche Muster der älteren Generation sind, doch eine Minderheit verfügt vielleicht über Eigenschaften, die sie für diese spezielle facettenreiche Umwelt noch besser geeignet machen. Diese Tendenz, die meisten neuen Varianten auf den erfolgreicheren der älteren aufzubauen, nannte Darwin das Prinzip der Erblichkeit; diese bedeutende Entdeckung legte die Grundlagen für die spätere Populationsbiologie.

Das bedeutet, daß der darwinistische Prozeß – die ganze Schleife – nicht völlig zufällig ist. Vielmehr umfaßt er wiederholte tastende Schritte, bei denen kleine zufällige Varianten derjenigen Versionen ausprobiert werden, die sich in der fraglichen Umwelt bereits gut bewährt haben. Das ist ein enorm konservativer Prozeß, weil die Varianten sich auf der Basis der erfolgreichsten aus der älteren Generation entwickeln – nicht auf der Basis der gesamten Population. Ohne diese Einschränkung könnte sich im Verlauf des Prozesses nicht das Wissen ansammeln, was in der Vergangenheit funktioniert hat. Auch die neurale Version muß genau dasselbe Merkmal aufweisen, daß kleinere Variationen von einer weiter fortgeschrittenen Position aus gemacht werden, nicht vom ursprünglichen Zentrum der Population aus.

Noch mindestens fünf weitere Faktoren sind für die Evolution der Arten von Bedeutung. Der kreative darwinistische Prozeß kann auch ohne sie ablaufen, doch sie beeinflussen die Stabilität des Ergebnisses oder das Tempo der Evolution und werden daher auch für mein Modell der kognitiven Funktionen wichtig sein. Genau wie Katalysatoren oder Enzyme chemische Reaktionen beschleunigen, ohne dabei selbst umgewandelt zu werden, sorgen diese Faktoren dafür, daß aus unwahrscheinlichen Ergebnissen ziemlich übliche werden.

7. Stabilitäten können sich in dem Sinne einstellen, wie ein Wagen in ausgefahrenen Spuren steckenbleibt (ein lokaler Gipfel oder eine lokale Senke in der Anpassungs-Landschaft). Es kommt zwar zu Varianten, doch sie fallen leicht wieder ins Mittelmaß zurück. Nur besonders große Variationen können die ausgefahrenen Spuren überwinden, doch das sind nur wenige, und sie tendieren noch stärker dazu, Unsinn zu produzieren (Phänotypen, die sich nicht richtig entwickeln und schon jung sterben).

8. Durch systematische Rekombination werden viel mehr Varianten erzeugt als durch Kopierfehler und die noch weitaus selteneren Mutationen durch kosmische Strahlung. Zur Rekombination kommt es in der Regel einmal während der Meiose (die Chromosomen der Großeltern werden durcheinandergemischt, wenn die haploiden Spermien und Eier entstehen) und noch einmal bei der Befruchtung (wenn die haploiden Genome der Eltern wieder zu diploiden kombiniert werden). Sex im Sinne von Gameten-Dimorphismus (bis zu den Extremen »teurer« Eier und »billiger« Spermien) wurde vor Milliarden Jahren erfunden und hat die Evolution der Arten erheblich über das Maß hinaus gesteigert, das Fehler, bakterielle Konjugation und Retroviren ermöglichten.

9. Fluktuierende Umweltbedingungen (Jahreszeiten, Klimawechsel, Krankheiten) verändern die Spielregeln, so daß sich komplexere Muster ausbilden können, die in der Lage sind, in verschiedenen

Umwelten zu gedeihen. Damit es zu dieser »Hans Dampf in allen Gassen«-Selektion kommt, muß sich die Umwelt so schnell verändern, daß die Mechanismen der Effizienz-Anpassung nicht mehr mithalten können, sonst dominieren »Schmalspur«-Spezialisten die kostspieligeren Generalisten.

10. Eine Parzellierung – etwa wenn ein steigender Meeresspiegel die Bergspitzen einer großen Insel zu einem Archipel kleiner Inseln verwandelt – beschleunigt in der Regel die Evolution. Zum Teil liegt das daran, daß die Individuen in diesem Fall am Rand des Habitats leben, wo der Selektionsdruck größer ist. Auch gibt es keine große Zentralpopulation, die Veränderungen abpuffern würde. Als ein steigender Meeresspiegel einen Teil der französischen Küste in die Insel Jersey verwandelte, nahm die Körpergröße des dort in der letzten Zwischeneiszeit gefangenen Rotwilds innerhalb weniger tausend Jahre erheblich ab.

11. Auch ein lokales Aussterben von Arten – etwa wenn eine Inselpopulation zu klein wird, um sich am Leben zu erhalten – beschleunigt die Evolution, weil dadurch leere Nischen entstehen. Wenn nachrückende Pioniere die ungenutzten Ressourcen entdecken, erleben mehrere Generationen ihrer Nachkommen eine Zeit, in der es genug zu fressen gibt – selbst für die extremeren Varianten, welche diejenigen sind, die im Normalfall den Wettstreit mit den optimal ausgestatteten verlieren würden, beispielsweise den Überlebenden einer einheimischen Population. Wenn sich die Umwelt abermals wandelt, sind einige der extremeren Varianten vielleicht in der Lage, mit dieser dritten Umwelt besser zurechtzukommen als das engere Spektrum von Varianten, die unter den Bedingungen einer seit langem besetzten Nische das Reproduktionsalter erreichen würden.

Auch die sexuelle Auslese steht in dem Ruf, die Evolution zu beschleunigen, und auch hier sind bei mehreren Zwischenschritten »Katalysatoren« am Werk – wie etwa in Darwins Beispiel, wie sich die Ansiedlung von Katzen in einem englischen Dorf auf die von Bienen abhängigen Blumen auswirkt, indem dadurch die Nagetierpopulationen reduziert werden, die Bienenstöcke zerstören.

Wie solche Katalysatoren zusammenwirken, läßt sich anhand der Insel-Biogeographie zeigen, etwa an der Ausdifferenzierung der Darwin-Finken, die nicht von einem großen kontinentalen Genpool abgepuffert wurde. Auf Inselgruppen können viele evolutionäre Experimente parallel ablaufen. Wenn phasenweise die Inseln wiedervereinigt werden (etwa wenn während einer Eiszeit der Meeresspiegel sinkt), kommt es zu einer neuen Spielrunde, bei der der Sieger das gesamte Preisgeld einkassiert. Vielleicht vollzieht sich der evolutionäre Wandel größtenteils in einer solchen Isolation, in abgelegenen Tälern oder auf einsamen Inseln, wobei größere kontinentale Populationen als sich nur langsam wandelnde Reservoire dienen, die die Pioniere in die chancenreichere Peripherie entsenden.

Obwohl der kreative darwinistische Prozeß auch ohne diese Katalysatoren ablaufen kann, verlangt der Einsatz darwinistischer Kreativität im sozialen Umfeld doch eine gewisse Optimierung des Tempos, damit in der für das Denken und Handeln zur Verfügung stehenden Zeit die entsprechende Qualität erlangt wird. Beschleunigende Faktoren sind wohl das Problem, wenn die Franzosen, wie sie es ausdrücken, *l'esprit de l'escalier* haben– wenn einem eine geistreiche Antwort erst einfällt, nachdem man die Party verlassen hat. Es sollte mich nicht überraschen, wenn einige beschleunigende Faktoren bei meinem mentalen Darwinismus fast grundlegende Bedeutung haben, weil flüchtige Gelegenheiten nur knappe Zeitfenster bieten.

Damit die Räder einer Maschine
sich schnell drehen können,
dürfen sie nicht mit äußerster Exaktheit passen,
sonst vermindert die Reibung ihren Schwung.
Sir Walter Scott, über Lord Byrons Geist nachdenkend

Das neokortikale Pyramidenneuron

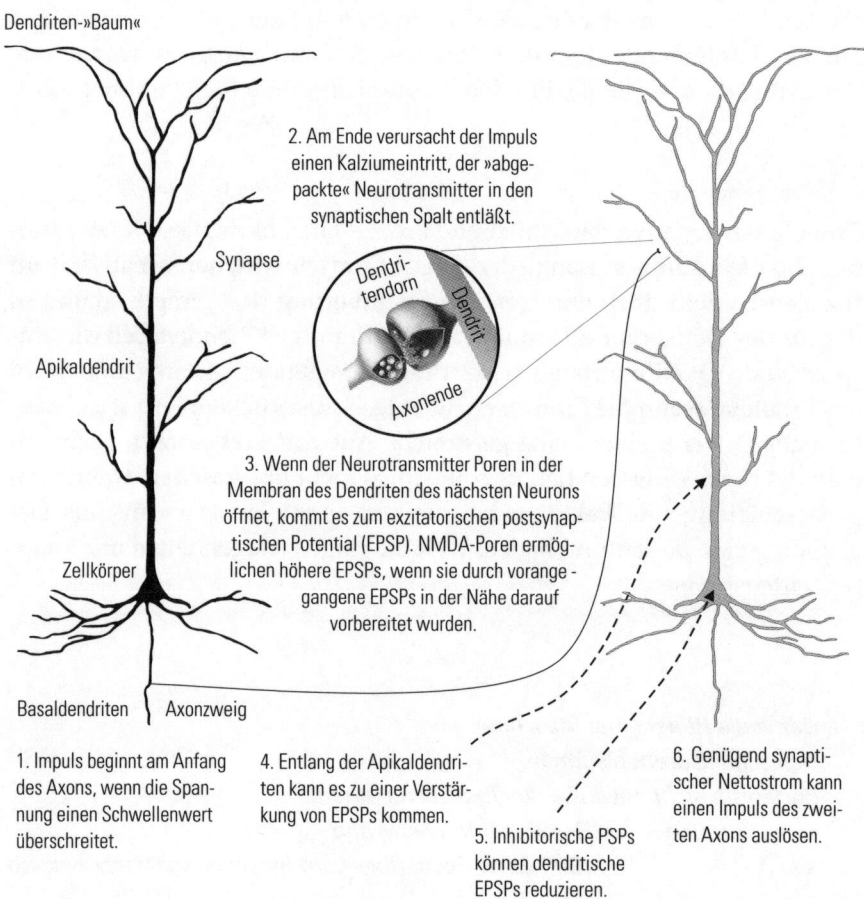

Dendriten-»Baum«

2. Am Ende verursacht der Impuls einen Kalziumeintritt, der »abgepackte« Neurotransmitter in den synaptischen Spalt entläßt.

Synapse

Apikaldendrit

Dendritendorn

Dendrit

Axonende

3. Wenn der Neurotransmitter Poren in der Membran des Dendriten des nächsten Neurons öffnet, kommt es zum exzitatorischen postsynaptischen Potential (EPSP). NMDA-Poren ermöglichen höhere EPSPs, wenn sie durch vorangegangene EPSPs in der Nähe darauf vorbereitet wurden.

Zellkörper

Basaldendriten   Axonzweig

1. Impuls beginnt am Anfang des Axons, wenn die Spannung einen Schwellenwert überschreitet.

4. Entlang der Apikaldendriten kann es zu einer Verstärkung von EPSPs kommen.

5. Inhibitorische PSPs können dendritische EPSPs reduzieren.

6. Genügend synaptischer Nettostrom kann einen Impuls des zweiten Axons auslösen.

2 | Klone im zerebralen Kortex

Allen Schreibern, so sorgfältig sie auch sein mögen, müssen irgendwann einmal ein paar Fehler unterlaufen – und einige sind auch nicht dagegen gefeit, eine kleine bewußte »Verbesserung« anzubringen. Wenn sie alle von einem einzigen Original abschreiben würden, so würde die Bedeutung nicht sehr entstellt werden. Aber man lasse nur Kopien von anderen Kopien herstellen, die ihrerseits wieder von Kopien gemacht wurden, und die Fehler fangen an, sich zu häufen und gravierend zu werden. Wir halten unzuverlässiges Kopieren gewöhnlich für nachteilig, und was unsere menschlichen Dokumente betrifft, so kann man sich in der Tat schwer ein Beispiel denken, bei dem Fehler als Verbesserungen gelten könnten. Ich nehme an, man könnte von den Gelehrten der Septuaginta zumindest sagen, daß sie etwas in Gang gesetzt haben, was weite Kreise ziehen sollte, als sie das hebräische Wort für »junge Frau« in das griechische Wort für »Jungfrau« übersetzten und zu der Prophezeiung gelangten: »Siehe, die Jungfrau wird schwanger werden und einen Sohn gebären ...« Wie dem auch sei, wir werden noch sehen, daß bei den biologischen Replikatoren fehlerhaftes Kopieren in einem realen Sinne zu einer Verbesserung führen kann; für die fortschreitende Evolution des Lebens war es von entscheidender Bedeutung, daß einige Fehler vorkamen. Richard Dawkins, Das egoistische Gen, 1978

Dies ist das schwierigste Kapitel des gesamten Buches. Ich muß jetzt tief in die Neuroanatomie und Neurophysiologie kortikaler Neuronen eintauchen und dabei auch noch Beispiele aus so abgelegenen Gebieten wie synchron blitzenden Glühwürmchen heranziehen. Doch am Ende dieses Kapitels werde ich dargelegt haben, wie es im Neokortex zu Kopien kommt. Und bis zum Ende des sechsten Kapitels werden sämtliche kortikalen Äquivalente der darwinistischen Grundzutaten sowie all die beschleunigenden Faktoren untersucht sein. Doch es ist einfacher, nicht schwerer, mit dem vierten Kapitel anzufangen.

Neurophysiologen unterscheiden zwischen Eigenschaften der Zellen und jenen der Schaltkreise, ähnlich wie Biologen zwischen Genotyp und Phänotyp unterscheiden. Einige Phänomene hängen eindeutig mit den Schaltkreisen und nicht mit den daran beteiligten Zellen zusammen, mit der Verdrahtung und nicht mit den Komponenten: Eine neue Eigenschaft »emergiert« aus einer spezifischen Kombination, in einem einzelnen Neuron kann man sie nicht finden. Das klassische Beispiel einer emergenten Eigenschaft ist die laterale Inhibition, und sie ist auch der Grund dafür, daß Keffer Hartline 1967 einen Nobelpreis bekam.

Mittels lokaler Aktivität, die dazu führt, daß ein Ring umliegender Neuronen unterdrückt wird, verhilft die laterale Inhibition verwischten Grenzen zu mehr Schärfe. Facettenaugen, deren viele engwinklige Photorezeptoren einen Extremfall von »Fuzzy-Optik« darstellen, verfügen über eine Reihe von inhibitorischen Querverbindungen, die in der Lage sind, eine Hell-Dunkel-Grenze in der Umwelt wiederherzustellen, indem sie einen gut Teil dessen, was verlorenging, restaurieren.

Doch die laterale Inhibition weist auch die Tendenz auf, Dinge zu produzieren, wo gar nichts ist – Illusionen wie beispielsweise die Mach-Bänder, die man erblickt, wenn man durch den schmalen Spalt zwischen den Fingern blickt. Georg von Békésy, der für seine Erforschung solcher seitlichen Interaktionen in der Cochlea 1961 den Nobelpreis bekam, produzierte auch Illusionen auf der Hautoberfläche, um zu illustrieren, daß das

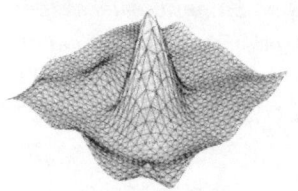

Prinzip der lateralen Inhibition Allgemeingültigkeit besitzt. Antagonistische Umfelder (»Mexikanerhüte«) sind auf dem ersten halben Dutzend Schritten der analytischen Bildverarbeitung weit verbreitet, auch wenn sie im primären visuellen Kortex irgendwie länger und asymmetrisch werden (»australische Buschhüte«). Aufgrund der zahlreichen Axon-Anhängsel, die sich lateral in den Neokortex verzweigen, erstreckt sich die laterale Inhibition über mehrere Millimeter.

Sowohl die Verschärfung verschwommener Grenzen als auch die Illusionen sind emergente Eigenschaften eines lateral inhibierenden neuralen Netzes. Was könnten die emergenten Konsequenzen einer lateralen *Exzitation* sein?

40

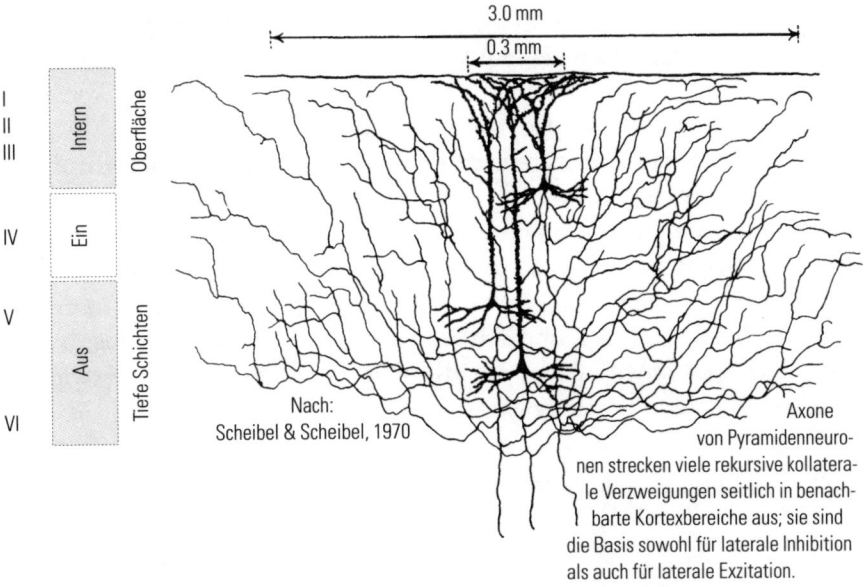

I
II
III
Intern — Oberfläche

IV — Ein

V
Aus — Tiefe Schichten

VI

3.0 mm
0.3 mm

Nach:
Scheibel & Scheibel, 1970

Axone
von Pyramidenneuronen strecken viele rekursive kollaterale Verzweigungen seitlich in benachbarte Kortexbereiche aus; sie sind die Basis sowohl für laterale Inhibition als auch für laterale Exzitation.

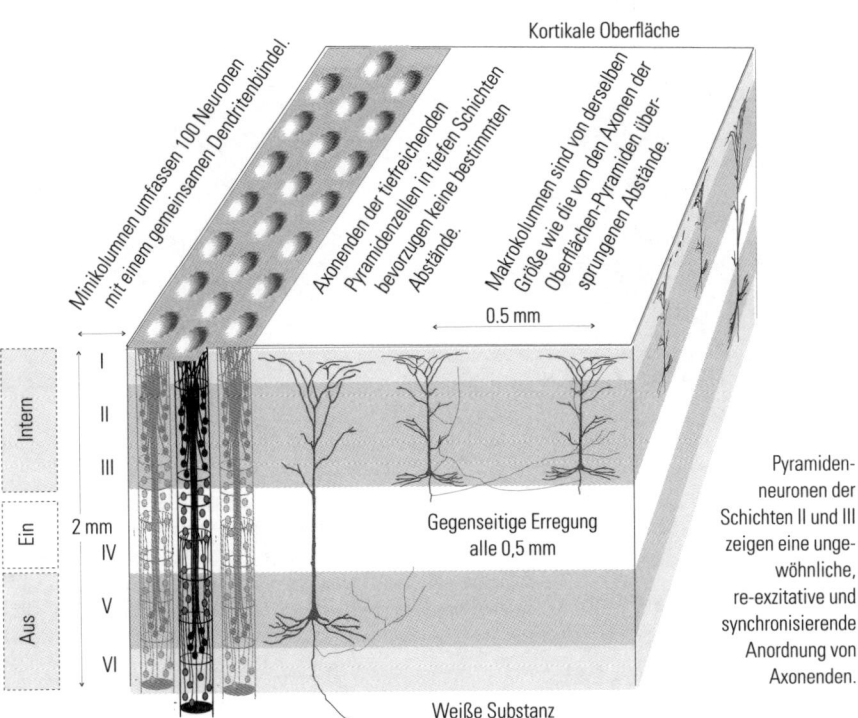

Intern

Ein — 2 mm

Aus

I
II
III
IV
V
VI

Kortikale Oberfläche

Minikolumnen umfassen 100 Neuronen mit einem gemeinsamen Dendritenbündel.

Axonenden der tiefreichenden Pyramidenzellen in tiefen Schichten bevorzugen keine bestimmten Abstände.

Makrokolumnen sind von derselben Größe wie die von den Axonen der Oberflächen-Pyramiden übersprungenen Abstände.

0.5 mm

Gegenseitige Erregung alle 0,5 mm

Weiße Substanz

Pyramidenneuronen der Schichten II und III zeigen eine ungewöhnliche, re-exzitative und synchronisierende Anordnung von Axonenden.

41

Man hat allen Grund, sich über rekursive Exzitation den Kopf zu zerbrechen. Sie ist potentiell regenerativ – in dem Sinn, wie es eine Kette von Knallfröschen ist. Und schließlich ist sie auch das auffälligste Verdrahtungsprinzip im Neokortex der Säugetiere.

Ein paar Worte zum zerebralen Kortex, dem Guß auf der Torte des Gehirns: Bei diesem Kuchen besteht der Zuckerguß aus mehreren Schichten! Anhand der Zellgröße oder der Packdichte der Axonen werden in der Regel sechs Schichten unterschieden, die wir allerdings manchmal noch weiter unterteilen (beim primären visuellen Kortex spricht man von den Schichten 4a, 4b, 4ca und 4cb). Bei anderen Gelegenheiten fassen wir Schichten zusammen: Wenn ich die »Oberflächenschichten« erwähne, fasse ich die Lagen 1, 2 und 3 zusammen.

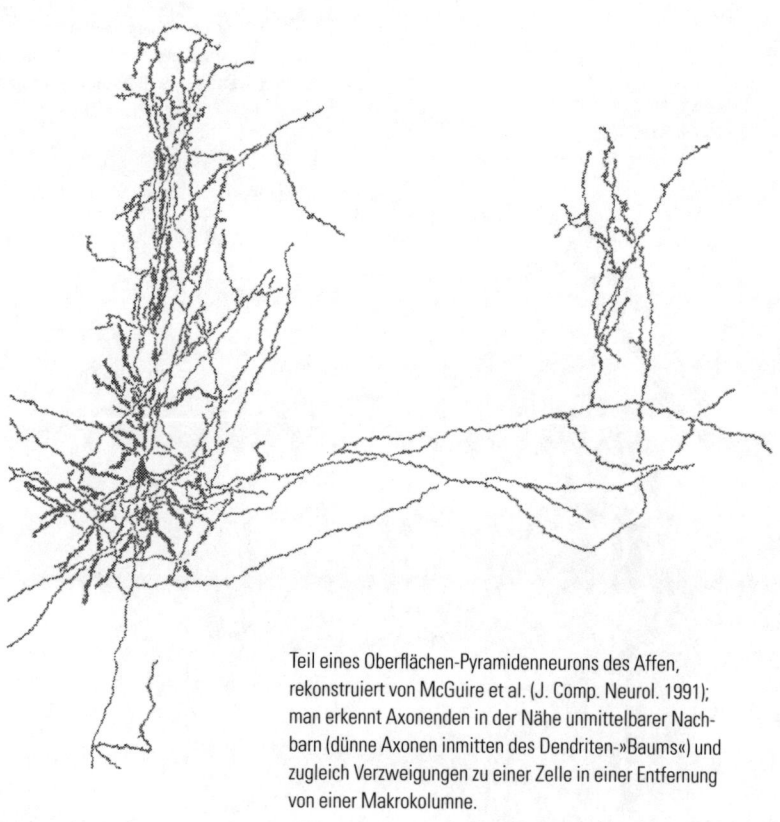

Teil eines Oberflächen-Pyramidenneurons des Affen, rekonstruiert von McGuire et al. (J. Comp. Neurol. 1991); man erkennt Axonenden in der Nähe unmittelbarer Nachbarn (dünne Axonen inmitten des Dendriten-»Baums«) und zugleich Verzweigungen zu einer Zelle in einer Entfernung von einer Makrokolumne.

Daneben konnten bislang drei funktionelle Gruppierungen ausfindig gemacht werden: In Analogie zu den Postkörbchen auf vielen Schreibtischen könnte man die Schicht 4 als »Eingangskorb« des Neokortex bezeichnen, denn hier kommt der größte Teil des Inputs vom Thalamus an. Die tiefen Schichten könnten wir »Ausgangskorb« nennen, denn die Pyramidenneuronen der Schichten 5 und 6 schicken Axonen aus dem Kortex hinaus, zurück in den Thalamus oder hinunter zum Rückenmark und so weiter. Die Neuronen der Oberflächenschichten stellen so etwas wie den »internen« Postkorb des Neokortex dar und scheinen auf innerbetriebliche »Memos« spezialisiert zu sein. Um die Interaktionen zwischen den Oberflächen-Pyramidenneuronen dreht sich dieses Buch größtenteils, denn sie scheinen in der Lage zu sein, einen darwinistischen Kopier-Wettbewerb zu implementieren, der aus einfachsten Anfängen die Qualität immer weiter nach oben schraubt.

Die Axonen der Oberflächen-Pyramidenzellen nehmen im Corpus callosum und anderen langen kortikokortikalen Bahnen eine herausragende Stellung ein, dasselbe trifft aber auch auf die intrinsischen horizontalen Verbindungen zu – jene Axon-Verzweigungen, die die Oberflächenschichten niemals verlassen, weil sie ausschließlich seitlich ausgreifen. Vorzugsweise enden sie an anderen Oberflächen-Pyramidenneuronen, und auch dabei zeigt sich ein Muster. Einige Axonzweige enden bei nahe liegenden Nachbarn, doch diejenigen, die weiter reichen, ignorieren eine ganze Reihe dazwischenliegender Neuronen, bis sie schließlich mit solchen in rund 0,5 mm Entfernung kommunizieren.

Diese spärlich besiedelten Lücken erinnern in etwa an die Sherlock-Holmes-Geschichte mit dem Hund, der nachts nicht bellte: Es dauerte lang, bis jemand diese Besonderheit bemerkte. 1975 wurde man erstmals auf das Lücken-Muster aufmerksam. 1982 untersuchten dann Jennifer Lund und Kathleen Rockland erstmals diese Lücken in den intrinsischen horizontalen Verbindungen der Oberflächenschichten eingehend am visuellen Kortex von Spitzhörnchen. Der Abstand der Lücken variiert zwar, aber wir wissen jetzt, daß dies in vielen Arealen des Neokortex, und zwar bei zahlreichen Tierarten, ein weitverbreitetes Arrangement ist. Dank der detaillierten Rekonstruktion mehrerer Oberflächen-Pyramidenneuronen durch Barbara McGuire und ihre Kollegen wissen wir auch, daß diese synaptischen Verbindungen wahrscheinlich exzitativ sind, vermutlich Glutamat als Neurotransmitter verwenden und überwiegend andere Oberflächen-Pyramidenneuronen anpeilen.

Ihre Axone haben Dutzende von Verzweigungen, die radial in zahlreiche Richtungen gehen und sich schließlich in Tausende von Axonenden auffächern. Zwar hat ein einzelnes Oberflächen-Pyramidenneuron nicht genügend Endungen, um ein Doughnut zu füllen, doch wir dürften erwarten, daß eine kleine Gruppe von Minikolumnen solcher Neuronen eine ringförmige Exzitation produziert und zugleich den zentralen Punkt liefert, von dem aus die Erregung von den Verzweigungen zu den unmittelbaren Nachbarn verläuft. Vom Punkt in die Fläche, das ist das eher übliche Arrangement von Axonen-Projektionen wie etwa jenen der Pyramidenneuronen der tiefen Schichten. Rekursive Inhibition kann man auch beobachten, doch nur die rekursive Exzitation der Oberflächenschichten des Neokortex weist diese Sherlock-Holmes-Eigenart der auffälligen »stillen« Lücken auf.

Mit Hilfe von bildgebenden Verfahren, mit denen man die Oberfläche des Gehirns beobachtet, läßt sich heutzutage die Ausbreitung einer Aktivität im Kortex aufzeichnen. Wird ein begrenzter Bereich der Retina so stimuliert, daß man klassischerweise eine Aktivität erwarten würde, die sich nur auf ein bestimmtes Gebiet der fraglichen kortikalen Oberfläche konzentriert, kann man jetzt sehen, daß sie zu vielfältigen »heißen Flecken« von Aktivität in Makrokolumnen-Abständen beiträgt – ziemlich genau das, was wir erwartet haben.

Auch die neokortikalen Versionen der Langzeitpotenzierung (LTP, von *long-term potentiation*) sind in den Oberflächenschichten konzentriert.

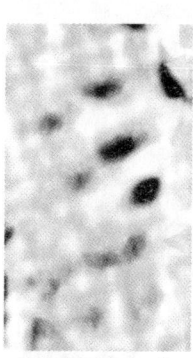

Wir wissen auch, daß die postsynaptischen Rezeptoren vom NMDA-Typ (N-Methyl-D-Aspartat) in den Oberflächenschichten besonders häufig sind; sie haben die ungewöhnliche Eigenschaft, ihre Stärke zu steigern, wenn ganze Gruppen von Inputs ankommen (etwa quasi-synchrone von verschiedenen Quellen).

All dies zusammen ermöglicht auto-exzitative Schleifen, die an die nachschwingenden Schaltkreise erinnern, die Rafael Lorente de Nó 1938 im ersten Band des *Journal of Neurophysiology* für das Rückenmark postuliert hat. Wenn die synaptischen Stärken hoch genug sind und die Bahnen lang genug, um den refraktorischen Perioden zu entgehen, die anderenfalls die Re-Exzitation begrenzen würden, müßten geschlossene Aktivitätsschleifen möglich sein – Impulse, die sozusagen ihrem eigenen Schwanz nachjagen. Moshe Abeles, der in seinem Labor in Jerusalem oft mehr als ein Dutzend kortikaler Neuronen gleichzeitig beobachtet, hat in Ensembles des prämotorischen und präfrontalen Kortex Neuronen beobachtet, von denen das eine in bezug auf ein anderes ein ganz präzises Timing der Impulse aufwies. Es ist unbekannt, ob diese Feuermuster eine Reverberation in Lorentes ursprünglichem Sinn rezirkulierender Schleifen darstellen. Diese

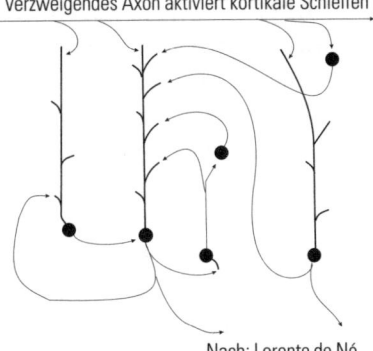

Verzweigendes Axon aktiviert kortikale Schleifen

Nach: Lorente de Nó

langen, präzise getimten Feuermuster sind für die Idee spatiotemporaler Muster wichtig, die ich später entwickeln werde.

Emergente Synchronität ist als eine weitverbreitete Konsequenz rekursiver Exzitation bekannt, wie man sie auch bei nur schwachen Verbindungsstärken und kurzen Wegen beobachten sollte. 1665 bemerkte der niederländische Physiker Christiaan Huygens, daß zwei an einem gemeinsamen Ständer aufgehängte Pendeluhren sich synchronisierten. Als er die Synchronität zerstörte, stellte sie sich binnen einer halben Stunde wieder ein. Harmonische Oszillatoren sind nicht so schnell in den Gleichschritt zu bringen wie nichtlineare Kippschwingungs-Oszillatoren, bei denen das vielleicht nur ein paar Durchgänge dauert.

Das bekannteste Beispiel für einen sich einstellenden Gleichschritt ist vermutlich die Synchronisierung der Menstruationszyklen in Frauenschlafsälen. Beeindruckender ist aber ein ganzer Baum voller kleiner Lichter, die im Gleichklang blitzen. Nein, ich spreche nicht von einem verkabelten, von einem einzigen Taktgeber gesteuerten Weihnachtsbaum: Es gibt ein natürliches, drahtloses Beispiel, das auf Hunderten voneinander unabhängiger Oszillatoren basiert. Bei den kleinen Lichtern handelt es sich um Hunderte von Glühwürmchen, und sie haben keinen Anführer, der das Tempo vorgibt.

»Stellen Sie sich einen zehn bis zwölf Meter hohen Baum vor, bei dem anscheinend auf jedem Blatt ein Glühwürmchen sitzt, und sie alle leuchten mit einer Rate von ungefähr dreimal pro zwei Sekunden in perfektem Gleichklang auf; dazwischen steht der Baum in völliger Dunkelheit da. Stellen Sie sich vor, daß an einem Flußufer auf einer Länge von 150 Metern ein Mangrovenbaum am anderen steht, und auf sämtlichen Blättern sitzen Glühwürmchen, die synchron aufblitzen; die Insekten auf den Bäumen an den Enden der Reihe sind in perfektem Gleichschritt mit all den anderen dazwischen. Wer sich dies nur hinreichend lebhaft vorstellen kann, der möge sich einen Reim auf dieses erstaunliche Spektakel machen.«

Für die Synchronisierung der Glühwürmchen bedarf es keiner elaborierten Mimikry-Mechanismen; selbst kleine Tendenzen, auf eine Stimulierung durch Licht hin zum nächsten Aufblitzen überzugehen, reichen aus, um eine »Rushhour« hervorzurufen. Auch lassen sich keine durch eine solche Population sich ausbreitenden Wellen beobachten, mit Ausnahme vielleicht zu Anfang oder am Ende des Aufleuchtens. Selbst bei kortikalen Simulationen mit Ausbreitungsverzögerungen kommt es zu einer Beinahe-Synchronität, ganz ähnlich wie (anomale Dispersion) einige Geschwindigkeiten die Lichtgeschwindigkeit überschreiten können.

Eine schwache gegenseitige Re-Exzitation (ein paar Prozente Schwellenwert) genügt voll und ganz, um andere mitzureißen; man muß nicht starke Verbindungen postulieren wie für Lorentes rezirkulierende Ketten. Solange die Neuronen (oder Glühwürmchen) genügend Input bekommen, um wiederholt zu feuern, gibt es eine Tendenz zum Mitreißen, wenn sie sich gegenseitig einander re-exzitieren.

Und das ist genau das, was die 0,5 mm voneinander entfernten Oberflächen-Pyramidenneuronen aller Wahrscheinlichkeit nach tun. Die Kombination von gegenseitiger Re-Exzitation, »stillen« Lücken, die sie bündeln, und die daraus resultierenden Gleichschritt-Tendenzen machen die Oberflächenschichten des Neokortex zu einer potentiellen Darwin-Maschine.

Sich die Oberflächenschichten des Neokortex in Tangentialschnitten, wie die Neuroanatomen das nennen, von oben zu betrachten, ist, als würde man aus einem Ballon auf einen Wald herabblicken. Man sieht alle Neuronen einzeln in der Perspektive von oben nach unten, also im rechten Winkel zur üblichen Ansicht der senkrechten Schnitte von der Oberfläche in die Tiefe. Jedes Neuron hat einen Dendriten-Baum, genauso aber auch einen Axonen-Baum, genau wie die Bäume des Waldes nicht nur ein Geäst, sondern zugleich auch einen sich nach unten verzweigenden Wurzelballen besitzen.

Man kann erkennen, daß das Axon eines Oberflächen-Pyramidenneurons sich in zahlreiche Richtungen verzweigt. Obwohl es zwischen sensorischen und motorischen Neuronen Unterschiede gibt, sendet das durchschnittliche Interneuron so viele Synapsen aus, wie es auch empfängt, in der Regel zwischen 2 000 und 10 000. Es liegen noch nicht genügend viele radiale Untersuchungen vor, um wissen zu können, wie symmetrisch die horizontale Ausweitung ist, doch scheint klar zu sein, daß das Axon sich von der Zelle aus in zahlreiche unterschiedliche Richtungen verzweigt.

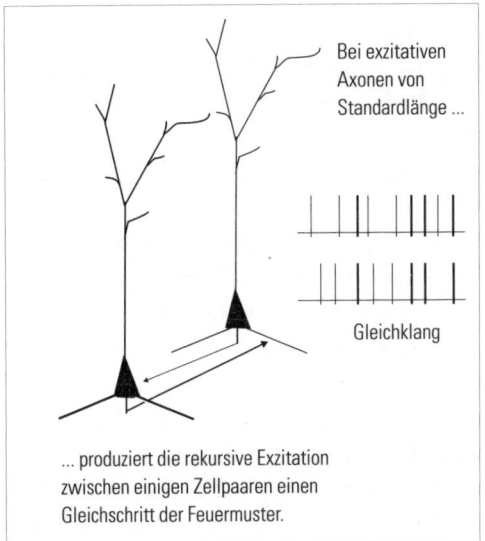

Bei exzitativen Axonen von Standardlänge ...

Gleichklang

... produziert die rekursive Exzitation zwischen einigen Zellpaaren einen Gleichschritt der Feuermuster.

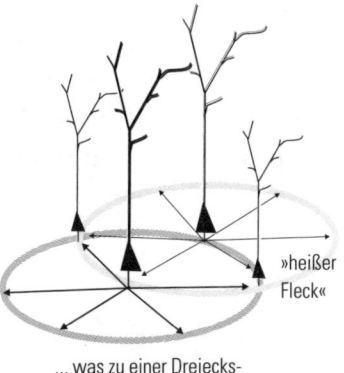

Ein im Gleichschritt befindliches Paar neigt dazu, weitere Zellen im gleichen Abstand zu rekrutieren ...

»heißer Fleck«

... was zu einer Dreiecksanordnung führt.

Der Abstand vom Zellkörper bis zum Zentrum des Büschels von Axonendungen, meist in der Seitenansicht erforscht, ist nicht in allen kortikalen Arealen derselbe. Die früher erwähnten 0,5 mm betragen in Wirklichkeit manchmal nur 0,4 mm (im primären visuellen Kortex von Affen) oder bis zu 0,85 mm (im sensomotorischen Kortex). Die Staffelung entspricht dem Durchmesser des basalen Dendriten-Baums. Die 0,5 mm sind mein Standardbeispiel für dieses Maß; sie entsprechen einem basalen Dendriten-Baum von rund 0,25 mm Ausdehnung, was auch ungefähr dem Durchmesser eines Büschels von Axonendungen und der Ausdehnung einer »stillen« Lücke entspricht.

Wenn zwei Oberflächen-Pyramidenneuronen im Abstand von rund 0,5 mm sich wegen ähnlicher Inputs und Schwellenwerte für dieselben Sachen interessieren, müßten die Reihen ihrer Spitzen dann und wann anfangen, eine Synchronität aufzuweisen. Für die folgende Untersuchung ist es nicht relevant, daß dies auf alle Spitzen beider Neuronen zutreffen muß; nur einige ihrer Spitzen müssen durch die rekursive Exzitation synchronisiert sein.

Zwei solche bereits wiederholt feuernde Zellen müßten in gewissem Umfang auch die Tendenz aufweisen, eine weitere 0,5 mm entfernte, bereits beinahe aktive Zelle zu rekrutieren. Wird dann jenes dritte Oberflächen-Pyramidenneuron aktiv, müßten wir drei oft synchronisierte Neuronen sehen, die ein gleichseitiges Dreieck bilden. Doch das ist noch nicht das Ende: Noch eine zweite Stelle erhält synchronen Input des ursprünglichen Paares (das ist genau wie bei der Grundübung der ebenen Geometrie, bei der man mittels eines Zirkels eine Strecke teilt oder eine Senkrechte zeichnet). Also kann ein viertes Neuron mit in den Chor einstimmen.

Und weil die dritte und die vierte Zelle neue exzitative Ringe produzieren, kann sich jede von ihnen mit einer des ersten Paares zusammentun und noch einen fünften Punkt mit in die Synchronität hineinnehmen.

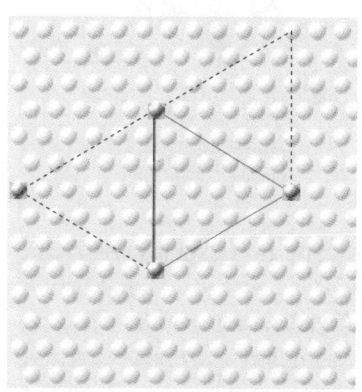

Was wir hier haben, ist offensichtlich ein Mechanismus zur Bildung von Dreiecksanordnungen gewissen Umfangs mit knotensynchronisierter Aktivität 0,5 mm von den korrespondierenden Zellen dieses Chors entfernt. Er funktioniert, indem entweder bereits existierende Aktivität synchronisiert wird oder an den Knoten anderweitig unter dem Schwellenwert ruhende Neuronen hinzurekrutiert werden. Wenn ein potentieller Knoten erst einmal von ein paar synchronen exzitativen Knoten umgeben ist, müßte da ein »heißer Fleck« entstehen: eine ungewöhnlich effektive Konvergenz simultanen Inputs.

Diese Dreiecksanordnungen verfügen nicht unbegrenzt über die Tendenz zur Annektierung. (Regionen mit nicht ausreichend erregten Neuronen bilden, wie ich im hinteren Teil des sechsten Kapitels diskutieren werde, *Barrieren* gegen die Ausweitung des Imperiums.) Und die Dreiecksanordnung ist mit Sicherheit kurzlebig, schon nach Sekunden wieder

verschwunden. Wird sie durch genügend Inhibition (oder eine Reduzierung der Exzitation) abgeschaltet, ist es, als wäre eine Schultafel ausgewischt worden.

Denn es bleiben ein paar Spuren, genau wie auf der Schultafel Geisterbilder früherer Muster noch zu erkennen sind. Die synaptischen Stärken bleiben noch eine Weile lang verändert; die für Synchronität sensible Langzeitpotenzierung der neokortikalen Oberflächenschichten läßt vermuten, daß die synaptische Stärke noch viele Minuten lang erhöht bleiben kann. Das heißt, eine vorherige Dreiecksanordnung läßt sich leichter reaktivieren – vielleicht nicht in ihrer ganzen Ausdehnung, aber zumindest zum Teil.

Das anatomisch zu beobachtende Gittermuster von Konnektivität gliedert sich, das muß gesagt werden, allerdings nicht in – gemessen an den Abständen in der tangentialen Schnittebene – hübsch regelmäßige Dreiecke. Die Neuroanatomen sprechen zwar von »Punktmustern« und »Gittern«, wenn es um die Büschel von Axonenden in den Oberflächenschichten geht, doch die Anordnung der Büschel ist nur grob triangulär. Wenn natürlich die Leitungsgeschwindigkeit oder die synaptische Verzögerung während einer Einstimmungsperiode angepaßt wird, kann sich daraus eine Dreiecksanordnung ergeben, wenn »Laufzeiten« als Maßstab angelegt werden und nicht Abstände.

Doch für die hier vorgestellte Theorie braucht man noch nicht einmal gleiche Laufzeiten für die simultane Konvergenz bei einem potentiellen

Rekruten. Eine exakte Synchronität ist zwar günstig, um die Prinzipien darzustellen, doch alles, was Dreiecksanordnungen auf lange Sicht benötigen, ist eine pränatale Einstimmungsperiode, die in einer gerade hinreichenden Selbstorganisation resultiert, so daß die meisten der sechs umliegenden Knoten Axon-Büschel produzieren, die sich wechselseitig so überlappen, daß sie einen sich einstellenden Gleichschritt begünstigen. Für dieses selbstorganisierende Prinzip ist es vielleicht egal, was ein externer Beobachter als »regelmäßig« empfindet. Was die Theorie angeht, so werde ich bei der Terminologie der Dreiecksanordnung bleiben, aber nicht erwarten, entweder in der Anatomie oder der Physiologie exakte Dreiecke zu finden – lediglich Annäherungen, die gerade mal gut genug sind.

Ausgehend von einem Paar gleichgesinnter Zellen erkennen wir die Möglichkeit eines großen Chors, dessen sämtliche Mitglieder synchron singen. Darüber hinaus ist es ein Chor, der an seinen Rändern zusätzliche Mitglieder rekrutieren kann. Wie bei einem auf Podesten verteilten Chor plazieren sich diese Sänger selbst so, daß ein jeder zwischen zwei Sängern in der Reihe darunter steht. Der Chor ist nicht zu perfekten Dreiecken angeordnet wie die Äpfel im Stapel beim Lebensmittelhändler an der Ecke, doch wir sehen eine hinreichende Annäherung an das vertraute Stapelprinzip.

Bislang singt dieser Chor nur einstimmig. Er ist monoman, interessiert sich vielleicht nur für einen Aspekt des Stimulus. Sicherlich stellt er kein wahres Hebbsches Zellensemble dar. Ein der Repräsentation eines Begriffs entsprechender Chor würde sicherlich mit verteilten Rollen singen, genau wie die Sopranstimmen die eine Melodie und die Altstimmen eine andere vortragen, wobei jede Gruppe verschiedene Interessen verfolgt. Für harmonische Kategorien brauchen wir Polyphonie, nicht bloß einfache Weisen.

Der Zweck der Kunst besteht darin, Fragen aufzudecken, die bislang von den Antworten verborgen sind.
James Baldwin

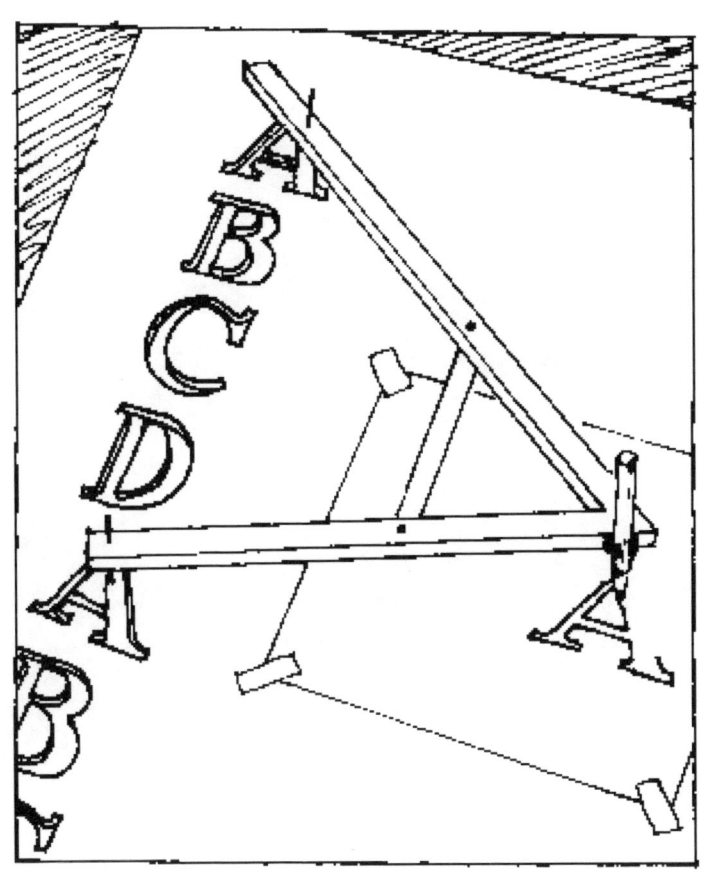

3 | Ein komprimierter Code

Diese sich selbst re-exzitierenden Systeme [Zellensembles] konnten nicht aus einem Schaltkreis von nur zwei oder drei Neuronen bestehen, sondern mußten eine Reihe von Schaltkreisen darstellen ... Ich konnte vermuten, daß eine Reihe von Neuronen, wenn sie von einem gegebenen sensorischen Input exzitiert werden, dahin tendiert, sich zu verbinden, so daß zumindest einige von ihnen ein aus mehreren Schaltkreisen bestehendes geschlossenes System bilden ... Die damalige [1945] Vorstellung ging dahin, daß eine Wahrnehmung aus einem sensorisch exzitierten Verband besteht, während ein Konzept zentral von anderen Verbänden exzitiert wird.   D. O. Hebb, 1980

Polyphone Musik baut auf einfacheren Gesängen auf, indem eine Reihe von unabhängigen, aber miteinander harmonierenden Melodien kombiniert wird. Die Aufgabe dieses Kapitels ist erheblich leichter: Wir müssen nur Noten – eine jede von einer anderen Dreiecksanordnung – zu einer schlichten Melodie kombinieren (wie das siebte Kapitel zeigen wird, ist die Polyphonie eine nützliche Analogie für das, was bei der Repräsentation von Kategorien geschieht). Dieses Kapitel beginnt mit einigen Fragen betreffs der kortikalen Landschaft, in der der Chor singt, doch es schreitet schon bald zu Abstraktionen fort, die eher schriftlich notierter Musik gleichen.

Glücklicherweise werden wir am Ende dieses Kapitels sehen, wie der Chor zu Sektionen verschmilzt, von denen eine jede das komplette Lied singt. Im Gegensatz zu der von Chordirigenten bevorzugten Aufstellung sind die Sopranstimmen nicht zusammengruppiert; es ist eher so, als hätte jede Sektion einen Sopran, einen Alt, einen Baß und so weiter, die alle einen unterschiedlichen Teil singen. Jede Sektion ist von Nachbarn umgeben, von Sektionen, die ähnlich diversifiziert sind. Man sollte meinen, das würde dem Dirigenten – so es denn einen gibt – seine Aufgabe ziemlich erschweren, doch denken Sie daran, daß Streichquartette ganz gut ohne einen Dirigenten auskommen, und was ich hier beschreiben will, ist ein Chor von Streichquartetten.

Im Kortex sieht es danach aus, als würde jede Streichquartett-Sektion einen Raum einnehmen, der von sechseckiger Form ist und rund 0,5 mm im Durchschnitt mißt. Er könnte die elementarste Version eines Hebbschen Zellensembles darstellen und ein Wort, ein Gesicht oder eine Aussprache repräsentieren. Das Klonen tritt hinzu und liefert uns Hinweise, was der relevante Code sein könnte – das charakteristische Muster, das für die erste darwinistische Grundbedingung nötig ist. Um dort hinzugelangen, müssen wir jedoch zunächst ein paar weitere Aspekte der Geometrie und ihrer relevanten Neurophysiologie erörtern.

Der »heiße Fleck« könnte einigen Umfang haben, wenn man an den Durchmesser jener 0,25-mm-Büschel von Endungen denkt. Doch die Neurophysiologie legt nahe, daß – funktionell ausgedrückt – der heiße Fleck auch viel kleiner sein könnte, vielleicht so klein wie eine Minikolumne (0,03 mm Durchmesser, nur ein kleiner prozentualer Anteil des Gebiets). Ehe wir zur räumlichen Ausdehnung eines Dreiecksarrangements zurückkehren, wollen wir die Größe seiner Knoten erörtern (»Knoten« verwende ich als theoretischen Ausdruck für etwas Punktförmiges, »heißer Fleck« bezieht sich auf die Messungen der Physiologen, und mit »Büscheln von Axonenden« meine ich das, was die Anatomen sehen).

Die anatomische Konnektivität (das Ausfächern der Axonenden, die Ausdehnung der dendritischen Bäume) reicht in der Regel viel weiter als die physiologische Sensitivität (beispielsweise die Zentren der rezeptiven Felder). Tatsächlich kann jedes Neuron im Gehirn potentiell in ein paar Schritten sich mit jedem anderen Neuron verbinden. Aber zu solch extensiven Kanalisierungen kommt es kaum. Antagonistische Umgebungen konzentrieren die Dinge. In der Retina beispielsweise verfügen ausgedehnte Bereiche des Mosaiks von Photorezeptoren über Bahnen zu einer Zelle zweiter Ordnung, doch eine bipolare Zelle hat in der Regel aufgrund der flankierenden Inhibition ein weit kleineres rezeptives Feldzentrum (oder sie hat ein inhibiertes Zentrum mit flankierender Exzitation, dem anderen, häufig beobachteten Arrangement von Zentrum und Umgebung); das gilt allerdings nicht, wenn das Auge sich an Dunkelheit angepaßt hat.

54

Neben den antagonistischen Arrangements scheinen einige Axonenden sehr schwache synaptische Verbindungsstärken zu haben; in der Tat sprechen wir manchmal von »stillen« Synapsen: Anatomisch sind sie da; physiologisch sind sie die meiste Zeit nicht zu entdecken. Ein Beispiel für diesen zweiten Typ der physiologischen Konzentration ist die Projektion eines Thalamus-Neurons, das auf bloß eine Fingerspitze spezialisiert ist, auf die Karte der Hand im zerebralen Kortex. Die Büschel seiner Axonenden scheinen einen großen Teil der Hand-Karte zu umfassen, doch wenn man sich die kortikalen Neuronen ansieht, die von ihnen gespeist werden, stellt man fest, daß sie typischerweise nur kleine rezeptive Felder haben, die kaum größer sind als jene der Thalamus-Neuronen.

Ein weiterer Größenindikator: Im visuellen Kortex sind Zellen im Millimeterabstand mit einer ähnlichen Orientierungspräferenz wechselseitig miteinander verbunden, was auf die Möglichkeit von heißen Flecken verweist, die so klein wie jene 0,03-mm-Minikolumnen sind.

Die Oberflächen-Pyramidenneuronen sind nicht die einzigen Zellen, die von den intrinsischen Axonverzweigungen kontaktiert werden; rund 20 Prozent der Axonenden liegen an glatten Sternneuronen (die ihrerseits die GABA-Inhibition produzieren), was vermutlich zu Formen flankierender Inhibition beiträgt, welche die Größe des heißen Flecks reduzieren.

Die Dreiecksanordnungen von heißen Flecken müßten selbst unter störenden Einflüssen eine ausgeprägte Stabilität aufweisen. Nehmen wir einmal an, daß solch eine Dreiecksanordnung in einem wiederholten Zyklus feuert und daß ein Punkt in der Mitte davon versucht, aus der Synchronität auszubrechen – später als seine Nachbarn zu feuern versucht.

Er hat jedoch sechs Nachbarn, die alle im Standardrhythmus des Zyklus synchronen Input an ihn schicken und

so dahin tendieren, ihn zu korrigieren (eigentlich könnte es auch ein Dutzend sein, weil die Axonen mehrere 0,5 mm auseinanderliegende Endenbüschel haben). Dasselbe trifft zu, wenn das idiosynkratische Neuron versucht, einen Impuls auszulassen. In ähnlicher Weise wird zu frühes

Feuern in der nächsten Runde korrigiert, wenn das Neuron dazu neigt, auf einen früher als im Durchschnitt erfolgten Impuls ein Intervall zwischen den Impulsen einzulegen, das länger als der Durchschnitt dauert.

Räumlich gibt es die Tendenz, die synchrone Exzitation auf das Zentrum des heißen Flecks zu fokussieren. Beide Tendenzen zusammen bedeuten, daß wir ähnlich wie bei der Kristallbildung eine Art Standardisierung erwarten können. Man mag fast an eine Fehlerkorrektur denken.

Eine weitere Standardisierungskraft könnte die Minikolumne des assoziativen Kortex sein (die auf vielen Tangentialschnitten als erhöhter Höcker dargestellt ist), jene 100 Zellen, die um ein Dendritenbündel herum organisiert sind. Die gut erforschten Orientierungs-Kolumnen des primären visuellen Kortex scheinen ähnliche Stimuli zu bevorzugen, und die Oberflächen-Pyramidenneuronen weisen dicht vor der »stillen« Lücke zahlreiche Axon-Verzweigungen auf, die oft nahegelegene Nachbarn erregen. Das läßt darauf schließen, daß ein Teil der 39 Oberflächen-Pyramidenneuronen der Minikolumne vielleicht synchron aktiviert wird. Deshalb finde ich es nicht sinnvoll, zwischen individuellen Oberflächen-Pyramidenneuronen und allen Oberflächen-Pyramidenneuronen innerhalb einer gegebenen Minikolumne zu unterscheiden. Bei den sechs Nachbarn könnte es sich um bis zu 39 x 6 = 234 Oberflächen-Pyramidenneuronen handeln, die gemeinsam in exakter Übereinstimmung agieren.

Man kann sich daher die »Zellen« und »Knoten« als funktionelles Äquivalent von Minikolumnen vorstellen. Die Tendenz, als Gruppe zu agieren, würde zugleich »Löcher« in der Matrix eliminieren, die anderenfalls Folge der unvollständigen, »gepunkteten« Kreisringe eines einzelnen Oberflächen-Pyramidenneurons wären, und sie ermöglicht die Punkt-zu-Ring-Beziehung, auf die ich schließe.

Bildet sich ein heißer Fleck genau an der Stelle, auf die der Knoten einer Dreiecksanordnung schließen läßt? Das muß natürlich nicht so sein, wenn andere Verdrahtungsprinzipien die Tendenz zum Dreieck aufheben; beispielsweise könnten Verbindungen zu anderen Orientierungskolumnen desselben Orientierungswinkels im primären visuellen Kortex die Dreieckstendenz abschwächen. Doch diese Theorie soll ja für den assoziativen Kortex Geltung haben, nicht für die am meisten spezialisierten kortikalen Areale. Büschel von wiederholt exzitativen Endungen wurden in der Tat in vielen neokortikalen Arealen zahlreicher Tierarten gefunden.

Kein Ring eines Oberflächen-Pyramidenneurons ist natürlich perfekt, weil seine Endungsbüschel keine vollständige Streuungsdichte bieten. Doch wenn sich diejenigen von sechs Minikolumnen am selben Knoten überlappen (eigentlich sogar noch mehr, weil das Axon dazu tendiert, jenseits einer weiteren »stillen« Lücke abermals ein Büschel zu produzieren), dann gibt es einen Punkt, der mehr Input hat als andere, und dies sollte den Knoten enger definieren helfen. Darüber hinaus haben die Zellen, die in den Oberflächenschichten des Neokortex die Umgebungsinhibition implementieren – die großen Sternzellen –, Axone, die weit genug reichen (mit Ausnahme bei Ratten), und folglich helfen sechs inhibitive kreisförmige Projektionen vom Punkt in die Fläche ebenfalls, einen Knoten mittels Subtraktion zu definieren.

Wie wir im nächsten Kapitel sehen werden, begünstigen einige synaptische Augmentationsmechanismen – etwa an den NMDA-Synapsen – solch eine Konvergenz. Die NMDA-Synapsen haben eine bemerkenswert ungenaue Vorstellung von Synchronität, also könnte eine Augmentation *per se* nicht für die identischen Übertragungsentfernungen sensibel sein, die das Dreieck definieren. Die exakte Synchronität synaptischer Potentiale hängt von identischen Übertragungszeiten ab, wenn alles andere gleich ist. Doch eine gewöhnliche spatiale Summierung – ein Höcker steht auf der Schulter eines anderen postsynaptischen Potentials – kann die Synchronität einigermaßen präzise definieren, wenn der Schwellenwert für die Impulsproduktion nur von der optimalen Überlappung – Spitze auf Spitze – überschritten werden kann. Höhere Schwellenwerte lassen die Größe von heißen Flecken schrumpfen und zentrieren sie, wenn die Übertragungsgeschwindigkeiten identisch sind, in gleichen Abständen von ihren Inputs.

Überlegen wir nun das Ensemble-Problem im Kontext dieser Tendenz, einen Dreieckschor zu rekrutieren. Wir haben nicht nur eine Dreiecksanordnung, sondern mehrere, die miteinander verflochten sind.

Wenn wir eine Banane sehen, müßten sich verschiedene Typen von Merkmals-Detektoren dafür interessieren. Nehmen wir an, die Eltern einer Dreiecksanordnung (A) sind Fans der gelben Farbe der Banane. Andere Oberflächen-Pyramidenneuronen interessieren sich wahrscheinlich für die eine oder andere der Tangenten des Bananenprofils, und so bildet sich vielleicht eine weitere Dreiecksanordnung (B), die sich auf die

Repräsentation der horizontalen Linien spezialisiert. Diese zweite, *horizontale* Anordnung muß nicht mit der *Gelb*-Anordnung synchronisiert sein (wie eine gebräuchliche Form der Bindungstheorie annimmt), jedenfalls nicht im Augenblick.

Darüber hinaus kann der Ausgangspunkt der Horizontalen-Tangenten-Anordnung mehrere Millimeter von dem der Gelb-Anordnung entfernt liegen. Man kann sich ohne Schwierigkeiten ein halbes Dutzend unterschiedlicher Merkmale denken, die alle ihre eigene Dreiecksanordnung haben und in verschiedenen Teilen des kortikalen Arbeitsraums ihren Anfang nehmen. Vorausgesetzt, daß jede Anordnung in derselben Ausrichtung beginnt (diese Grundannahme wird einleuchtender, wenn wir erst einmal diskutieren, wie Erinnerungen mittels Resonanzen evoziert werden), liegen die verschiedenen Dreiecksanordnungen parallel zueinander.

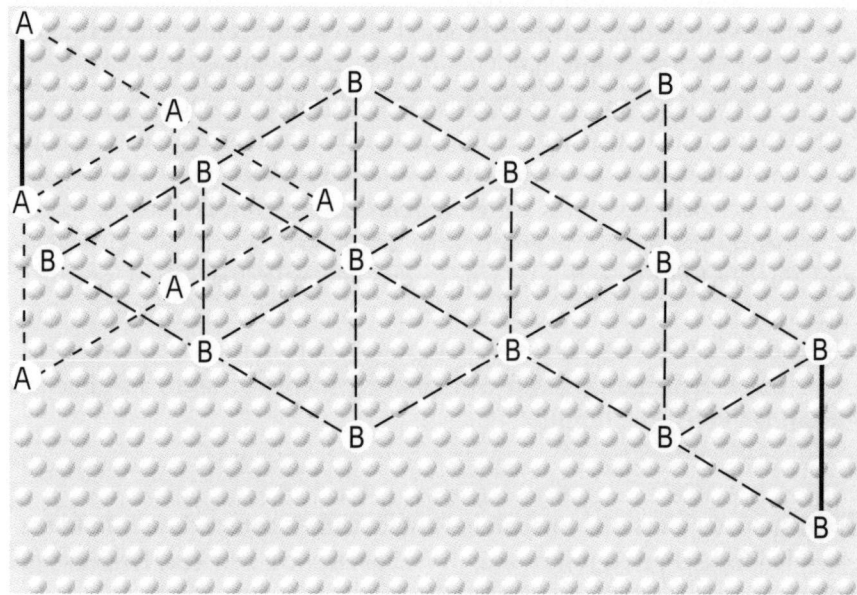

Handelt es sich bei dieser ganzen Sammlung von jeweils sich über viele Millimeter erstreckenden Dreiecksanordnungen – die wie viele Weihnachtsbaum-Lichterketten aussieht, welche jeweils in sich gleichzeitig aufleuchten, miteinander aber nicht synchronisiert sind – um ein Hebbsches Zellensemble?

Nein, denn dieses Ensemble ist nicht das minimale Zellensemble, das die Mindestinformation enthalten könnte, die zu seiner Rekonstruktion nötig ist. Offensichtlich gibt es in solch einer repetitiven Gruppe von Dreiecksanordnungen jede Menge Redundanz. Denken wir uns ein ungewöhnlich leistungsfähiges Mikroskop, dessen Vergrößerung wir ständig steigern, während wir die kortikale Oberfläche betrachten. Immer weniger Knoten jeder Dreiecksverbindung haben wir im Bild, wenn wir die Vergrößerung steigern, genau wie wir immer weniger synchrone Lichter sehen, wenn wir an den Weihnachtsbaum heranzoomen.

Schließlich zoomen wir ein bißchen zu sehr heran, so daß eine der Dreiecksanordnungen (sagen wir, *Gelb*) keinen Repräsentanten mehr in unserem Blickfeld hat. Wir bemerken dies vielleicht daran, daß es überhaupt keine synchronen Stellen mehr gibt. Also zoomen wir ein biß-

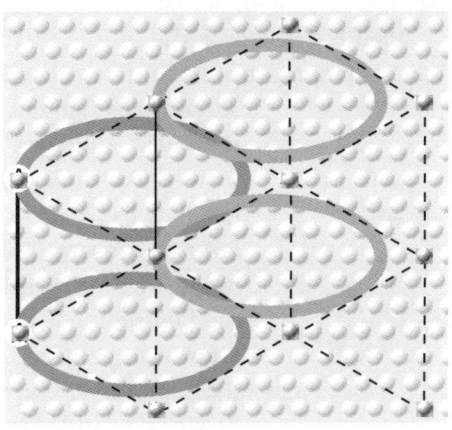

chen zurück, und ein Mitglied des *Gelb*-Chors kommt wieder in den Blick. Es nimmt jetzt rund 0,5 mm in unserem Blickfeld ein. Wir reduzieren die Vergrößerung noch ein bißchen, und jetzt sehen wir mehrere Gruppen synchronisierter Stellen.

Liegt mithin das minimale Hebbsche Zellensemble innerhalb eines Kreises von 0,5 mm Durchmesser? Nein, vielmehr handelt es sich um ein Sechseck, dessen parallele Seiten 0,5 mm Abstand haben. Ziehen wir eine Seite eines solchen Sechsecks nach, können wir davon ausgehen, daß wir damit einen Repräsentanten von jeder von *N* Dreiecksanordnungen haben. Wenn wir die *N*te Anordnung (sagen wir, den *Gelb*-Spezialisten) ein wenig verrücken, schleicht sich an der gegenüberliegenden Seite unseres ursprünglichen Sechs-

Die von einem Objekt aktivierten Zellen liegen auf einer Ellipse von rund 0,8 mm Durchmesser ...

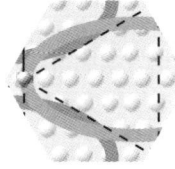

...die damit größer ist als die Axonlücke von 0,5 mm. Doch da jeder Punkt auf der Ellipse seine eigene Dreiecksanordnung generiert (nur eine ist gezeigt), sind sie »in sich geschlossen«, was zeigt, daß ein 0,5-mm-Sechseck die »Einheitsfläche« nichtredundanter Punkte ist.

ecks ein weiterer *Gelb*-Punkt ein – wie bei Computern, wenn beim Aufbau eines Musters auf dem Bildschirm der rechte mit dem linken Rand verbunden wird, um kontinuierliche, »in sich geschlossene« Trajektorien zu erzeugen. Das Hebbsche Zellensemble sieht vielleicht nicht wie ein Sechseck aus, doch seine räumliche Ausdehnung muß dank dieses Umstands nicht größer als ein Sechseck sein.

Was ist die Beziehung zwischen sechseckigen Mosaiken und Dreiecksanordnungen? Hier droht einige Verwirrung, vor allen, weil sich die Dimensionen so ähnlich sind: Beide sind rund 0,5 mm groß (wie die Makrokolumnen, welche Bereiche mit ähnlichen Quellen entfernten Inputs sind). Das Sechseck ist ein Komitee, das aus je einem Mitglied von jeder einer Anzahl verschiedener Dreiecksanordnungen besteht.

Weil ein Sechseck die größte nichtredundante Sammlung von Punkten aus einer Gruppe von Dreiecksanordnungen ist, ist das Sechseck ein Kürzel, das wir mit Vorsicht behandeln müssen, damit wir nicht allzu konkret werden. Daß der größte sich nicht wiederholende Bereich ein Sechseck ist, sagt uns 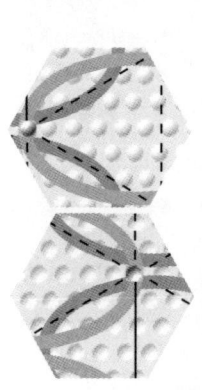 beispielsweise nicht, daß es ein *fixiertes* Sechseck ist. Wir können unsere sechseckige Suchmaske verschieben (allerdings nicht rotieren), und sie erfüllt noch immer die Bedingung, nur jeweils ein Element jeder Dreiecksanordnung zu enthalten. Wenn Sie dieselbe Übung mit Ihrer Tapete versuchen, denken Sie daran, daß Schachbretter das andere weitverbreitete regelmäßige Mosaik darstellen; quadratischen Mosaiken werden wir aller Wahrscheinlichkeit nach hier nicht begegnen, weil es für sie offensichtlich keinen Kopiermechanismus gibt.

Wir könnten aber in die Anatomie eingebettete Sechsecke sehen, wenn etwas in den zugrundeliegenden kortikalen Schaltungen dahin tendiert, einige Bereiche dazu zu bringen, als Gruppen zu interagieren. Die räumlich invarianten, farbcodierenden Kolumnen (»blobs«) im Sehkortex (V1) könnten als fixierte Anker dienen, und dasselbe trifft auf die Makrokolumnen zu (die okularen Dominanzkolumnen umfassen ebenfalls rund 0,5 mm). Vielleicht tendieren die ABCD-Punkte dazu, einen emergenten Rhythmus zu bilden, der dann in der lokalen Konnektivität enthalten ist. Er hätte somit eine territoriale Identität, die einige Plazierungen der Maske sinnvoller machen würde als andere – ein *verankertes* Sechseck.

Das »In-sich-Schließen« zeitigt eine interessante Konsequenz für die Frage, was die Mustereinheit ist (noch immer ein Problem in der Biologie, vgl. Helena Cronins Antwort im Glossar unter dem Stichwort »Gen«): Selbst wenn die ursprünglich aktiven Merkmals-Detektoren über ein paar Millimeter verstreut waren, haben wir jetzt eine kompaktere Repräsentation. *Wir haben das präsynchrone, prämosaikische Hebbsche Zellensemble in einem kleinen Standardraum komprimiert*, was es vermutlich leichter macht, charakteristische spatiotemporale Feuermuster aus einem lokalen kortikalen Schaltkreis heraus erneut zu starten; denn in der Tat könnte ein jedes von einer Anzahl ähnlicher Sechsecke sich anschicken, eine ganze Population des wieder zum Leben erweckten spatiotemporalen Musters zu klonen.

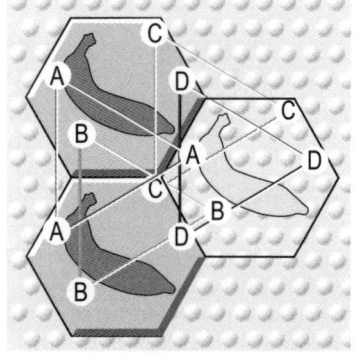

Wir haben natürlich eine Tendenz zur Konzentration nur auf jene Zellen, die als Reaktion auf die Banane feuern. Bedenkt man auch, welche Zellen still bleiben müssen, damit das charakteristische Muster nicht verschliert, füllt der zerebrale Code für *Banane* das Sechseck voll aus. Bei der musikalischen Analogie, die dieses Kapitel eröffnete, entspricht dieses Sechseck dem Streichquartett. Auch seine Mitglieder müssen wissen, wann sie still sein müssen, um die Harmonie nicht zu ruinieren.

Eine andere Möglichkeit, das Problem der Neuronen-Mustereinheit anzugehen, bietet die Frage, was das minimale Zellensemble braucht, um das spatiotemporale Muster abermals zu starten. Ich meine den kleinstmöglichen Verband von Zellen, der damit anfangen kann, ein sechseckiges Mosaik zu generieren, nicht notwendigerweise alle einzelnen »Kacheln« des Eltern-Musters, das sich lateral durch einen kortikalen Arbeitsraum erstreckt, aber zumindest eine »Startfraktion«. Weil man zwei 0,5 mm entfernte Zellen braucht, um die Generierung einer Dreiecksanordnung in Gang zu bringen, besteht das minimale Hebbsche Zellensemble aus zwei aneinandergrenzenden Sechsecken des charakteristischen spatiotemporalen Musters. Selbst wenn der sensorische Input nicht einen unterschwelligen Grenzwert fast aktiven Inputs zum Hochfahren

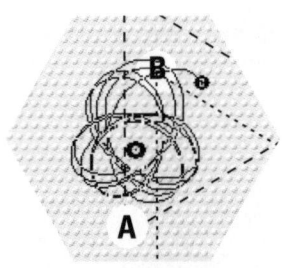

Wenn zwei Dreiecksanordnungen lange genug aktiv sind, um die synaptischen Stärken zu ändern, können sie innerhalb der Schaltkreise eines Sechsecks Attraktoren hervorrufen (hier mit einem Pendel simuliert, das von zwei Magneten angezogen wird), die das Feuermuster beibehalten.

der Rekrutierung von Dreiecksknoten liefert, kann die NMDA-Augmentation noch immer einen neuen Knoten rekrutieren; es dauert bloß länger, als wenn sensorischer Input die Knoten-Neuronen bereits in den Bereich unter dem Schwellenwert drücken würde. Im fünften Kapitel werde ich die Wiederherstellung spatiotemporaler Feuermuster aus rein spatialen Verbindungsmustern weiter ausarbeiten und auf diesen Punkt zurückkommen.

Für jetzt genügt es, sich zu merken, daß unsere ursprüngliche Sammlung von Merkmals-Detektoren, die möglicherweise über einige Distanz im Kortex verstreut waren, sich zu so etwas wie jenen Sechseck-Mosaiken entwickelt hat, die die Fußböden der griechischen Dampfbäder vor 2500 Jahren zierten. Sich mit genügend feiner Auflösung den Kortex von oben zu betrachten, würde nicht notwendigerweise die Abgrenzungen selbst verankerter Sechsecke erkennen lassen – genausowenig, wie man die Abgrenzungen der Mustereinheit auf der Tapete in der Mitte des daraus gebildeten Mosaiks erkennt. Doch der Blick

auf die kortikale Oberfläche sollte dank der Synchronität eine Dreiecksanordnung erkennen lassen, und dann eine weitere solche Dreiecksanordnung, die zeitlich irgendwie versetzt ist. Vielleicht könnten wir sehen, wie erst eine Dreiecksanordnung und dann die anderen zusätzliches Territorium rekrutieren. Das wäre, als würden zusätzliche sechseckige Kacheln einem noch nicht fertigen Fußbodenmosaik hinzugefügt. Später würden wir vielleicht beobachten, wie der fertiggestellte Teil der Kacheln sich zurückzieht – verblaßt, als würde er gelöscht – oder vielleicht von einem mit ihm wetteifernden Streichquartett-Muster ersetzt wird, das aus der anderen Richtung vorrückt.

Die wiederholte Exzitation der Oberflächenschichten des Neokortex scheint eine ausgezeichnete Grundlage für das Klonen spatiotemporaler Muster zu sein. Wie die Flecken von Wiesengras und Quecken in meinem Garten könnten sie sogar um das Territorium konkurrieren, wenn auch um den Preis, daß sie nahe den zerebralen Grenzen ihre klongleiche Uniformität verlieren.

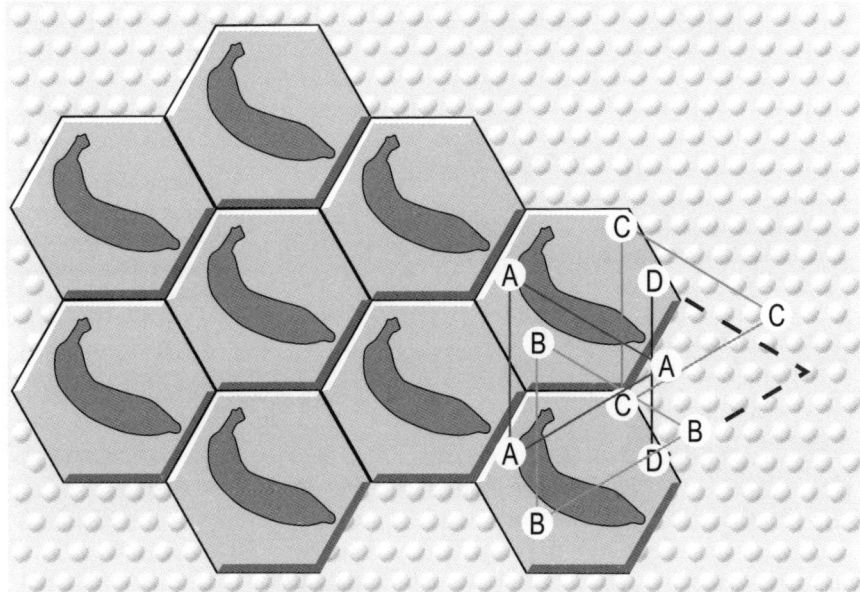

Falls die vier Dreiecksanordnungen ABCD ausreichen, um *Banane* zu codieren, dann bekommen wir einen Klon von *Banane*, wenn eine weitere vollständige Gruppe von ABCD-Punkten erfolgreich rekrutiert wird. Sechseck-Mosaike sind gegenüber Gruppen von Dreiecksanordnungen sekundär.

Die Datenanalyse braucht eine Schablone, die sowohl die korrekte Orientierung als auch die korrekte Größe der lokalen Dreiecksanordnung aufweist.

Um 60° um einen heißen Fleck rotieren.

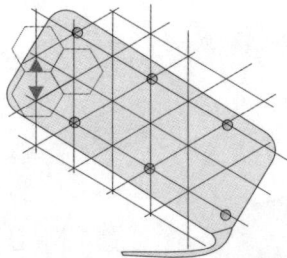

Schablone könnte sein:
– elektrokortikographischer Streifen oder Gitterelektrode
– Mikroelektroden-Punkte
– optische Maske.

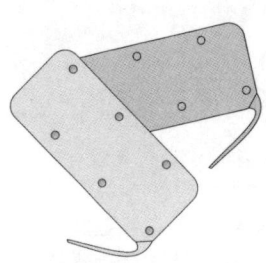

Verschiedene Größen probieren (leichter bei optischer Erfassung und Nachbearbeitung).

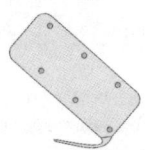

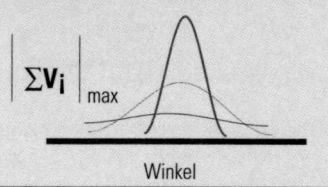

Vorhergesagte Meßkurven für unterschiedliche Schablonengrößen, vorausgesetzt, die Dreiecksanordnung bleibt während des Tests erhalten.

$\Sigma V_i \big|_{max}$

Winkel

Einige experimentelle Strategien zur Entdeckung von Dreiecksanordnungen

4 | Den zerebralen Park verwalten

[Jorge Luis Borges] *berichtete von einem Land, das auf sein kartographisches Institut und die ausgezeichnete Qualität seiner Karten sehr stolz war. Im Laufe der Jahre zeichnete dieses Institut Karten von immer größerer Akkuratesse, bis die Kartographen zum Schluß die ultimative Karte im Maßstab 1:1 vorlegten. Und wenn man heute, sagt Borges, durch die Wüste wandert, kann man Stellen finden, an denen Teile der Karte noch immer auf die Region geheftet sind, die sie repräsentieren!* *Michael A. Arbib, 1985*

Die Karte sei nicht das Territorium, behaupteten verschiedene Menschen im Lauf dieses Jahrhunderts, und Arbib betont auch, daß unser Job als Gehirntheoretiker *nicht* darin bestehe, »pralles Leben durch das Laufenlassen eines Computerprogramms zu ersetzen«. Wir müssen etwas Einfacheres extrahieren, einen kartenähnlichen Führer durch die vorliegende Komplexität, obwohl es anscheinend unmöglich ist, jene Zellen in den verborgenen Schichten des konnektionistischen Netzes funktionell zu begreifen. Wir brauchen Abstraktionen des Gehirns – beispielsweise vertraute Prozesse, die immer wieder zur Anwendung kommen –, um uns der feineren Details annehmen zu können. Zu den Abstraktionen, die sich in jüngster Zeit als nützlich erwiesen haben, zählen die sechs Grundelemente eines jeden darwinistischen Prozesses: ein *charakteristisches Muster*, das *kopiert* wird, wodurch gelegentlich *Varianten* entstehen, die um einen Arbeitsraum *wetteifern*, wobei ihr Erfolg von einer facettenreichen *Umwelt* in die eine oder andere Richtung gelenkt wird und die erfolgreicheren in der nächsten Runde die größte Anzahl von leichten Variationen produzieren (Darwins *Erblichkeitsprinzip*). Im letzten Kapitel haben wir gesehen, wie Kopiermechanismen auch daran mitwirken, ein charakteristisches Muster zu identifizieren. Die vorhergesagten Mosaiken elektrischer Aktivität sind bloß ein ephemerer Zustand des zerebralen Kortex, doch sie könnten uns zu dem hinführen, was er sonst noch tut. Wenn wir lernen können, über den dynamisch sich umgestaltenden Flickenteppich von sich klonenden Territorien so einfach wie über eine Karte nachzudenken, dann finden wir vielleicht einen Weg, die Unbegreiflichkeit der verborgenen Schichten zu umschiffen.

Dieses Kapitel (es ist wesentlich leichter als die letzten beiden) wendet sich den Mustervarianten und dem Arbeitsraum selbst zu, spätere Kapitel werden detaillierter auf die Klonier-Wettbewerbe eingehen. Dazwischen herrscht ein bißchen Chaos – im besten Sinne des Worts –, welches der Gedächtnis-Umwelt zugrunde liegt. Doch zunächst brauchen wir ein paar Metaphern, die uns bei der Erforschung eines Allzweck-Arbeitsraums führen. Wir brauchen eine Menge multifunktionelles Potential (potentiell leistungsfähig, aber das macht es so schwierig, die Dinge zu benennen), nicht einen Haufen festgefügter Abteilungen.

Wir Menschen haben eine Menge zerebralen Kortex, vier Blatt Schreibmaschinenpapier könnten wir damit bedecken; das ist die potentielle Größe unseres Flickenteppichs aus miteinander wetteifernden sechseckigen Mustern. Der zerebrale Kortex eines Schimpansen ist genauso dick, würde aber flach ausgebreitet nur ein Blatt Papier bedecken. Tieraffen haben nur rund eine Postkarte voll, und Ratten liegen in der Größenordnung von Briefmarken. Nach allem, was die Neurowissenschaft in einem Jahrhundert herausgefunden hat, weist nichts darauf hin, daß ein Quadratmillimeter menschlicher Kortex sich sonderlich von derselben Fläche im Gehirn eines Tieraffen unterscheidet.

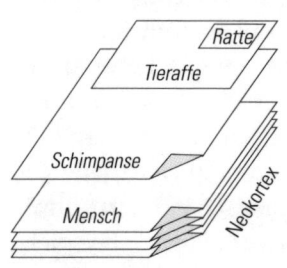

Obwohl jeder davon ausgeht, daß größer immer auch besser ist, bereitet es uns Schwierigkeiten zu sagen, in welcher Hinsicht die vierfache Menge von Kortex für uns besser ist. Während der Evolution von den Menschenaffen zu den Menschen vergrößerten sich Strukturen überall im Vorderhirn. Ja, es gibt menschliche Fähigkeiten wie Sprache, Musik, Vorausplanung, akkurates Werfen und Werkzeugherstellung, die einiges an zusätzlichem kortikalen Raum über das den Menschenaffen zur Verfügung stehende Maß hinaus brauchen, aber er wurde nicht in Form von einem Knubbel hier und einem Wulst dort »angeklebt«, wie ein Haus im Lauf der Jahre durch Anbauten größer wird.

Es scheint einfacher zu sein, den Kortex insgesamt zu vergrößern, als bloß selektiv ein Stück davon auszubauen. Charles Darwin hätte das nicht überrascht; er erforschte zwar auch spezielle Adaptionen, doch zugleich erkannte er, daß die Grundvariationen oft ziemlich generelle Aspekte des Wachstums und der Form betrafen und so bestimmte Funktionen unauflöslich miteinander verbanden. Viele der neuen, über die der Menschenaffen hinausgehenden menschlichen Fähigkeiten scheinen sich denselben kortikalen Raum zu teilen, was auf eine Konvertierung von Funktionen schließen läßt. (Wie ich in *Wie das Gehirn denkt* erörtere, sind die Konversion und die Koexistenz von Funktionen in derselben Struktur weitere Grunderkenntnisse Darwins.) Und solch eine Multifunktionalität hat einige interessante Implikationen für die Evolution neuer Funktionen.

Man sollte es nicht glauben, daß eine neue Funktion fix und fertig ausgebildet in die Welt kommt, wie Athene dem Haupt des Zeus entsprang – doch dank eines gemeinsam mit einer älteren Funktion genutzten Raums ist das möglich. Solch eine Bündelung der Funktionen stellt gewissermaßen eine kostenlose Dreingabe dar. Die neue Funktion mag von einigen zusätzlichen Effizienzsteigerungen profitieren, doch ihre Erfindung *per se* verstehen wir wahrscheinlich nicht, wenn wir uns auf die langsamen Adaptionen konzentrieren.

Neue Funktionen haben in der Regel einen Startvorteil, indem sie sich zeitweilig eines Organs bedienen, das in der Vergangenheit wegen einer anderen, oft ganz anderen Funktion Gegenstand der natürlichen Auslese war. Das Standardbeispiel dafür ist, wie die ursprünglich zur Wärmeisolierung ausgebildeten Federn die Aerodynamik von Flügeln verbesserten. Genau wie die in den vierziger Jahren für militärische Zwecke entwickelten Computer dazu führten, daß es wenige Dekaden später einen Boom bei Computern für Textverarbeitung gab, sind Gehirne besonders gut darin, Funktionen umzuwandeln, wobei Verbesserungen der einen der Emergenz einer weiteren den Weg bereiten, indem die »Leerlaufzeit« der damit überhaupt nicht verwandten ursprünglichen Funktion genutzt wird. Die Funktionen teilen sich dann möglicherweise weiter denselben Arbeitsraum, oder dieser unterteilt sich und spezialisiert sich jeweils auf die beiden Funktionen.

Wegen der Kohabitation von Funktionen stellen die von uns verwendeten Begriffe in Wirklichkeit oft Scheuklappen dar. Beispielsweise sind weite Areale des »Sprachkortex« möglicherweise daran beteiligt, Bewegungssequenzen für Hand und Fuß auszuarbeiten – und die Sequenzen der vernommenen Töne zu analysieren. Der Sprachkortex beschäftigt sich nicht exklusiv mit Sprache. Sensorik und Motorik, Hand und Fuß illustrieren die multifunktionelle Realität, die Gehirntheorien abdecken müssen.

Wenn man nur die populärwissenschaftlichen Berichte über die Fortschritte in den Neurowissenschaften liest, bekommt man natürlich den Eindruck, der Kortex sei hochspezialisiert, sozusagen ein Taubenschlag mit akkurat abgezirkelten Abteilungen: ein Bereich für unbelebte Objekte, einer für Werkzeugbegriffe und so weiter. Das erinnert an Ciceros Rat, wie man sich leichter neue Namen merken könnte: indem man sich jede neue Person an einem anderen Ort vorstellt, beispielsweise einem Raum in einem großen Landhaus (13 Jahrhunderte später hat Thomas von Aquin bei einem ähnlichen Ratschlag Nischen in einer Kathedrale vorgeschlagen). Doch so bequem es auch sein mag, sich das Gehirn als *tabula rasa* vorzustellen, deren leere Taubenschlaglöcher bei Geburt nur darauf warten, mit einer Lebensspanne von Erinnerungen und erworbenen Fähigkeiten gefüllt zu werden – nur wenige Neurowissenschaftler sind der Ansicht, daß dies tatsächlich so funktioniert. Nichtsdestotrotz analysieren wir fröhlich drauflos, was immer wir an Spezialisierungen finden können – und mit dem funktionellen Namen, den wir dann dem jeweiligen Gehirnareal geben, verstellen wir uns oft selbst den Blick dafür, zusätzliche koexistente Funktionen in Betracht zu ziehen.

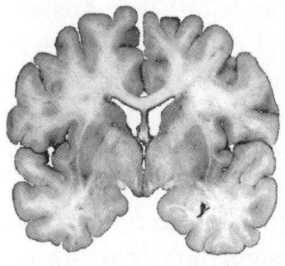

Bei den Experimenten ganzer Generationen von Neurophysiologen haben einzelne kortikale Neuronen oft auf mehrere sensorische Modalitäten reagiert. Die Neuroanatomen wissen, daß alles mit allem verbunden ist (wenn nicht direkt, dann bedarf es dazu nur weniger Schritte). Wo es sie gibt, sind Spezialisierungen mit Sicherheit nicht exklusiv, ganz ähnlich wie unterbeschäftigte Neurochirurgen gelegentlich auch aushilfsweise in einer Allgemeinpraxis Patienten für die Lebensversicherung untersuchen könnten.

Mit den Analogien von spezialisierten Räumen kommen wir also auf lange Sicht nicht weiter, wie nützlich sie auch immer für die Analyse der frühen Stadien der Wahrnehmung sein mögen. Ich werde Multifunktionalität mit einigen phantasievollen Anspielungen auf die verschiedenen Flächen und Nischen eines großen öffentlichen Parks einführen. Parks mit gepflegtem Rasen wie etwa der von Hampstead Heath in London sind schön, mehr gefesselt haben mich aber die weitenteils rasenlosen Parks in einigen Städten Kontinentaleuropas, wo mit feinem braunen Kies bedeckte Gehflächen überall dort zu finden sind, wo nichts abgezäunt ist.

Parkzäune verdanken sich vermutlich einer katastrophalen gesellschaftlichen Entwicklung, so dachte ich; sie sind Folge der zunehmenden Bevölkerungsdichte in den Städten. Da es im Lauf der Jahrhunderte immer mehr Menschen, aber immer weniger Parkflächen gab, wurde der öffentliche Raum überstrapaziert. Und dann kamen die Zäune.

Öffentlichen Räumen wie beispielsweise Allmenden drohen Gefahren, die sich mit Hilfe von Einzäunungen vermeiden lassen, etwa das

69

Überweiden (wobei die Vorteile dem Besitzer des eingezäunten Bereichs zugute kommen und nicht all den anderen, die die Allmende gemeinsam nutzen). Das könnte, dachte ich, einer der Vorteile sein, die die Untergliederung des Kortex in feste Abteilungen – die Brodman-Areale – brachte. Multifunktionale Areale des zerebralen Kortex könnten natürlich all die Probleme bekommen, die auch bei öffentlichem Gemeindeland auftreten – samt den daraus resultierenden Katastrophen.

Von einer Parkbank im Zentrum von Paris aus beobachtete ich, daß einige der Kiesflächen so glatt geebnet sind, daß – nun, würden Sie dann nicht auch annehmen, daß Arbeiter die Oberfläche für den nächsten, auf der Hand liegenden Schritt vorbereitet hätten?

In meinen Tagträumen auf der Parkbank war die Oberfläche genau aus jenem Grund geglättet worden. Die Parkverwaltung erklärt, daß es keine permanenten Platten sind, die die Schulkinder legen und umpositionieren – es sind bloß *temporäre* Platten (angesichts der Fußböden in griechischen und römischen Bädern sprach ich ursprünglich von Kacheln – aber mein Illustrator, von Haus aus Architekt, wies mich freundlich darauf hin, daß Kacheln und Fliesen in einem Mörtelbett fest verlegt werden, ich folglich vielleicht besser von den vorfabrizierten Betonplatten sprechen sollte, mit denen Hausbesitzer verhindern, daß das Gras ihre Terrassen überwuchert.)

Die im Park spielenden Schulkinder bauen sich zunächst eine sechseckige Gußform, in deren Boden die Gestalt eines Haustiers eingetieft ist. Dann gießen und verlegen sie so viele Platten wie möglich, wobei die Figur nach oben weist. Einige Bereiche des Parks weisen als Standarddesign eine Katze auf, dann geht man vielleicht über ein Stück freie Kiesfläche, bis man wieder zu einem Bereich mit dem Bienenwabenmuster kommt, wobei jede Platte die Figur eines Hundes zeigt, der eine andere Gruppe von Plattenlegern den Vorzug gegeben hat. Da sie alle sechseckig sind, können die Kinder sie ganz leicht verlegen, ohne groß nachdenken zu müssen: ein simpler algorithmischer Prozeß, den ein Roboter durchführen könnte.

Vielleicht, so dachte ich, könnten wir sogar auf die Plattenleger verzichten und uns vorstellen, wie zwei Platten ab und an eine dritte mit demselben charakteristischen Dekor klonen und sie in eine angrenzende freie Stelle einpassen.

Was passiert, ist man geneigt zu fragen, wenn all die Platten mit Katzen auf die mit Hunden stoßen? Ersetzen dann Hunde-Platten diejenigen mit Katzen, so daß sie das Katzen-Territorium zu übernehmen beginnen? Ist die Größe des Hunde-Terri-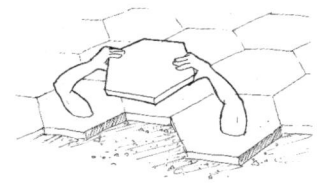
toriums aus irgendeinem Grund von Bedeutung? Nun, wenn es sich um die Sechseck-Mosaiken handelte, die für den zerebralen Kortex vorherge-sagt werden, würde sicherlich jemand die Überlegung anstellen, daß sie alle synchron feuern müssen, was sie so miteinander verbindet, daß sie einem darüberstehenden Beobachter auffallen. Ich würde jedoch eher vermuten (warten Sie einfach das achte Kapitel ab), daß es einer kriti-schen Anzahl bedarf, ehe sie aller Wahrscheinlichkeit nach effizient mit den motorischen Zentren des Gehirns kommunizieren können.

Lassen wir den Trugschluß des kartesianischen Theaters doch einfach für den Moment beiseite (machen solche Tagträumereien nicht Spaß?): Was würde man auf einem Luftbild dieses Parks wohl erkennen können? Wahrscheinlich viele von angrenzenden Grünflächen gebildete Nischen, die sich zu zentralen Freiflächen hin öffnen; allerdings würden die Aus-maße der Nischen und genauso einige der sie verbindenden Pfade von überhängenden Baumästen verborgen (das ist einer der Vorteile von Kar-ten gegenüber Luftbildern – und zeigt, wie ein abstraktes Schema ein konkretes geistiges Bild verbessern kann).

Aus der Nähe betrachtet, pas-sieren natürlich in diesem Park viele verschiedene Dinge gleich-zeitig: Bei einem Spaziergang würde man vielleicht in der einen Nische Volkstänze aufge-führt sehen, während in einer anderen Kinder einem Geschich-tenerzähler zuhören; hin und wieder würde man Nischen mit spezialisierten Einrichtungen wie Schachspielfeldern oder Holz-kohlengrills finden. Für die Tän-zer wären diese spezialisierten Einrichtungen weniger geeignet,

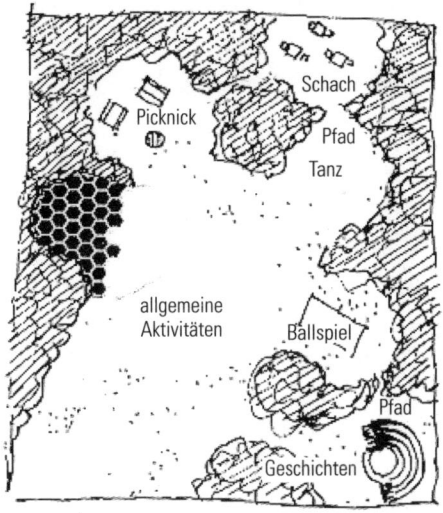

der Geschichtenerzähler könnte sie aber genauso nutzen. Platten unterschiedlichen Designs würden sich in der einen oder anderen Nische ausbreiten beginnen, wobei die Themen die stattfindenden Aktivitäten reflektieren und sich dann weiter hinaus auf die allgemeinen Zwecken dienenden Freiflächen klonen, auf denen sich Fußballspiele mit Rockkonzerten und Frisbee-Fangen abwechseln.

Ich habe lange geglaubt, daß Kopier-Wettbewerbe – genau wie das Pflastern jenes Parks – ungefähr so ablaufen, wie mein prämotorischer Kortex sich zwischen verschiedenen alternativen Handlungsweisen entscheidet, wenn ich mich zu etwas entschließe: Daumen hoch, Daumen an Zeigefinger oder ausgestreckter Zeigefinger könnten die konkurrierenden Möglichkeiten sein. Ein sechseckiges Bewegungsschema unterscheidet sich im Prinzip nicht von einem sensorischen. Für einen zuschauenden Neurophysiologen wären beide ihrem äußeren Erscheinungsbild nach so unverständlich wie ein Strichcode am Supermarktregal.

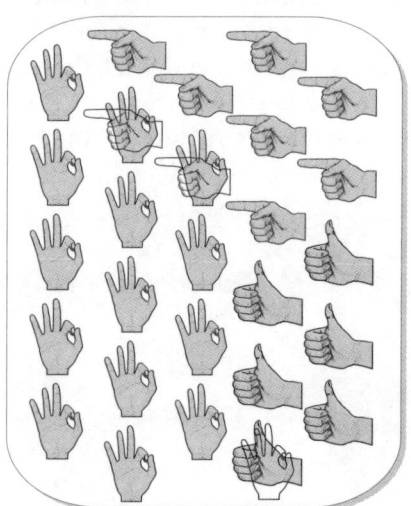

Sich zu einer Aktion zu entschließen ist vielleicht eine Frage des Klonens von Bewegungskommandos. Eine Bewegung wird möglicherweise erst dann in Gang gesetzt, wenn eines davon dominiert.

Ein Wettstreit um kortikales Territorium könnte dadurch entstehen, daß sich überlappende Muster in das eine oder andere konvertiert werden, was teils auf verblassende Resonanzen von früheren Besetzungen zurückgeführt werden könnte.

Vielleicht bedarf es eines Minimums an Pluralität, damit die Aktion in Gang kommt. Vielleicht bedarf es eines gewissen Maßes von kohärentem kortikalen Output, genügend vieler Sechsecke von Bewegungsschemata, die synchron als Chor singen, um die subkortikalen Zentren dazu zu bringen, gemeinsam zu agieren.

72

Ich erwarte, daß für gut antrainierte »kortikale Reflexe« – wenn ich beispielsweise einem vorüberfahrenden Freund rasch zuwinke – die Entscheidungsfindung viel einfacher ist. Wenn aber Zeit für Unentschlossenheit bleibt und verschiedene mögliche Aktionen miteinander konkurrieren, ist ein Kopier-Wettstreit ein netter Mechanismus, um Denken in Handeln zu überführen – eine Lösung des Problems, wie Milliarden von Neuronen einen kollektiven Geist ausbilden. Vielleicht kommt es darauf an, wessen Lied den größten Chor rekrutieren kann, und nicht all die miteinander wetteifernden Territorien zu annektieren – ganz ähnlich wie bei einer Hegemonie eine Nation die politischen Geschicke einer ganzen Region dominiert, ohne die Territorien real erobern zu müssen.

Die beiden ersten darwinistischen Grundelemente konnten wir bereits identifizieren, und jetzt haben wir auch einen Kandidaten für den Arbeitsraum. Bislang ist es nur eine Analogie, doch sie wird bald zu einem dynamisch sich verändernden Flickenteppich unterschiedlicher sechseckiger Territorien ausgebaut. Was aber ist mit Variationen der geklonten Muster? Welche Möglichkeiten gibt es, ein neues individuelles Muster herzustellen, das klonend sich ein neues Areal erobert und mit seinen »Eltern« in Wettbewerb tritt?

Eindeutig gibt es die Möglichkeit der bereits erwähnten »Fehlerkorrektur«, die alle Variationen eines etablierten Musters verhindert, wenn erst einmal ein gegebenes Sechseck von gleichgesinnten umgeben ist und Kristallisationstendenzen sie sich gemeinsam durchsetzen lassen. Doch an den Rändern eines gepflasterten Bereichs, die an ein unorganisiertes Areal grenzen, hat ein Sechseck vielleicht nur drei oder vier Nachbarn. Darüber hinaus könnte irgendein geometrisches Arrangement von Barrieren dafür sorgen, daß ein unorganisiertes Sechseck nur zwei Nachbarn hat. In solchen Grenzbereichen sollten wir zunächst nach Mustervarianten suchen, nicht im Innern der »Kontinente«.

Am einfachsten könnte es zu einer Sechseck-Variante dadurch kommen, daß es einer oder mehreren Dreiecksanordnungen nicht gelingt, neue Knoten zu klonen. In der spatiotemporalen Melodie des Sechsecks würde ein Ton fehlen, ähnlich wie bei einem Klavier, bei dem ein Hammer nicht anschlägt. Dieser Verlust eines Details könnte bedeuten, daß ein Attribut wie Farbe entfällt, aber das muß nicht so sein. Wenn wir *gelb* oder *horizontal* sagen, betonen wir nur das am leichtesten zu ermittelnde

Attribut unseres »Merkmalsdetektors« (was selbst nur eine praktische Fiktion ist). Viele Interneuronen sind multisensorisch, und daher muß eine gegebene Dreiecksanordnung nicht notwendigerweise eine Modalität repräsentieren, die zu allen anderen Attributen orthogonal ist.

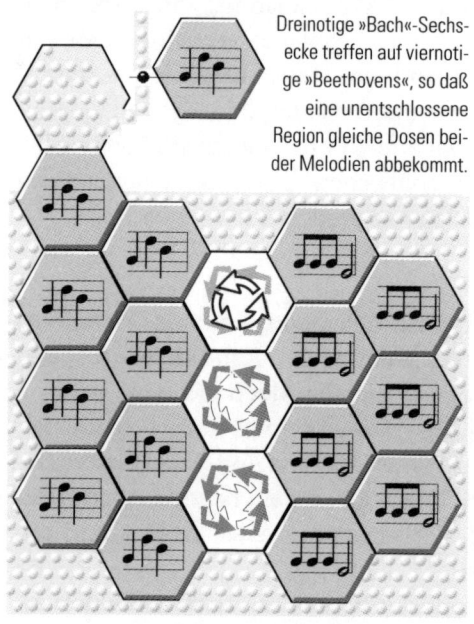

Dreinotige »Bach«-Sechsecke treffen auf viernotige »Beethovens«, so daß eine unentschlossene Region gleiche Dosen beider Melodien abbekommt.

Zu einem zweiten Typ von Varianten käme es, wenn sich neue Dreiecksanordnungen der Kollektion anschließen. Die wahrscheinlichste Möglichkeit, wie das passieren könnte, besteht darin, daß zwei unterschiedliche Sechseck-Mosaikmuster zusammenstoßen und sich ein »Niemandsland« bildet, wo sich die beiden spatiotemporalen Muster überlagern (vielleicht unterdrücken sie sich auch wechselseitig partiell, wenn inkompatible spatiotemporale Melodien zusammenstoßen). An solch einem Niemandsland interessiert neben den Mustervariationen die Frage, ob die Grenze sich verschiebt, wenn die eine Pflasterung eine andere ersetzt (was im nächsten Kapitel behandelt wird, wenn wir die Resonanzen untersucht haben).

Bei einem evolutionären Arbeitsraum handelt es sich in der Regel nicht um einen Kontinent, sondern um eine viel kleinere Region wie etwa eine Insel oder ein isoliertes Tal oder ein Berggipfel. Eine uneinheitliche Verteilung lebenswichtiger Ressourcen kann zu Subpopulationen führen, wenn Migrationen durch die ressourcenlosen Lücken selten bleiben. Diese Idee werde ich im zweiten Akt weiterentwickeln, hier sei nur festgehalten, daß ein Arbeitsraum mehr ist als nur eine Schultafel: Es handelt sich zugleich um eine Region, in der eine Subpopulation aussterben kann und dadurch eine leere Nische entsteht.

Folglich handelt es sich bei dem für Klon-Wettbewerber relevanten kortikalen Arbeitsraum aller Wahrscheinlichkeit nach nicht um den gesamten Neokortex. Veränderungen der Metrik der Lücken (und der Ausbreitung der basalen Dendriten) zwischen aneinandergrenzenden kortikalen Arealen könnte dazu führen, daß das Klonen immer auf ein Brodman-Areal beschränkt bleibt (obwohl die U-Fasern der besser bekannten kortikokortikalen Verbindungen immer noch Klone produzieren könnten, wie ich im achten Kapitel zeigen werde). Eine ungleichmäßige Verteilung exzitativer Aktivität könnte sogar noch kleinere Arbeitsräume schaffen, und dasselbe gilt für Wellen von Inhibition.

Noch viel mehr könnte (und wird) über die Generierung von Varianten und die Größe von Arbeitsräumen gesagt werden, doch es ist sinnvoll, zunächst einige kortikale Kandidaten für das fünfte Grundelement zu untersuchen – die facettenreiche Umwelt –, nachdem wir jetzt das Muster identifiziert haben, den Kopiervorgang, die Möglichkeiten der Variation und das begrenzte Territorium, auf dem es zum Wettstreit antritt.

Der Unterschied zwischen der Amöbe und Einstein besteht darin, daß die Amöbe, obwohl sie sich beide der Methode von Versuch und Irrtum oder Eliminierung bedienen, den Irrtum nicht mag, während Einstein davon fasziniert ist: Bewußt suchte er nach Fehlern, weil er hoffte, aus ihrer Entdeckung und ihrer Eliminierung lernen zu können.
Karl Popper, 1979

Intelligente Variationen verlangen nach einer Erklärung, wie diese Variationen oder Hypothesen von vornherein klug wurden. Daß die meisten Hypothesen klug sind, bezweifle ich nicht. Als solche reflektieren sie bereits erlangtes Wissen oder zumindest kluge Eingrenzungen des Suchraums. Solche Klugheit erklärt jedoch nicht weitere Fortschritte im Wissen. Daß Hypothesen, selbst wenn sie nicht klug sind, alles andere als zufällig sind, dem kann ich zustimmen. Doch ob klug oder dumm, Eingrenzungen des Suchraums erklären nicht, wie es zu neuartigen Lösungen kommt.
Donald T. Campbell, 1990

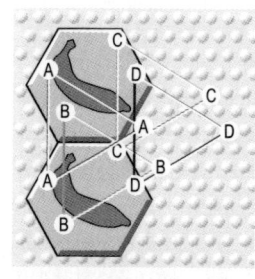

Eine kurze Erklärung der Illustrationen

Die Realität (vier oder mehr Gruppen von Dreiecksanordnungen)
ist in der Regel zu kompliziert, um sie darzustellen, also ersetzen Sechsecke
sie in den meisten Abbildungen.

Ein komplettes aktives Set von Dreiecksanordnungen für *Banane*,
das auf einem Attraktionsbassin in der zugrundeliegenden Konnektivität
beruht, wird durch ein Symbol auf einem erhabenen Sechseck repräsentiert.

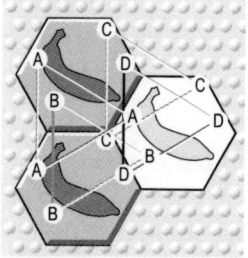

Ein komplettes aktives Set, das nur auf rekrutierendem Kopieren von
benachbarten Sechsecken beruht, wird durch das flache Sechseck
mit einem Symbol dargestellt.

Ein Attraktionsbassin in der zugrundeliegenden Konnektivität,
das sich nicht in einem aktiven Set manifestiert, wird nur durch die Umrisse
von Symbol und Sechseck veranschaulicht.

Wenn die Veränderungen in den Verbindungen mit der Zeit verblassen
(aufgrund von synaptischer Unterdrückung oder reduzierter Verstärkung),
wird das durch ein noch geisterhafteres Symbol angezeigt.

Wie oben, nur wird daran erinnert, daß dem Sechseck ein
spatiotemporales Muster zugrunde liegt.

76

5 | Resonanzen in chaotischen Erinnerungen

Sollen wir meinen, daß ... die Erinnerung die Spur der im Geiste eingeprägten Dinge sei? Aber welches können die Spuren der Worte und der Sachen selbst sein und was jene ungeheure Masse, die die Menge der Sachen aufnehmen könnte?
Cicero

Mancher wird nur deshalb kein Denker, weil sein Gedächtnis zu gut ist.
Friedrich Wilhelm Nietzsche

Wir müssen die Wahrheit ein wenig verändern, um uns an sie erinnern zu können.
George Santayana

Die Umwelt ist das fünfte Schlüsselelement eines umfassenden darwinistischen Prozesses. Umwelten sind nichts Eindimensionales, auch wenn wir oft so tun, als hätten sie ein Hauptmerkmal, das alle anderen dominiert: als wäre es beispielsweise einfach nur die Effizienz beim Aufknacken von Samenkörnern, die – zumindest in Dürreperioden – den Unterschied zwischen den mehr und den weniger erfolgreichen Finken auf den Galapagos-Inseln ausmacht. Umwelten haben typischerweise viele Facetten – mentale sollten besonders abwechslungsreich sein –, und sie fluktuieren im Verlauf einer Lebensspanne in einem großen Bereich.

Im Hinblick auf einen darwinistischen Prozeß im Neokortex zählen zur Umwelt so unterschiedliche Dinge wie der physiologische Status quo, sensorischer Input von der Außenwelt und Erinnerungen an früher Wahrgenommenes aus einer inneren Umwelt. In allen kortikalen Arealen gehören zum physiologischen Status quo die relativen Anteile der vier wichtigsten Neuromodulatoren (Acetylcholin, Serotonin, Norepinephrin, Dopamin), die aus subkortikalen Quellen gespeist werden, und auch all die Peptid-Neuromodulatoren. Zudem erzeugt die Handlungsbereit-schaft (jene Zugriffe auf Bewegungen, die vom präfrontalen Kortex kom-men können, jene Abläufe, die vom orbital-frontalen Kortex überwacht werden) Verhaltens-»Voreinstellungen«. Der Thalamus spielt eine beson-ders einflußreiche Rolle bei der »Aktivierung des EEG« in kleinen Area-len des Neokortex, was sicherlich ein Aspekt der selektiven Aufmerksam-keit ist, die einen Teil der Umwelt für einen darwinistischen Prozeß bildet. All diese Faktoren wirken sich auf die Fähigkeit eines kortikalen Areals aus, ein spatiotemporales Muster aufrechtzuerhalten, neues Terri-torium zu erklonen und ein spatiotemporales Muster wiederaufersteben zu lassen, das verstummt war.

Ein großer Teil unserer mentalen Umwelt besteht jedoch aus Erinne-rungen, und die Gedächtnispsychologie läßt darauf schließen, daß sie weit unzuverlässiger sind, als man gewöhnlich meint. Sensorischer Input ist, wenn er die Kortexbereiche erreicht, die mit dem Arbeitsgedächtnis befaßt sind, bereits von perzeptuellen Prozessen gefiltert. Hinzu kommt, daß Wahrnehmungen nivelliert werden, wenn etwas Zeit verstreicht. Wir sehen eben nicht das zittrige Gesichtsfeld, das wir unseren ständigen klei-nen Augenbewegungen zufolge erblicken müßten, vielmehr sehen wir ein stabiles *Modell* der visuellen Welt da draußen, zu dem auch einige Fehlinterpretationen gehören, die wir Illusionen und Halluzinationen nennen.

Das Abrufen einer Erinnerung ist für einen Psychologen oder Neuro-physiologen sogar eine noch artifiziellere Konstruktion, denn sie ist nicht im gegenwärtigen sensorischen Input verankert. Erinnerungen werden im Fluge erzeugt, manchmal bei unterschiedlichen Anlässen auf verschie-dene Weise, und sie sind potentiell von Einflüsterungen der eigenen Phantasie gefärbt. Manchmal ist uns die Realität suspekt, weil sie die Validität unserer Erinnerungen in Frage stellt. Experimente mit Augen-zeugen inszenierter Unfälle lassen seit längerem den Schluß zu, daß selbst jene Versuchspersonen, die ursprünglich sich korrekt an die Autos, die Menschen und die Abfolge der Ereignisse erinnerten, diese nach ein paar Wochen durcheinanderbrachten – und zwar ohne es zu merken.

Die Erinnerungs-Umwelt ist sicherlich das größte Problem, wenn wir ver-suchen, uns die Szenerie für einen darwinistischen Qualitätssteigerungs-prozeß auszumalen. Bei allen anderen Zutaten handelt es sich um potentiell aktive Muster von feuernden Zellen oder deren unmittelbaren Nachhall; für ältere Erinnerungs-Umwelten sind aber sicherlich passive, rein spatiale Muster zuständig.

Wenn die Aktivität eines Sechsecks das relevante spatiotemporale Muster ist, worum handelt es sich dann bei dem korrespondierenden rein spatialen Muster, das ersteres wiedererschaffen kann? Vermutlich um die synaptische Konnektivität innerhalb des Sechsecks (in Wirklichkeit innerhalb eines Minimums zweier aneinandergrenzender Sechsecke, größtenteils wahrscheinlich aber Dutzender).

In jedem Sechseck des Kortex können wir zwischen intern generierten spatiotemporalen Mustern und anderen unterscheiden, die oktroyiert werden (etwa jene, die sich der Rekrutierung durch benachbarte Sechsecke verdanken). Es ist derselbe Unterschied wie beim Erlernen eines neuen Tanzschritts, wenn herkömmliche spatiotemporale Bewegungs-Muster das Kopieren der Instruktionen stören. Um eine Entweder-oder-Situation handelt es sich dabei nicht: Die Verbindungen eines jeden Sechsecks können aufgrund von Resonanzphänomenen eine oktroyierte Melodie entweder befördern oder behindern.

Resonanzen sind es, die dem Puget-Sund (eine Fehlbenennung: eigentlich ist es eine langgezogene Bucht) zu einem mehrere Stockwerke hohen Tidenhub verhelfen, während die nahegelegene Pazifikküste nur rund ein Drittel davon aufweist – die Flut reicht sozusagen nur bis zu den Fenstern im ersten Stock. Die Zeit, die das Meereswasser zum Hin- und Herfließen in der Bucht braucht, liegt in derselben Größenordnung wie die Tidenperiode, und das treibt die Amplitude in die Höhe, ähnlich wie man einer Kinderschaukel zu größeren Ausschlägen verhilft, indem man ihr im Rhythmus ihrer Eigenschwingung einen sanften Schubs gibt.

Ein anderes klassisches Beispiel ist die Waschbrettpiste, deren ausgefahrene Buckel und Rinnen mit dem spatiotemporalen Muster des Aus- und Einfederns des fahrenden Wagens interagieren. Bei einer bestimmten Geschwindigkeit können die Räder und Federn des Fahrzeugs mit den Buckeln in Resonanz geraten. Wenn man dann die Geschwindigkeit um vielleicht 30 Prozent erhöht oder verringert, kann man dem Durchgerütteltwerden entkommen – solange natürlich nicht zu viele andere Fahrer es mit demselben Trick probiert und damit eine zweite Abfolge von Buckeln erzeugt haben, die mit der neuen Geschwindigkeit überein-

stimmt. Denn die Buckel und Rinnen werden ja schließlich von ein- und ausfedernden Wagen hervorgebracht. Konnektivitäten sind die Buckel und Rinnen des Gehirns; tatsächlich werden sie in der Tat durch Abtragen – das Entfernen bestehender Verbindungen – und teils durch den Aufbau neuer Verbindungen erzeugt.

Im Nervensystem gibt es zwischen rein spatialen und spatiotemporalen Mustern keine Eins-zu-eins-Entsprechung so wie bei einer Schallplattenaufnahme oder einem Notenblatt. Eine vorhandene Langzeit-Konnektivität unterstützt sicherlich viele verschiedene spatiotemporale Muster. Im Rückenmark beispielsweise unterstützt die vorhandene Konnektivität ein halbes Dutzend Bewegungsabläufe, wobei jedes unterschiedliche spatiotemporale Muster zahlreiche Muskeln und deren relative Aktivierungszeiten mit einbezieht. Vermutlich hängt es von den Ausgangsbedingungen ab, welches Muster der Konnektivität entlockt wird.

Zu den Ausgangsbedingungen zählt jene geisterhafte schwarze Tafel – die verblassende, von früherer Aktivität im Sechseck hervorgerufene Bahnung (Fazilitierung) von Synapsen. Des weiteren plätschert Input aus dem Thalamus und von anderswo herein; ein Input, der nicht stark genug ist, um Impulse zu initiieren, kann nichtsdestotrotz die Resonanzen des Sechsecks beeinflussen. Und dann gibt es auch noch jene Neuromodulatoren, die aus subkortikalen Bereichen herbeiströmen und sich diffus auf den Neokortex auswirken; aller Wahrscheinlichkeit nach verstärkt oder maskiert die relative Aktivität in diesen Systemen charakteristische Resonanzen. Etwas spezifischerer Input von der Amygdala oder dem Thalamus könnte in ähnlicher Weise die »Aufmerksamkeit verlagern«.

Chaotische Attraktoren sind eine Möglichkeit, allgemeiner über Resonanzen nachzudenken. Die Chaostheorie wird ausführlicher im Glossar behandelt, aber fürs erste genügt es zu wissen, daß die einfachsten Attraktoren die *Punktattraktoren* sind – beispielsweise der Ruhezustand 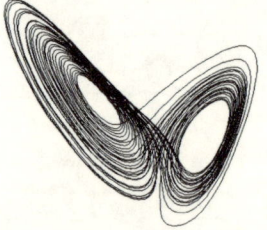 eines Pendels auf dem Tiefpunkt seiner geschwungenen Bahn. Die uhrengleichen *Attraktoren von begrenztem Zyklus* kennen wir von den Kippschwingungs-Oszillatoren, bei denen irgendeine Art von Reservoir geleert und wieder aufgefüllt wird; solch ein Mechanismus bringt das Neuron dazu, gelegentlich rhythmisch zu feuern. Stoßfeuernde Zellen haben vielleicht einen *quasiperiodischen Attraktor*, wenn jedoch, in Walter Freemans Worten, »... ein System wie ein Schmetterling flattert, hat es möglicherweise einen chaotischen Attraktor«.

Chaotisches Verhalten (im mathematischen Sinn des Begriffs) wirkt zufällig. Das aperiodische Erscheinungsbild eines EEG im Wachzustand ist ein Beispiel dafür, der physiologische Tremor ein weiteres. Chaos ist ein Muster, das nur schwer vorherzusagen ist, weil es nicht rekursiv ist. Doch beim Chaos handelt es sich – wie beim Schlagen eines Rühreis mit dem Schneebesen – nicht einfach um Rauschen; es wird von den zugrundeliegenden Mechanismen noch immer deterministisch produziert.

Im Tiefschlaf wird das chaotische Verhalten des EEG durch die Rhythmizität begrenzter Zyklen ersetzt; bei der Parkinson-Krankheit treten angeblich an die Stelle des normalen chaotischen Attraktors des physiologischen Tremors Fixpunkt-Attraktoren (Rigidität) und Attraktoren von begrenztem Zyklus (rhythmischer Tremor). 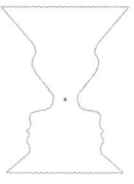 Mischen sich die beiden Attraktoren, kann das System eine Weile um den einen kreisen und dann zum anderen überwechseln – auf eine viel kompliziertere Weise als das vertraute Beispiel eines zusammengesetzten Pendels. Bei dem Wechsel von einem zum anderen Attraktor handelt es sich um einen Phasenübergang, der dem Wechsel zwischen den Aggregatzuständen (fest, flüssig, gasförmig) analog ist. Kippfiguren, bei denen Vorder- und Hintergrund wechseln, bieten ein gutes Beispiel, wie ein unveränderliches Stimulusmuster zu verschiedenen (manchmal alternierenden) Wahrnehmungen führen kann, selbst wenn man den Blick auf einen bestimmten Punkt fixiert.

Im Koma oder unter Vollnarkose dominieren Punktattraktoren, und der Körper ist in Ruhe oder starr. Die Hierarchie der mentalen Funktionen baut sich von dieser untersten Ebene auf, wo kaum etwas passiert; darüber liegt die Ebene des Tiefschlafs, die von langsamen Wellen charakterisiert ist, welche auch für das späte »klonische« Stadium epileptischer Anfälle typisch sind. Darauf folgt eine Funktionsebene, die dem Stupor oder der Demenz entspricht; die Dinge funktionieren nicht sehr gut, aber wenigstens stecken sie nicht im begrenzten Zyklus von Oszillationen fest. Genau wie wir von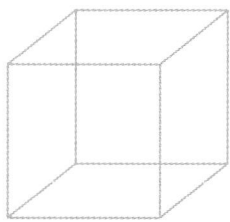

gehen auf joggen auf rennen umschalten, wechseln wir zwischen den verschiedenen Attraktoren hin und her. Wenn der Necker-Würfel zwischen den Ansichten von oben und von unten hin- und herspringt, liegt es vermutlich daran, daß wir zwischen den Schleifen eines Attraktors umschalten.

Von unseren intelligenteren mentalen Zuständen heißt es manchmal, sie flatterten »am Rande des Chaos« herum. Der Begriff entstammt der Komplexitätstheorie, die sich mit adaptiven Systemen beschäftigt, welche zwischen einer rigiden Ordnung und einer flexibleren Unordnung rangieren und das Ausmaß der zugelassenen Unordnung kontrollieren. Vielleicht changieren wir zwischen der Befriedigung, etwas richtig hinzubekommen (konvergentes Denken), und dem Luftschlösser bauenden divergenten Denken; in solchen kreativeren Momenten schweben einige unserer kortikalen Systeme vielleicht am Rand des Chaos. Einfach um den Begriff noch stärker von seinen Alltagskonnotationen zu abstrahieren: Chaos ist *kontrollierte* Unordnung!

Das »Einfangen« ist ein weiterer Aspekt von Resonanz und Attraktoren, der uns hier gelegen kommt: Ein spatiotemporales Muster, das sich dem Muster eines Attraktors annähert, wird so abgeändert, daß es mit dem des Attraktors übereinstimmt. Wenn Sie sich von einer Waschbrettpiste eingefangen fühlen, liegt das daran, daß Sie in einen Attraktor hineingeglitten sind. Diese Art von Konvergenz ist gemeint, wenn wir sagen, daß Attraktoren ein *Attraktionsbassin* besitzen: ein breites Spektrum von Ausgangsbedingungen, die alle letzten Endes in denselben Attraktorzyklus führen.

Wir haben es folglich mit einer Konvergenz zu einem quasi-reproduzierbaren Muster zu tun – und das befähigt uns zu einer Art sensorischer Generalisierung (wie ich im zweiten Akt diskutieren werde, besteht das klassische Beispiel für Generalisierung darin, einen Affen dazu zu bewegen, ein großes, aufrechtes Dreieck genauso zu behandeln wie ein kleines, auf der Spitze stehendes Dreieck). Die kategoriale Wahrnehmung ist nur ein Beispiel für kognitive Phänomene, die durch das »Einfangen« bewirkt werden könnten. Wenn wir beispielsweise einer graduellen Abstufung von Sprechlauten zuhören, die von [ba] bis [pa] reichen, nehmen wir sie nicht als sich allmählich verändernde Reihe dar, sondern als monotone Wiederholung von [ba], der ein plötzlicher Wechsel zu [pa] folgt, das dann abermals ständig wiederholt wird (Neugeborene haben dieses Problem noch nicht, da bei ihnen die zum »Einfangen« nötigen Kategorien noch nicht ausgebildet sind.

Der Grund, warum so viele Japaner [l] und [r] verwechseln (so daß beispielsweise aus einem »Rutsch« ein »Lutsch« wird), ist ein genau zwischen diesen Lauten liegendes Phonem der japanischen Sprache, dessen in der frühen Kindheit gründlich antrainierte Kategorie *beide* Phoneme unserer Sprache einfängt. Das führt dazu, daß die japanische Person ihren Aussprachefehler gar nicht hören kann (»Aber ich *habe* es doch genau so ausgesprochen, wie Sie gesagt haben!«).

Nach all diesem Hintergrund zum Thema Gedächtnis und den lockeren Analogien des Chaos und der Komplexität können wir nun überlegen, wie ein unorganisiertes kortikales Territorium von Resonanzen beeinflußt wird, wenn mittels lateralem Klonen ein spatiotemporales Muster dort hingelangt. Wenn das klonende Muster mit der Konnektivität resoniert, ist eine Annektierung leichter, als wenn dies nicht der Fall wäre. Vielleicht übernimmt die neue Region den Rhythmus so enthusiastisch, daß das Muster lokal erhalten bleibt, selbst wenn das laterale Kopieren, das es in Gang setzte, nicht länger fortgesetzt wird.

Wenn andererseits der Kortex genügend exzitabel wäre, so daß alle Muster zuverlässig lateral geklont würden, käme es auf Resonanzen nicht an. Die lokale Beibehaltung des Rhythmus hinge dann einzig und allein vom lateralen Kopieren ab. Vielleicht würde es im Vergleich zu resonierenden Regionen, die weiterlaufen, wenn ein Nachschubweg temporär unterbrochen wird, gelöscht. Der

Wenn wir einer Person beim Sprechen zuhören oder eine Seite in einem Buch lesen, wird vieles von dem, was wir zu sehen oder zu hören glauben, von unserem Gedächtnis geliefert. Wir übersehen Druckfehler und phantasieren die richtigen Buchstaben herbei, obwohl wir die falschen erblicken; und wie wenig wir tatsächlich wahrnehmen, wenn wir dem gesprochenen Wort lauschen, geht uns auf, wenn wir eine Theateraufführung in einer Fremdsprache besuchen; denn was uns dabei Schwierigkeiten bereitet, ist nicht so sehr, daß wir nicht verstehen können, was die Schauspieler sagen, als vielmehr, daß wir die von ihnen gesprochenen Wörter nicht hören können. Es ist eine Tatsache, daß wir unter vergleichbaren Bedingungen zu Hause in etwa genausowenig hören, nur daß unser Geist mit seinen umfassenderen verbalen Assoziationen in der Muttersprache auf wesentlich flüchtigere auditive Anzeichen hin uns mit dem für das Verständnis erforderlichen Material versorgt.

William James, 1899

Gemäß der Dynamik bringt der Stimulus den Kortex in eines seiner Attraktionsbassins, und die Form des Outputs wird von dem Attraktor bestimmt. Der Befund, daß Wahrnehmungsmuster von den sensorischen Kortizes kreiert werden, impliziert, daß die kortikale Dynamik nichtlinear und chaotisch ist, weil weder lineare Operationen noch punktförmige Attraktoren und solche von begrenztem Zyklus neuartige Muster hervorbringen können.

Hat sie ihre Rolle bei der Festlegung der Ausgangsbedingungen erst einmal gespielt, wird die sensorisch bedingte Aktivität fortgespült, und bei der ans Vorderhirn gesandten perzeptuellen Botschaft handelt es sich um die Konstruktion, nicht um das Residuum eines Filtervorgangs oder Rechenalgorithmus. Dieser »Reinigungsprozeß« erfordert spatiale Kohärenz, die aus der Kooperativität zwischen den kortikalen Populationen erwächst. Der Prozeß des Ersetzens sensorischen Inputs durch endogene Konstruktionen bei der Wahrnehmung konstituiert die Basis für den epistemologischen Solipsismus im Gehirn.

Walter J. Freeman, 1995

Fall des ausschließlichen Kopierens ist mit einer Gruppe Tanzanfänger vergleichbar, die ein neues spatiotemporales Muster erlernen, indem sie den Anweisungen eines Instrukteurs folgen (wie beispielsweise beim Square Dance); wenn der Instrukteur aufhört, tun sie es auch. Wenn jedoch die Tänzer ihre eigenen internen Resonanzen ausbilden, können sie schließlich auch ohne Instrukteur selbst die Muster generieren.

Lokal mögen graduelle Effekte wichtig sein, um den Rhythmus in Gang zu setzen, etwa wie man eine Klaviertaste sanft oder heftig anschlagen kann. Im lateralen Kloniermodus jedoch sind die Töne vielleicht so stereotyp wie die auf einem Cembalo angeschlagenen, also eher digital als analog: Wenn Kopien von Kopien gemacht werden, braucht man wahrscheinlich einen digitalen Code, weil die Grauschattierungen sich schließlich zu Alles-oder-nichts-Extremen entwickeln (ähnlich wie das Fotokopieren einer bereits fotokopierten Fotografie am Ende zu einem wie solarisiert wirkenden, extrem harten Schwarzweißbild führt). Folglich ist unser zerebraler Code wahrscheinlich binär, auch wenn sein Aufrufen zu Anfang wichtige analoge Aspekte haben könnte.

Beachten Sie, daß wir jetzt allen Grund haben, das Sechseck als mehr als nur einen uns gelegen kommenden Namen für eine Kollektion von N Punkten von N Dreiecksanordnungen zu behandeln. Ja, zur Ausweitung des Territoriums muß anfänglich jede Dreiecksanordnung einen neuen Knoten im Niemandsland rekrutieren – Resonanzen bedeuten aber, daß einige Sequenzen zu einer lokal favorisierten Melodie passen, andere hinge-

84

gen nicht. Die favorisierte Melodie ist eine Eigenschaft der Konnektivität des Sechsecks, die sich in Attraktoren manifestiert.

Das Erinnern eines spatiotemporalen Musters scheint eine Frage des Erzeugens neuer Konnektivität zu sein, vermutlich in einer Reihe von Sechsecken. Obwohl das übliche Modell des Lernens von der Langzeitpotenzierung zur strukturellen Verstärkung (einige Synapsen werden in den Tagen nach der Langzeitpotenzierung vergrößert) hier auszureichen scheint, müssen wir daran denken, daß wir ein paar Konnektivitätsveränderungen einer bereits existierenden kortikalen Konnektivität überlagern – und zwar einer, der bereits eine Reihe von Attraktoren zu eigen ist.

Noch einen weiteren Attraktor daranzuhängen dürfte nicht immer möglich sein. Ein Grund dafür ist, daß starke lokale Attraktoren wahrscheinlich das neue Muster einfangen können, wenn das laterale Kopieren erst einmal ausgesetzt wird, wodurch das Muster zu dem zuvor gespeicherten abgeändert wird und so das neue niemals erinnert werden kann.

Doch vergessen wir nicht den spatialen Aspekt: Ein erfolgreiches neues spatiotemporales Muster besetzt vermutlich temporär Dutzende bis Hunderte von Sechsecken. Obwohl einige davon das neue Muster einfangen können, wenn das aktive Klonen aufhört, können andere sich möglicherweise der permanenten Konnektivitätsveränderung anpassen, was das spätere Erinnern des neuen spatiotemporalen Musters möglich macht. Diese Redundanz paßt gut zu Lashleys Vorstellung, daß die Gedächtnisspuren großflächig verteilt sind, während zugleich Raum für spezialisierte Areale bleibt.

Eine erfolgreich verlaufende Konnektivitätsänderung könnte einen der schwächeren Attraktoren der bereits existierenden Kollektion eliminieren, wie ich im Kapitel neun diskutieren werde; von einem lokal verlorengegangenen Attraktionsbassin gibt es aber wahrscheinlich anderenorts stärkere Versionen. Wenn sich kortikale »Schlitze« erst einmal zu füllen begonnen haben, mag die Suche nach einer passenden Nische für einen neuen Attraktor Sechseck-Mosaiken erfordern, die temporär eine große Menge Kortex annektieren (einem neuartigen Ereignis müssen Sie vielleicht sehr viel Aufmerksamkeit schenken, damit es Ihnen im Gedächtnis bleibt). Das bedeutet zugleich, daß der neue Attraktor vielleicht verteilt ist und von isolierten Taschen hier und da wieder aufgerufen werden kann (eine der Überraschungen der früheren Chaosforschung war, daß Attraktionsbassins parzelliert sein können); das Verteiltsein könnte es aber schwieriger machen, während des Erinnerungsversuchs eine kritische Masse in Gang zu bringen.

Mit solchen Attraktormosaiken kann man sich das Abrufen einer Erinnerung jetzt leichter vorstellen: Die Wiederbelebung eines fest verwurzelten spatiotemporalen Musters könnte von jeder Stelle des ursprünglich annektierten Territoriums ausgehen und, wenn sie erst einmal wieder in Gang gesetzt ist, sich durch laterales Klonen so ausbreiten, daß ein leicht unterschiedliches Territorium besetzt wird. Das ist eine günstige Eigenschaft, weil das Erinnern nicht von gerade jenen Merkmalsdetektoren (vielleicht über ein paar Millimeter verteilt) ausgehen muß, mit denen damals während des Wissenserwerbs alles anfing, ehe synchrones Rekrutieren einige Dreiecksanordnungen erweiterte. Das Klonen könnte sich gar zurück zu den ursprünglichen Merkmalsdetektoren ausbreiten, doch ich kann keinen Grund erkennen, warum dies sowohl für Wahrnehmungen als auch für Begriffe notwendig sein sollte. Das Kriterium für einen erfolgreichen Output mag einfach sein, daß genügend aktive Klone eines spatiotemporalen Musters die motorischen Bahnen instruieren, nicht die Aktivität in einer bestimmten Neuronenanordnung.

Nebenbei: Denken wir daran, daß die neokortikale Gedächtniskapazität sehr wohl begrenzt sein könnte. Wenn man eine neue Telefonnummer gut genug auswendig lernt, um sie auch morgen noch zu wissen, mag der Preis dafür sein, die Resonanz für eine andere Erinnerung zu eliminieren – beispielsweise den Namen Ihres ersten Lehrers auf der Grundschule. In der Regel müßte es weitere Attraktoren für eben diesen Namen anderenorts geben, doch schließlich eliminieren Sie vielleicht auch noch den letzten, weil die Konnektivitätsänderung des neuen Attraktors in jenen Sechsecken Konnektivitätsmuster produziert, die dann nicht länger dieses charakteristische Muster auferstehen lassen können. Die verbleibende Konnektivität kann vielleicht noch immer mit oktroyierten Mustern in Resonanz geraten, so daß sie sich an den Namen wieder erinnern, wenn sie ihn hören, doch das willentliche Abrufen funktioniert nicht mehr.

Die Frage, in welchem Alter das Stadium erreicht wird, zu dem etwas Neues nur mit dem Verlust von Altem erkauft werden kann, muß der empirischen Forschung überlassen bleiben. Nichts an der Sechseck-Theorie deutet darauf hin, ob das mit 10 oder mit 80 Jahren passiert, doch aus der Theorie läßt sich eine experimentelle Strategie ableiten, wie man nach einer sich ausbildenden Lücke zwischen dem Wiedererinnern und dem bewußten Abrufen von Langzeiterinnerungen suchen kann.

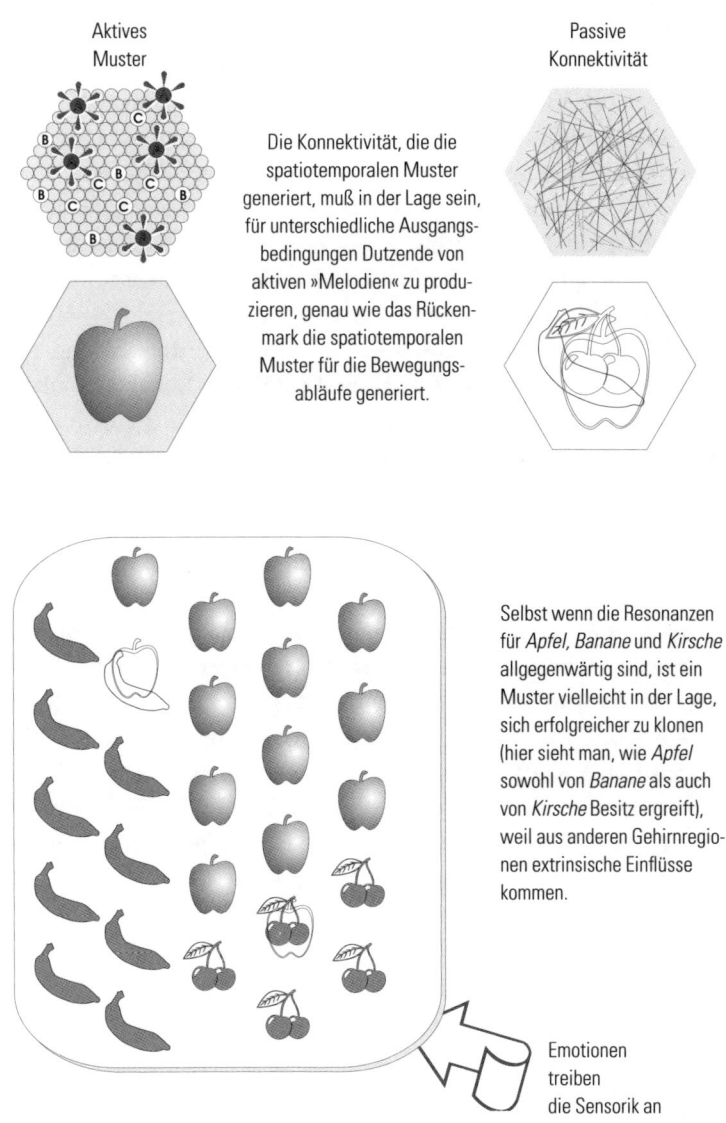

Aktives
Muster

Passive
Konnektivität

Die Konnektivität, die die spatiotemporalen Muster generiert, muß in der Lage sein, für unterschiedliche Ausgangsbedingungen Dutzende von aktiven »Melodien« zu produzieren, genau wie das Rückenmark die spatiotemporalen Muster für die Bewegungsabläufe generiert.

Selbst wenn die Resonanzen für *Apfel*, *Banane* und *Kirsche* allgegenwärtig sind, ist ein Muster vielleicht in der Lage, sich erfolgreicher zu klonen (hier sieht man, wie *Apfel* sowohl von *Banane* als auch von *Kirsche* Besitz ergreift), weil aus anderen Gehirnregionen extrinsische Einflüsse kommen.

Emotionen
treiben
die Sensorik an

Eine simple sensorische Entscheidung gleicht nun ziemlich der früher erwähnten Entscheidung über die Handbewegung. Der Kortex hat ein paar Resonanzen für *Banane, Apfel* und *Kirsche*; es gibt Sechsecke, die mit allen dreien resonieren, genau wie die Schaltkreise des Rückenmarks multiple Bewegungsabläufe unterstützen. Einige Sechsecke resonieren vielleicht mit bestimmten Mustern besser als andere.

Welches beim Klonen jedoch das größte Territorium erobert, wird sicherlich sowohl von permanenten Attraktionsbassins als auch von ein paar temporären abhängen. Beispielsweise werden Sechsecke, von denen sich das spatiotemporale Muster für *Apfel* zurückgezogen hat, wahrscheinlich ein paar Nacheffekte zurückbehalten; vielleicht hinterlassen die synaptische Bahnung (Fazilitierung) und die Langzeitpotenzierung (LTP) die Konnektivität in einem Zustand, der mit größerer Wahrscheinlichkeit die Wiederetablierung von *Apfel* unterstützt. Solche passiven Muster sind der permanenten Konnektivität des Sechsecks überlagert; sie könnten es leichter (oder schwieriger) machen, sie zu aktivieren (Psychologen sprechen gern von der proaktiven und der retroaktiven Inhibition von Erinnerungen).

Man kann sich auch Mittel und Wege vorstellen, wie eine Resonanz zu vermeiden ist, indem einfach eine Dreiecksanordnung in einer anderen Ausrichtung im Kortex verwendet wird. Ein und dasselbe Territorium könnte mit anderen Rhythmen assoziiert sein, die mittels Dreiecksanordnungen in irgendeiner anderen Ausrichtung operieren; auch sie könnten Sechsecke in diesem »alternativen Universum« verankert haben. Dies weist interessante Implikationen für die Multifunktionalität neokortikaler Areale auf: den Konflikt zwischen Lashleys Äquipotentialität und den speziellen Anomien der Neurologen. Vor allem ließen sich spezialisierte Attraktoren vermeiden, indem andere Ausrichtungen verwendet werden und so ein temporärer Arbeitsraum erlangt wird.

Viele Erinnerungsphänomene scheinen darauf zurückzuführen zu sein, daß ein physiologischer Zustand wiedererschaffen wird, der demjenigen bei der erstmaligen Präsentation ähnelt; so erinnert man sich nach ein paar Gläsern leichter an Dinge, die man unter dem Einfluß von Alkohol lernte. Einiges davon kann man vielleicht damit erklären, daß Attraktoren bereitgestellt werden, und anderes damit, daß die richtige Ausrichtung für die Anordnung gefunden wird.

Solche eine assoziative Verstärkung ist nur ein Beispiel für ein viel generelleres Phänomen: das der Konfigurationsprozesse (oder, wie man extremere Versionen davon auch nennt, der Rekonfigurationsaktionen). Neuromodulatoren wie Serotonin und Dopamin arbeiten bestimmte Schaltkreise aus den Netzen heraus, indem einige Verbindungsstärken erhöht und andere reduziert werden (oder ihre Aktivitäten verkürzt beziehungsweise verlängert). Ein paar Attraktoren verblassen daher im Hintergrund, während andere nach vorn drängeln. Nachlassende synaptische Bahnungen von früheren Dreiecksanordnungen, die nicht mehr in dem Sinn aktiv sind, daß sie spatiotemporale Feuermuster aufrechterhalten, können auch eine konfigurierende Funktion übernehmen, indem sie Einfluß darauf nehmen, auf welche Attraktoren am leichtesten Zugriff genommen werden kann.

Attraktionsbassins können vermieden werden, indem die Ausrichtung der aktiven Anordnungen geändert wird.

LTP und synaptische Bahnung können die Konnektivität verändern. Diese »Geisterbilder« stellen Attraktionsbassins dar, die der permanenten Konnektivität überlagert sind.

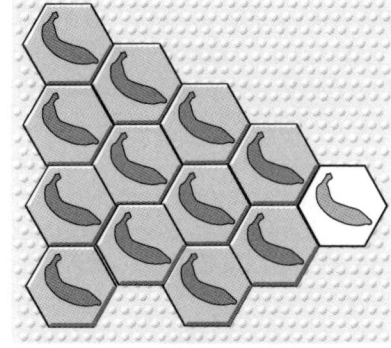

Diese Attraktionsbassins können unter anderem dadurch vermieden werden, daß die Sechseck-Mosaiken anders ausgerichtet werden. Somit könnte ein angrenzender Kortex-Bereich diesen hier als temporären Arbeitsraum mitbenutzen, wobei sowohl seine permanenten Spezialattraktoren als auch verblassende von früheren Okkupationen im gleichen Winkel und in gleicher Ausrichtung vermieden werden.

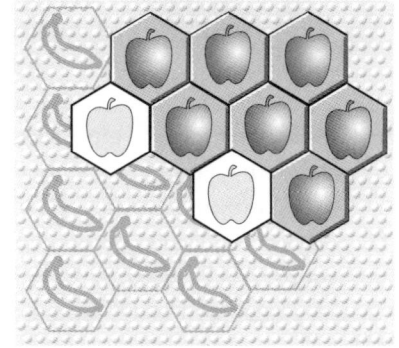

Vieles von dem oben Gesagten könnte man auch über andere Schemata als die sich ausbreitenden Dreiecksanordnungen und die daraus folgenden Sechseck-Mosaiken behaupten. Peter Getting meinte in bezug auf motorische Systeme: »Der Input *aktiviert* ein Netz vielleicht nicht nur, sondern *konfiguriert* es zu einem angemessenen Modus, um den Input weiterzuverarbeiten.« Das Mitreißen von Dreiecksanordnungen erlaubt jedoch ein paar spezifische Vorhersagen, was erinnert werden wird und was nicht.

Wie bereits ausgeführt (S. 44), sind in den Oberflächenschichten die postsynaptischen NMDA-Rezeptoren für den exzitativen Neurotransmitter Glutamat besonders weit verbreitet. Die Verbindungen zwischen unseren wiederholt exzitierenden Oberflächen-Pyramidenneuronen machen sich sicherlich NMDA-ähnliche Eigenschaften zunutze. Welche Funktionen könnte NMDA erweitern?

Der NMDA-Rezeptor für Glutamat braucht auch die Präsenz von etwas Glycin, um seinen Kanal durch die Membran des Neurons öffnen zu können. (Eine weitere »Dualität« besteht darin, daß im Rückenmark Glycin ein inhibitiver Neurotransmitter ist.) Der Kanal des NMDA-Rezeptors läßt sowohl Natrium- als auch Kalziumionen ins Neuron. Seine herausragendste »duale« Eigenschaft ist jedoch, daß im Gegensatz zu konventionellen synaptischen Kanälen der NMDA-Ionenkanal vom Neurotransmitter *und* von der bereits an der Membran anliegenden Spannung gesteuert wird. Anscheinend tendieren Magnesiumionen dazu, im Kanal steckenzubleiben, wodurch sie ihn blockieren, so daß – selbst wenn sich Glutamat an den NMDA-Rezeptor bindet – kein Strom durch den Ionenkanal fließt, der zu einem exzitativen postsynaptischen Potential

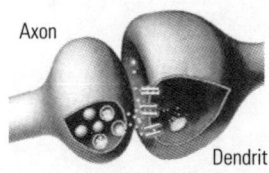

beitragen könnte. Ein solches EPSP kann nichtsdestotrotz beobachtet werden, weil natürlich andere als die NMDA-Kanäle ebenfalls von Glutamat aktiviert werden, so daß Natriumionen hereinkommen, doch dieses EPSP ist dann nicht so groß wie im anderen Fall. Blockierte NMDA-Kanäle stellen eine Reserve dar: Für besondere Gelegenheiten, die Nachdruck verlangen, steht zusätzliche Empfänglichkeit bereit.

Den Spannungsgradienten über die Membran hinweg zu reduzieren (Depolarisation) führt hingegen meist dazu, daß das gefangene Mg^{++} freikommt. Als Konsequenz wird das nächste Glutamat, das sich an den NMDA-Rezeptor bindet, einen Strom von Natrium- und Kalziumionen in den Kanal lassen und so die interne Spannung des Dendriten steigern, was zu einem größeren EPSP führt. Die funktionelle Konsequenz dieser »Kanalreinigung« besteht darin, daß der Dendrit für die *Abfolge* der ankommenden Signale sensibler wird.

Beispielsweise summieren sich zwei Impulse, die im Abstand von wenigen Millisekunden eintreffen, in nichtlinearer Weise. In diesem Fall kann der zweite Höcker substantiell größer sein, da die NMDA-Kanäle vom ersten EPSP freigemacht wurden. Bei LTP-Experimenten wird eine lange Reihe von Impulsen in einer gegebenen Bahn produziert, so daß wahrscheinlich der größte Teil der NMDA-Kanäle freigeräumt wird. Auch wird die präsynaptische Endung mit größerer Wahrscheinlichkeit Glutamat freisetzen, wenn der nächste Impuls eintrifft, da sich ein retrograder Transmitter von der postsynaptischen NMDA-Reaktion zu der präsynaptischen Endung rückkoppelt.

Doch ein in einem anderen Teil des Dendriten ankommendes EPSP kann das EPSP des NMDA-Kanals fast genausogut verstärken; wichtig ist die an der Stelle des NMDA-Kanals produzierte Spannungsveränderung, nicht, ob ebendieser Kanal zu der Spannungssteigerung beigetragen hat. Das bedeutet, daß beinahe synchroner Input (beispielsweise Signale im Abstand von rund 10 msec) viel effektiver ist als im anderen Fall und daß retrograd in die Dendriten eindringende postsynaptische Impulse ebenfalls ein paar NMDA-Kanäle freiräumen müßten (was einen weiteren Mechanismus für »Hebbsche Synapsen« darstellt). Absolute Synchronität ist nicht erforderlich, da es einfach nur darum geht, wie lange es dauert, bis ein anderes Mg^{++} im Ionenkanal steckenbleibt (oft zehntel bis hundertstel msec). Gut fokussierte Dreiecksknoten würden von einem schmaleren Fenster profitieren, welches Koinzidenzen der Übertragungszeit entdecken könnte (allerdings kann auch die umgebende Inhibition den heißen Fleck begrenzen und fokussieren, wenn er sich erst einmal zu bilden begonnen hat).

Wiederholte Synchronität zweier Inputs, wie für die Dreiecksanordnungen vorhergesagt, könnte die natürliche Situation sein, die den LTP-Experimenten am nächsten kommt, bei welchen Steigerungen der synaptischen Stärke in der Größenordnung von ein paar hundert Prozent registriert werden. Nimmt man die weitverbreitete Vermutung hinzu, daß lang anhaltende Veränderungen der synaptischen Stärke sich auf ein Gerüst von LTP-Veränderungen gründen, dann hat man ein plausibles Rezept, wie Dreiecksanordnungen ein neues Muster in der Konnektivität verankern, wo es ein Leben lang Bestand haben kann.

Obwohl es vermutlich auch ohne NMDA-Rezeptoren zur Ausbreitung von Dreiecksanordnungen kommen kann, scheint klar zu sein, daß die NMDA-Eigenschaften das tendenzielle Mitreißen von Neuronen durch wiederholtes Exzitieren erheblich ausweiten können. Und das NMDA ist nicht der einzige Verstärker: Der apikale Dendrit (der lange Stengel, der vom Zellkörper in Richtung kortikaler Oberfläche ragt, ehe er sich verzweigt, vgl. S. 38) besitzt offensichtlich viele spannungssensitive Ionenkanäle, unter anderem auch die persistenten Natrium- und Kalzium-Kanäle. Sie machen es möglich, daß vorausgehende Depolarisationen die Ströme verstärken, die von einem nachfolgenden synaptischen Input produziert werden. In der Tat scheint mehr als die Hälfte der zweifachen Verstärkung, die man am Zellkörper beobachtet – wenn ½ mm den apikalen Dendriten hoch die synaptische Glutamat-Aktivierung nachgeahmt wird –, von solchen Mechanismen herzurühren, wobei NMDA-abhängige Mechanismen unterhalb der Synapse einen ähnlichen Betrag zur Gesamtverstärkung beitragen.

Automatische Aussteuerungen kennen wir von Tonbandgeräten her, die bei der Aufnahme selbsttätig die Lautstärke regeln. Bei der Wiedergabe hört man, daß, kurz nachdem jemand zu sprechen begonnen hat, das Rauschen und gegebenenfalls die Stimmen im Hintergrund leiser werden. Das liegt daran, daß der Verstärkungsfaktor automatisch heruntergefahren wird, wenn es – über die letzten ein bis zwei Sekunden hinweg gemittelt – viel Input gibt.

Automatische Aussteuerungsmechanismen an sich sind im Neokortex noch nicht gefunden worden, doch die Umfeld-Inhibierung leistet in etwa dasselbe – genau wie die Langzeitunterdrückung. Eine automatische Aussteuerung wäre sinnvoll, wenn das Unscharfwerden charakteristischer Muster vermieden werden soll. Bei all der wiederholten Exzitation in den Oberflächenschichten des Neokortex kommt es erheblich darauf an, das System davon abzuhalten, in einen regenerativen Zustand zu kommen. Spannungssensitive Kaliumströme helfen, den Deckel draufzuhalten; doch dieser Mechanismus ist auf das Innere eines Neurons beschränkt, er kann nicht zugleich die benachbarten so beeinflussen, wie eine laute Stimme dazu führt, daß der Pegel der Hintergrundgeräusche bei der Bandaufnahme leiser wird.

Im assoziativen Kortex beobachten wir viel weniger spontanes Feuern als anderenorts im Zentralnervensystem. Nachhaltiges Feuern sehen wir in der Regel nur in den größeren sensorischen Eingangsbereichen als Reaktion auf besonders effektive Stimuli oder in den motorischen Arealen, wenn eine Bewegungsfolge vorbereitet wird. Obwohl kortikale Neuronen individuell in der Lage sind, auf nachhaltigen synaptischen Input hin rhythmisch zu feuern, tun sie dies in der Regel nicht. Einer Untersuchung zufolge sind sie verdächtig arhythmisch: Die Intervalle zwischen den Impulsen sind erheblich zufälliger, als wir das erwarten würden. So etwas wie eine kortikale automatische Aussteuerung begrenzt vermutlich eine heftigere rhythmische Aktivität.

Ausgehend von den NMDA-Eigenschaften können wir uns vorstellen, wie ein einfacher, unspezifischer automatischer Aussteuerungsmechanismus funktionieren könnte. Schließlich bringt die Ausbreitung einer Dreiecksanordnung eine Menge unspezifischer Aktivierung von kortikalen Zellen mit sich. Abgesehen von den heißen Flecken, an denen sich exzitative Ringe überlappen, gibt es jede Menge von Stimulation nichtfokaler Bereiche durch die anderen Axonzweige. Nehmen wir an, daß von irgendeiner Aktivität Mg^{++} freigesetzt wird (oder daß durch einen diffundierten Metaboliten der Pegel an intrazellularem freien Mg^{++} erhöht wurde), so daß mehr Gelegenheit besteht, jene NMDA-Kanäle zu blockieren, die freigeräumt worden waren. Dies würde vor allem die synaptischen Stärken in diesen Bahnen reduzieren. Würde der Magnesium-Botenstoff über makrokolumnare Entfernungen diffundiert oder würde die Glia etwas Ähnliches tun, könnte dies gut die Impulsaktivität im Rest des Bereichs dämpfen, so daß nur optimal stimulierte heiße Flecken als Aktivitätsinseln zurückbleiben, die weiterhin für einen erhöhten »Meeresspiegel« sorgen.

Inhibitive Mechanismen sind die übliche Methode, umfassendere anatomische Strukturen auf einen viel kleineren physiologisch aktiven Bereich zu konzentrieren, und einfache automatische Aussteuerungen von dieser Art könnten leicht helfen, die Einfang-Zone für effizientes wiederholtes Exzitieren einzuengen. Daß ein bißchen Glycin als Kofaktor für den üblichen exzitativen Neurotransmitter an den NMDA-Rezeptoren nötig ist, paßt gut zu einer automatischen Aussteuerung, die als Neuromodulator viel Glycin um sich herum verteilt: Während die Exzitabilität im allgemeinen gesenkt wird, könnten NMDA-Synapsen so erweitert werden, daß ihren Neuronen besondere Bedeutung zukommt. (Der Meeresspiegel steigt, doch die noch aus dem Wasser ragenden Bergkuppen werden zum Wachsen angeregt!) Die Differenz ist das, was zählt.

An dieser Stelle müssen wir das Streichquartett aufgeben. Wenn meine Digital-analog-Analyse richtig ist, ist jedes Mitglied jenes kleinen Chors in Wirklichkeit auf eine einzige Note spezialisiert. Wahrscheinlich bereitet es Ihnen einige Probleme, sich eine spezialisierte Sopranistin vorzustellen, die nur das hohe C singen kann und sonst nichts. Weil die Größenordnung des Sechsecks rund 100 Minikolumnen beträgt, können wir unsere musikalische Analogie verfeinern und an die Tastatur eines Cembalos denken; bei jeder Stimme handelt es sich in Wirklichkeit nur um eine einzelne Taste, die entweder kurz anschlägt oder still bleibt. Sie müssen die 100 Minikolumnen auf das Keyboard Ihres Musiksynthesizers übertragen, um irgendwie den Klang zu erhalten, der Ihnen am besten zusagt, denn jede hat für sich keine inhärente tonale Qualität. Meine Analogie ist einfach eine Möglichkeit, ein Muster in ein vertrauteres zu überführen, genau wie wir die hochfrequenten stimmlichen Äußerungen von Delphinen in unser eigenes Hörspektrum übertragen haben, um es uns leichter zu machen, eventuelle Muster in der Darbietung zu entdecken.

Es gibt ein paar entscheidende Fragen, bei denen uns die Theorie nicht viel weiterhilft: Wieviele Attraktoren kann die Konnektivität eines Sechsecks unterstützen, bevor die Kapazität erschöpft ist? Wie leicht kann ein Attraktionsbassin andere, bereits existierende überlagern? Oder einen existierenden Attraktor verjagen? Wie könnte »subliminaler« Input eines neokortikalen Bereichs (Input also, der nicht selbst Impulse generiert, schon gar keine Dreiecksanordnungen) sich auf die Attraktoren und ihre Bassins auswirken?

Man beachte, daß die hier präsentierte Theorie nicht das traditionelle Ziel anstrebt, Modelle kortikaler Schaltkreise zu entwickeln – jene Umformungen sensorischen Inputs, die der Wahrnehmung zugrunde liegen. Ihr Gegenstand sind vielmehr die abstrakteren Analogie-Aspekte, die man für Kategorien und Kreativität braucht und die in der Lage sind, neue Ebenen einer ausgeklügelten Komplexität zu generieren. Auch sagt diese Theorie nicht viel darüber aus, was den temporalen Aspekt der spatio-temporalen Musterbildung determiniert – wie beispielsweise die Koinzidenz-Kaskaden, die Moshe Abeles postuliert, oder die strukturierende Rolle der EEG-»Träger«, die der umfassenden Etablierung einer Synchronität dienen könnten, worauf Peter König, Wolf Singer und Andreas Engel so viel Wert legen. Meine Theorie kann glücklicherweise viel mehr über einen Teil der gesamten spatialen Dynamik aussagen: die möglichen neokortikalen Äquivalente von Hausse und Baisse.

Je schwieriger und je neuer das Problem ist, desto umfangreicher werden wohl die Versuch-und-Irrtum-Zyklen bis zur Lösung sein. Diese Zyklen sind jedoch nicht völlig zufällig oder blind; in Wirklichkeit sind sie meistens höchst selektiv. Die in den Transformationen entstehenden neuen Ausdrücke werden im Hinblick auf Fortschritte in Richtung Ziel untersucht. Anzeichen von Fortschritt spornen die Weitersuche in derselben Richtung an; das Ausbleiben von Zeichen des Fortschritts führt zum Verlassen des Suchkurses. Problemlösen erfordert selektive Zyklen des Versuchens und Verwerfens. Herbert A. Simon, 1969

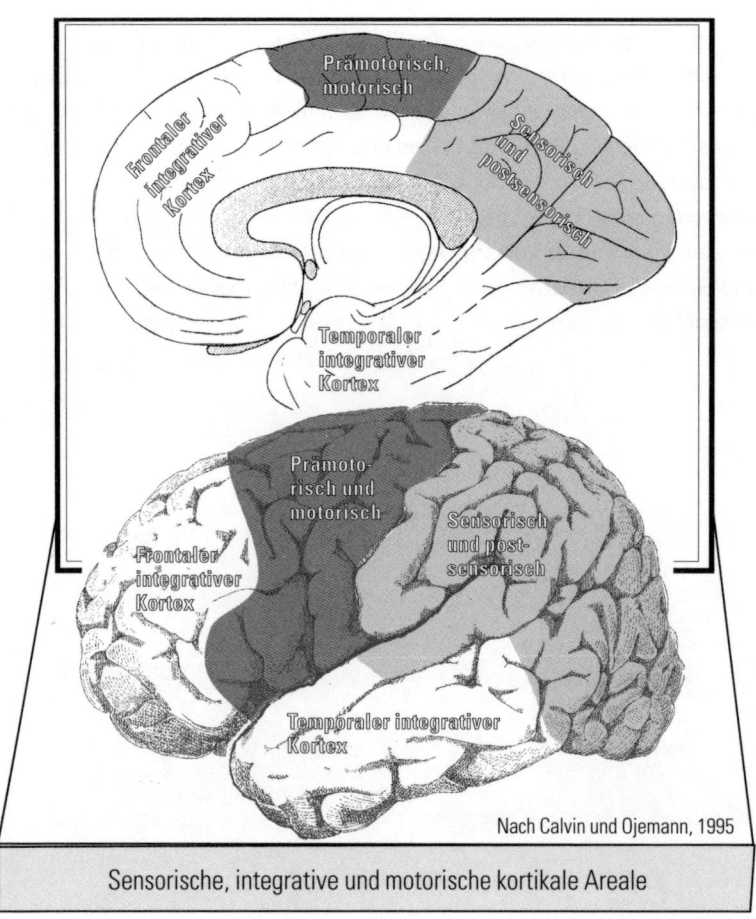

Nach Calvin und Ojemann, 1995

Sensorische, integrative und motorische kortikale Areale

6 | Die Aufteilung des Spielfelds

Die Genotyp-Phänotyp-Dualität [Gene versus Körper] des leben-
den Organismus ist der Grund, warum es in der Biologie nicht
ausreicht, bei der Erforschung eines Phänomens nach einer einzi-
gen Ursache zu suchen, wie es oft in den anderen Naturwissen-
schaften genügt.   *Ernst Mayr, 1988*

Hebbs duale Gedächtnisspur erschien mir schon sein langem eine mögliche Analogie zur Unterscheidung zwischen Genen und Körper zu sein. Während der achtziger Jahre stellte ich mir die Langzeit-Gedächtnisspuren rein spatial vor und kontrastierte sie mit den spatiotemporalen Mustern für das aktive Erinnern (S. 27), wobei ich hoffte, irgendwie eine Analogie zu Genen zu finden.

Wie sich herausstellt, ist nichts an meiner Sechseck-Theorie der Keimbahn analog, nichts gleicht den Genen, die von Rückkopplungen des Körpers unbehelligt bleiben (nur die Wahrscheinlichkeit, daß sie sich erfolgreich kopieren, hängt vom Körper ab). Die biologische Unterscheidung zwischen den zwei Ebenen war jedoch von erheblichem Einfluß darauf, wie ich Hebbs Problem des zweispurigen Gedächtnisses betrachtete. Doch vom Ausgangspunkt dahin zu gelangen, wo wir heute sind, hing auch noch von ein paar weiteren Entwicklungen in der Wissenschaft ab.

John Z. Young läutete die neurale Runde des selektionistischen Denkens 1964 mit seinem Buch *A Model of the Brain* ein, in dem er diskutierte, wie das Nervensystem durch die Schwächung von Synapsen in Gang gebracht wird. Richard Dawkins schlug dasselbe Thema 1971 an und weitete es zum selektiven Zelltod aus; jenseits der pränatalen Entwicklung gilt der Tod von Neuronen gegenwärtig nicht als wichtiger Kandidat. Seinen wahren Beitrag leistete Dawkins auf der Kopierseite, nicht der Selektionsseite des mentalen Darwinismus. In seinem Buch von 1976, *Das egoisti-*
sche Gen, erweiterte er die Vorstellung von sich kopierenden Genen zu der

97

von sich kopierenden Memen (kulturellen Entitäten wie Formulierungen oder Melodien). Es dauerte eine Weile, bis jemand merkte, welche Implikationen das für Kopiervorgänge im Innern eines einzelnen Gehirns hat.

Jean-Pierre Changeux' selektive Stabilisierung sich entwickelnder Synapsen bestätigte mich in dem Gedanken, daß eine Selektion unter den verschiedenen Möglichkeiten und eine Selbstorganisation zur Anpassung der Verbindungsstärken dem, was wir über die Neurobiologie wissen, weit besser entsprach als andere Ansätze. Dann überzeugte mich im Sommer 1977 Gerald Edelman, daß man von der Ebene der Bahnen und Synapsen einen selektionistischen Zugang zu den höheren Hirnfunktionen bekommen könnte. Das war wie ein Befreiungsschlag, denn es half mir, manches zu verstehen: die »unscharfe« Verdrahtung des Gehirns, die ausgeprägte Variabilität zwischen Individuen (beispielsweise schwankt die Größe des primären visuellen Kortex bei Erwachsenen um das Dreifache) und all jene »stillen« Synapsen, die wir entdeckten. Edelman strich heraus, daß für das neugeborene Tier die Welt ein unetikettierter Ort ist und daß adaptive Mechanismen im Gehirn zwischen den vom Individuum erlebten Objekten und Ereignissen Trennwände einziehen müssen.

Als dann die Chaostheorie die Bühne betrat (was für mich mit Otto Rösslers berühmtem Artikel von 1983 geschah), begann evident zu werden, daß in den Netzwerken der Konnektionisten Attraktionsbassins hausten. Als Komplexitätstheorie und »künstliches Leben« folgten, schienen die Aussichten vielversprechend, Hebbs zweispurigem Gedächtnis auf den Grund zu gehen. Dann brauchte ich 1988 über zwei Monate, um Edelmans *Neural Darwinism* [dt.: *Unser Gehirn – ein dynamisches System*, 1993] zu verdauen, was ich einer Anfrage von *Science* verdankte, in einer Besprechung des Buches das alles zu erklären.

Ich schrieb, *Neural Darwinism* sei (und das gilt noch immer) Pflichtlektüre für alle, die sich für Gehirne und Entwicklung interessieren, obwohl es unnötig schwierig geschrieben sei. Was ich bei meiner Edelman-Lektüre jedoch nicht erkannte, war irgendeine Rolle für das wiederholte Kopieren aktiver spatiotemporaler Muster, vor allem als Vorspiel zum Selektionsschritt. Er schien eine überzeugende Analogie zur Evolutionsbiologie zu haben, nur daß die sich reproduzierenden Populationen herausgelassen worden waren. Natürlich ist es das Wesen einer Analogie, daß man irgend etwas wegläßt; die Frage ist nur, ob das, was weggelassen wird, für das

Thema von zentraler Bedeutung ist, in welchem Fall man möglicherweise mit einer leeren oder verkrüppelten Analogie verwirrt zurückbleibt.

Selbst wenn ständig neue Synapsen hinzugefügt werden, ist die Selektion an sich ein Ausdünnungsprozeß, und obwohl dabei gelegentlich interessante Muster entstehen, hat sie allein nichts von der Kraft eines vollausgebildeten darwinistischen Prozesses mit seinen sechs Grundelementen und den verschiedenen Katalysatoren. Edelmans »Rezirkulation« (Rückführung) – wiederholte Interaktionen mit anderen Regionen zur »differentiellen Verstärkung bestimmter Varianten in einer Population« – wies keine Anklänge an das wiederholte Kopieren spatiotemporaler Muster auf, beispielsweise ein ephemeres »Gebilde« mit vielen geklonten Wiederholungen des einheitlichen spatiotemporalen »Dessins«.

Solcherlei Mißverständnisse hinsichtlich darwinistischer Konzepte schmälerten die Leistung von Edelmans Analyse größtenteils nicht – gelegentlich allerdings schon, etwa wenn er schreibt: »[Dies] ist eine Populationstheorie, das heißt, sie behauptet, daß Gehirne mit einer Selektion der Varianz auf mehreren Ebenen operieren. Solch ein Prozeß führt zu einer differentiellen Modifizierung von Synapsen und zur Selektion bestimmter Neuronengruppen auf der Basis der individuellen Erfahrung im Rahmen einer infiniten Welt oder Umwelt.« Alles richtig, nur daß da so etwas wie ein Trugschluß ist. Populationen – in der Ökologie, in der Evolutionsbiologie, sogar in der Immunologie – umfassen gewöhnlich zahlreiche Individuen, die irgendwie fast identische Kopien von sich selbst machen und die alle gleichzeitig da sind und miteinander sowie mit der Umwelt interagieren.

Es fällt mir schwer, bei Edelmans Vorstellung einer »Population« von zahlreichen Neuronen entweder eine individuelle Einheit oder einen Kopiermechanismus ausfindig zu machen. Seine »differentielle Verstärkung« ist zwar zweifellos ein wichtiger Prozeß, doch schließt er eigentlich nicht eine Population in dem Sinn ein, wie der Begriff ansonsten in der Biologie verwendet wird. Francis Cricks Bonmot, dieser »neurale Darwinismus« müßte eigentlich »neuraler Edelmanismus« heißen, soll uns daran erinnern, daß wir das selektionistische Ausdünnen nicht mit dem darwinistischen Algorithmus in einen Topf werfen dürfen – jenem sich aus eigener Kraft nach oben schraubenden Prozeß, der aus grobem Rohmaterial Qualitätsprodukte macht.

Doch selbst wenn Edelmans Selektionismus und seine Populationen nicht einem voll ausgebildeten darwinistischen Prozeß entsprechen (den sechs Grundelementen und den »Katalysatoren« (S. 32, 35), paßt sein Begriff »neuraler Darwinismus« doch gut zu der populären Vorstellung von Darwinismus als Ausdünnungsprozeß – eine Vorstellung, die so viele Wissenschaftler teilen. Wenn wir jemandem die Schuld geben wollten für die häufige Verwechslung von Selektionismus mit dem umfassenden darwinistischen Prozeß, dann müßten wir bei Charles Darwin selbst anfangen, der seine Theorie nach nur einem Aspekt des sechsteiligen Prozesses benannte: natürliche Auslese.

Eine echte darwinistische Evolution braucht Populationen fast identischer Individuen mit genügend vielen Variationen, damit die Selektion sich auf die Reproduktion auswirken kann, und genügend viele Klimaschwankungen, um den Prozeß voranzutreiben. Könnte eine darwinistische Qualitätssteigerung aus lediglich einer Schleife zwischen zwei kortikalen Karten resultieren, wobei die Interaktionen dazu dienen, beide anzupassen? Das ist Edelmans Vorstellung über den Selektionismus hinaus, allerdings muß seine Terminologie für den, der damit nicht vertraut ist, erst einmal übersetzt werden.

Der Weg zur Weisheit?
Er ist schlicht und einfach zu formulieren:
Begehe Fehler über Fehler über Fehler
Doch immer weniger und weniger und weniger.
Piet Hein

Ganz zu Recht arbeitet Edelman nicht gern mit dem Ausdruck »Rückkopplung«, weil das sehr nach Kontrollsystemen klingt (technisch ausgedrückt, wird ein Standard mit einer fehlerhaften Version verglichen, die der Korrektur bedarf). Doch statt nun mit »Schleifen« zu arbeiten, um die

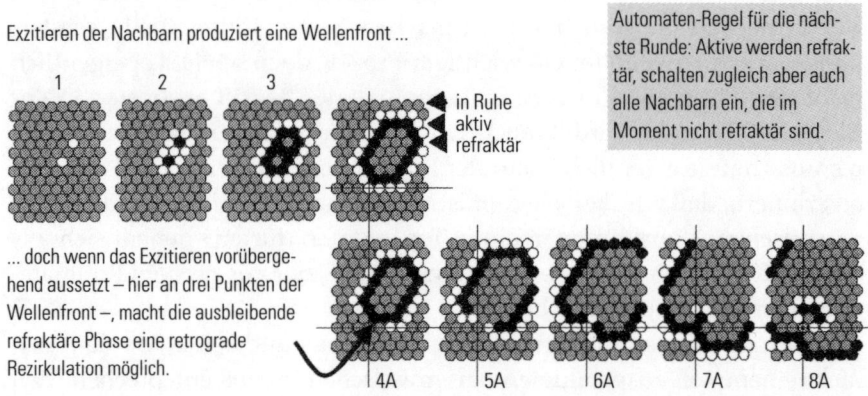

Exzitieren der Nachbarn produziert eine Wellenfront ...

in Ruhe
aktiv
refraktär

Automaten-Regel für die nächste Runde: Aktive werden refraktär, schalten zugleich aber auch alle Nachbarn ein, die im Moment nicht refraktär sind.

... doch wenn das Exzitieren vorübergehend aussetzt – hier an drei Punkten der Wellenfront –, macht die ausbleibende refraktäre Phase eine retrograde Rezirkulation möglich.

Fehlerkorrektur-Konnotation zu vermeiden, benutzt er den Ausdruck »Rezirkulation« – wenn auch ohne den Beigeschmack von »sich von hinten heranschleichen«, den der Begriff in der Automatentheorie und der Herzphysiologie hat, wodurch die Verwirrung noch größer wird.

Ich kann mir vorstellen, daß Edelmans Anpassungsprozeß zwischen den Karten dazu dient, einen Ausgestaltungsprozeß zu implementieren, genau wie aufeinanderfolgende Versionen eines bearbeiteten Manuskripts Verbesserungsschritte aufweisen. Ja, die Analogie des Redigierens legt einen sinnvollen (wenn auch etwas angestaubten) Begriff dafür nahe: *Revisionismus*. Sicher ist er langsamer, weniger zugänglich für die traditionelle darwinistische Konkurrenz zwischen vielerlei Spezies und weniger algorithmisch als der eigentliche Darwinismus; die meisten der sechs Schlüsselelemente sind kaum auszumachen. Wie angemessen er für die Zeitspanne von Tagen bis Jahren, die Edelman diskutiert, auch sein mag, das Hochtreiben der Qualität in Millisekunden bis Minuten erfordert jedenfalls einen auf Populationen gestützten Darwinismus mit allen sechs Schlüsselelementen, den meisten der bekannten Katalysatoren und vielleicht sogar einigen nur dem Gehirn eigenen Abkürzungen, die ebenfalls auf jenen basieren. Nur das könnte uns schnell genug machen, um nicht *avoir l'esprit de l'escalier*.

Für Edelmans interagierende Karten kann ich mir andere Anwendungen vorstellen, und die wichtigste wäre vielleicht, episodische Erinnerungen in nur einem Durchgang in der neokortikalen Konnektivität zu verankern. Häufiger sind aber Gedächtnisinhalte von der Art der erworbenen Fähigkeiten, die in vielen Durchgängen angelegt werden, so daß es wiederholt Gelegenheit gibt, einen neuen Attraktor zu verankern. So etwas wie lernen in nur einem Durchgang gibt es schon, doch episodische Erinnerungen verschwinden als erste, wenn aufgrund von Kopfverletzungen, Alter oder einfach Schlafmangel Fehlfunktionen des Gedächtnisses auftreten (wir neigen dann dazu, zu raten oder zu konfabulieren, statt zu bemerken, daß wir es einfach nicht wissen). Erinnerungen von Augenzeugen sind berüchtigt dafür, daß sie unzuverlässig sind – sie sind in der Tat formbar, wobei spätere, beim Abrufen erfolgte Fehler selbst zu Erinnerungen werden, zu denen leichter Zugang gefunden werden kann als zur Wahrheit.

Natürlich wäre so etwas wie ein Übungsprozeß während der Konsolidierung einer episodischen Erinnerung möglich, um wiederholte Durchgänge zu imitieren. Ich stelle mir gern vor, wie der Hippocampus (eigentlich der entorhinale Kortex, an dem der Hippocampus wie ein Subprozessor hängt) den Neokortex mit den ersten paar Tönen einer Melodie beliefert – vielleicht während des Schlafs oder anderer müßiger Momente – und der Kortex mit der gesamten Tonfolge des Musikstücks darauf reagiert (oder wie vielleicht der Entorhinalkortex den kurzen »Message Digest« schickt und der Neokortex ihn zum »Volltext« der Episode ausbaut).

Aber Üben ist ebenfalls kein Klonprozeß, genausowenig wie die Rezirkulation.

Im Jahr 1991 kam mir das Klonen wieder in den Sinn. Es war nicht das erste Mal. Ein Jahrzehnt zuvor hatte ich schon die Hypothese aufgestellt, daß das Klonen kortikaler spatiotemporaler Muster eine Möglichkeit sein könnte, Probleme mit dem Timing zu meistern und das dem Neuron inhärente Rauschen mittels einer emergenten Eigenschaft eines gemeinsamen neuralen Schaltkreises zu umgehen. Meine ursprüngliche Vorstellung zum Klonen von Bewegungskommandos weitete ich sogar noch auf das Problem der überscharfen Wahrnehmung aus. Nichts konnte ich allerdings dafür, daß *Klonen* im Lauf der Jahre zu einem Allweltsbegriff geworden war. Dieses Mal wollte ich nach den kortikalen Schaltkreisen suchen, die das Klonen besorgen könnten.

Als ich November 1991 mit meiner alten Freundin Jennifer S. Lund bei einem Treffen von Neurowissenschaftlern in New Orleans sprach, fiel der Groschen. Sie erklärte mir gerade ihr Schaubild vom visuellen Kortex von Affen, als ich nach der intrinsischen Regelmäßigkeit der horizontalen Verbindungen fragte, die sie nebenbei erwähnt hatte. Oh ja, antwortete Jenny, das ist nichts Neues, das haben wir schon vor zehn Jahren im Kortex von Spitzhörnchen gefunden. Zuvor hatte ich mich mit einigen Fachleuten über die Synchronisierung von Kippschwingungs-Oszillatoren unterhalten und herausgefunden, daß das Mitreißen sogar noch weiter ging, als ich aufgrund meiner vorangegangenen Arbeiten gedacht hatte (ein bißchen exzitative Kopplung vorausgesetzt, wäre es sogar schwer zu *vermeiden*). Alles, was jetzt in Kapitel 2 steht, begann sich zusammenzufügen. Am selben Abend entwarf ich im Flugzeug und in einem unbestuhlten Wartesaal des Flughafens von Miami auf dem Weg zu einem Besuch bei meinen Schwiegereltern die ersten Umrisse dessen, was in den folgenden Monaten zur Sechseck-Theorie wurde. Wahrscheinlich half mir

102

dabei, daß sich in der Wohnung meiner Schwiegereltern ein Fußboden mit sechseckigen Kacheln befand. Rund zwei Monate später hielt ich meinen ersten öffentlichen Vortrag über diese Theorie vor Neurophysiologen in Seattle und vor Kognitionswissenschaftlern in Boston. Prompt stellte ich fest, daß ich das Denken in Nischen und Populationen erst einmal erklären mußte, wenn ich darauf zu sprechen kam.

Begriffe aus der Evolutionsbiologie und eben das Denken in Populationen sind unter den Wissenschaftlern, die das Nervensystem erforschen oder mittels künstlicher Intelligenz die Funktionsweise des Gehirns zu imitieren versuchen, nicht sonderlich verbreitet. Ich selbst lernte diese Dinge erst, als ich in den achtziger Jahren freiwillig vor Graduierten Biologievorlesungen hielt. (Ich selbst hatte es irgendwie verpaßt, an einer Einführung in die Biologie teilzunehmen, folglich hatte ich das Problem, auf einigen Feldern der Biologie mit meinen klugen Studenten Schritt zu halten.) Die Populationsbiologie gibt einem ein paar brauchbare Konzepte an die Hand, wenn man sich auf das Gebiet spatiotemporaler Aspekte eines neokortikalen Darwinismus begibt, und das gleiche gilt für die neueren Vorstellungen von evolutionär stabilen Strategien, also der Übertragung der Spieltheorie auf interagierende Populationen.

In gewisser Hinsicht reicht es aus, an einen sich dynamisch reformierenden Flickenteppich zu denken, wobei das Webmuster eines jeden Flickens eine Menge Dreiecksanordnungen aufweist, die bei genauerer Betrachtung sich klonende Sechsecke konstituieren. Doch zum Denken in Populationen braucht es mehr. Unter anderem muß man lernen, wie man die Fragen so formuliert, daß man sozusagen sowohl das Individuum als auch die Population im Blick hat, gewissermaßen wie man sowohl den Baum als auch den Wald sieht.

Beispielsweise setzen Berge, Wüsten und große Wassermassen Populationen Grenzen. Diese teilen das Spielfeld auf (sie *parzellieren* es) und schaffen dadurch regional isolierte Subpopulationen (*Demen*), die sich dann oft nicht mehr kreuzen können. Vor allem aber weisen solche Barrieren Lücken auf, die wie Tore fungieren. Bergsteiger sprechen von *Pässen*, Seeleute von *Passagen*, was angesichts unserer durchweg flachen Parkpflaster-Analogie vielleicht der bessere Ausdruck ist. Die neokortikale Version eines solchen Tores ist das, was ein variierendes spatiotemporales Muster dazu bringt, Individuen auszubilden, die sich von den Klonen ihrer Elterngeneration leicht unterscheiden.

Um die Fehlerkorrektur zu umgehen, müssen unter anderem die meisten der sechs Nachbarn eines Sechsecks (S. 55) daran gehindert werden, sich gegen die Variante zu verschwören. Am einfachsten gelingt dies in lückenhaften, nicht ansprechenden Bereichen, wo Dreiecksanordnungen keine Mitstreiter rekrutieren können.

Zu wenig Exzitation, die übliche Tendenz, daß viel Aktivität nach Békésy und Hartline eine Umfeld-Inhibierung hervorruft (und die rekursiven Verbindungen in den Pyramidenneuronen der Schichten fünf bis sechs sind ein guter Kandidat), Auslastung mit anderen Aktivitäten – all dies könnte als *Barriere* dienen, die die Ausbreitung eines Mosaiks begrenzt. Beim Pflastern des Parks entspräche dies gedankenlosen Plattenlegern, die plötzlich vor einer Bordsteinschwelle oder einer Reihe von Erdhügeln stehen, die ein unternehmungslustiger Ziesel beim Ausbau seines Tunnelsystems aufgeworfen hat.

Große Tore wie etwa die breiten Schlitze bei den Partikel-Wellen-Experimenten der Physiker sind nicht sonderlich interessant. Bei zu engen Toren von rund der Breite der lokalen 0,5-mm-Metrik kommt die Annektierung ganz und gar zum Stillstand. Denn es müssen ja zwei

Barrieren bremsen die Ausbreitung von Dreiecksanordnungen. Der Grund mag anatomisch
sein (zu wenig Axon-Segmente von Standardlänge) oder temporär (zu wenig Hintergrund-
Exzitation).

Ein Tor ist eine erweiterbare Lücke in der
Barriere, ungefähr zwei Sechsecke breit,
wo das Fehlen von fehlerkorrigierenden
Nachbarn Varianten aufkommen lassen kann.

Wenn zwei Kopien derselben Variante gestartet werden,
kann dieses neue spatiotemporale Muster sich weiter
klonen. Liegt es näher an einem Attraktionsbassin, kann
es mit dem ursprünglichen Muster erfolgreich um das
Territorium konkurrieren.

aneinandergrenzende Sechsecke aktiv sein, damit ein drittes geklont wird.
Torweiten zwischen dem zwei- und dreifachen des genannten Maßes
stellen daher eine gute Möglichkeit dar, die Fehlerkorrektur zu umgehen.

Knapp hinter dem Tor sind die Dreiecks-Knoten nur den zwei Knoten
ausgesetzt, die das Tor okkupieren. Bei einigen der multiplen Dreiecksanordnungen, die das spatiotemporale Muster des Sechsecks konstituieren,
kann es vorkommen, daß das Rekrutieren mißlingt. Oder ein Neuron
schräg neben dem gleichseitigen Dreieck wird rekrutiert, einfach weil die
Anatomie unpräzise ist. Vielleicht werden nur bei sechs umgebenden
Nachbarn die Knoten in das richtige gleichseitige Dreieck gezwungen,
genau wie Kristalle nahe ihrer natürlichen Ränder Unregelmäßigkeiten
aufweisen können.

Jenseits des Tores können die Dreiecksanordnungen des imperfekten Sechsecks sich noch immer an der Produktion eines weiteren Sechsecks beteiligen, indem sie mit einem der perfekten Sechsecke in dem schmalen Durchlaß zusammenarbeiten. Wird das imperfekte Muster abermals erzeugt, dann haben wir zwei imperfekte Sechsecke nebeneinander, was die entscheidende Voraussetzung dafür ist, noch viel mehr von ihnen klonen zu können.

Die dreinotigen »Bach«-Sechsecke treffen so auf die viernotigen »Beethovens«, daß eine unentschlossene Region drei Dosen beider Melodien abbekommen kann.

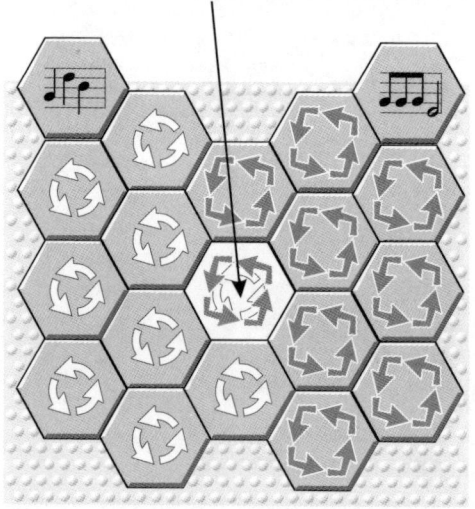

Eine sich sexuell reproduzierende Spezies kann eine neue Insel mit bloß einem schwangeren Weibchen kolonisieren, bei den asexuellen kortikalen Sechsecken hingegen ist offensichtlich immer ein Paar gefordert.

Eine Konkurrenz mit dem Muster der Elterngeneration scheint ziemlich wahrscheinlich, vor allem, wenn das Elternmuster die Barriere überwindet, indem es sich um ihr Ende herum ausbreitet. Bald wetteifern die Varianten um das Niemandsland (S. 73), das sie von den Elternklonen trennt.

Dank der Vorstellung von Attraktionsbassins und ihrer Beeinflussung durch sich nicht klonenden Langstrecken-Input können wir uns vorstellen, daß ein Muster das Niemandsland besser annektiert als ein anderes. Ja, wir können fragen, wie diese Schlachtfront wandert und sich stabilisiert, indem wir uns vorstellen, daß ein dreigliedriges spatiotemporales Muster namens *Bach* auf ein viergliedriges Muster namens *Beethoven* trifft.

Nehmen wir an, daß das unentschlossene Territorium auf die Fläche nur noch einer unausgefüllten Platte geschrumpft ist und es drei *Bach*-Nachbarn gibt, die versuchen, sie durch Annektierung der Knoten in ihren drei Dreiecksanordnungen zu rekrutieren. Doch zugleich gibt es auch drei *Beethoven*-Nachbarn, die ebenfalls versuchen, vier korrespondierende Knoten für ihre Anordnungen zu rekrutieren. Die zugrundeliegenden Resonanzen müßten den Ausschlag dafür geben, wer gewinnt: Das Äquivalent einer *erinnerten* Umwelt drängt einen darwinistischen Kopierwettbewerb in eine bestimmte Richtung. (Vielleicht überlagern sie sich auch nur, aber das Thema hebe ich mir für den zweiten Akt auf.)

Grenzen bilden sich wahrscheinlich eher entlang eines Winkels, so daß alle Sechsecke entlang der Grenze viermal ähnlichen Input, aber nur zweimal das andere Muster abbekommen. Ein gut resonierendes Muster auf der Zweierseite könnte zwar nichtsdestotrotz in das Territorium eines weniger resonierenden Musters eindringen, doch eine Wahrscheinlichkeit von 4:2 erzeugt vermutlich inmitten all des Wandels eine temporäre Stabilität.

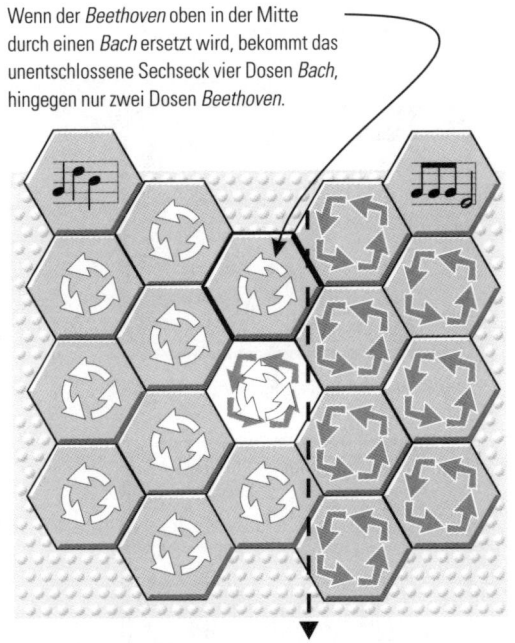

Wenn der *Beethoven* oben in der Mitte durch einen *Bach* ersetzt wird, bekommt das unentschlossene Sechseck vier Dosen *Bach*, hingegen nur zwei Dosen *Beethoven*.

Eine Vier-zu-zwei-Grenze müßte stabiler sein als ein Drei-zu-drei-Arrangement.

Ambivalente Wahrnehmungen bieten ein sehr schönes Beispiel, wie Kopierwettbewerbe eine weit verbreitete mentale Aufgabe bewältigen könnten. Wenn man Objekte sieht, die man in- und auswendig kennt, ist wahrscheinlich gar kein Kopierwettbewerb nötig, um die Frage zu entscheiden, worum es sich dabei handelt: Wahrscheinlich findet sich unmittelbar ein passender Attraktor, und diese »Früherkennung« macht ein umfangreiches Kopieren überflüssig. Doch vieles von dem, was wir wahrnehmen, ist zumindest vorübergehend mehrdeutig.

Nehmen wir an, Sie sehen ein Objekt vorüberflitzen, das dann hinter etwas anderem verschwindet. Sie können es sich nicht näher betrachten. Aber was war es? Anscheinend war es rundlich und ungefähr von der Größe, die so viele Bälle und Früchte aufweisen. Wie finden Sie heraus, um was es sich gehandelt hat? Vielleicht bedienen Sie sich in diesem Fall

Eine Darwin-Maschine bewältigt Ambivalenz, indem sie Kandidaten findet und eine Entscheidung trifft.

1

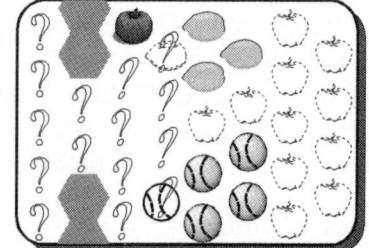

Eine nicht exzitable Barriere verhindert Fehlerkorrektur und ermöglicht Tor-Varianten.

2

Drei Kandidaten wurden gefunden, da Varianten von einem Attraktor eingefangen wurden.

3

Ein Wettbewerb entsteht, der von extrinsischen Tendenzen und verblassenden Bahnen beeinflußt wird.

4

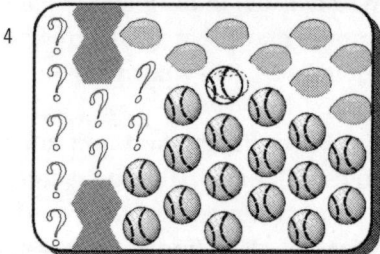

Kritische Masse: »Das war ein Baseball!«

des kortikalen Äquivalents der Immunreaktion.

Im Hinblick auf einen kortikalen darwinistischen Konkurrenzkampf besteht der erste Schritt darin, das spatiotemporale Muster des sensorischen Inputs zu nehmen, das gute alte »?« (im folgenden *Unbekannt* genannt), und in einer Region des Kortex, die wir den sensorischen Puffer nennen könnten, ein Territorium von Klonen anzulegen. Eine Barriere mit einem Tor erlaubt dann, daß von dieser ursprünglichen Gruppe von Dreiecksanordnungen Varianten gebildet werden. Eine ganze Reihe von zusätzlichen kurzen, umschiffbaren Barrieren mit Toren (nicht im Bild) lassen weitere Varianten des Originals zu (dem verzerrten »?« in den Abbildungen). Schließlich kommt eines der variierenden spatiotemporalen Muster nahe genug an den *Zitrone*-Attraktor, um eingefangen zu werden: Ein paar *Zitrone*-Klone bilden sich in einem Teil des Territoriums. Ungefähr zur selben Zeit ist der *Baseball*-Attraktor in gleicher Weise von einer anderen Variante aktiviert worden, was vielleicht durch die Tatsache beeinflußt wurde, daß Sie im Moment gerade picknicken (*Baseball* und *Pick-*

108

nick sind in Ihrem Gehirn vielleicht assoziiert). In einem dritten Teil des kortikalen Territoriums zur Bearbeitung ambivalenter visueller Objekte ist *Apfel* in Gang gesetzt worden.

Möglicherweise kommt es zwischen *Unbekannt* und den drei Kandidaten einfach zu einer Pattsituation. Doch die Hintergrundbedingungen schlagen schneller um als das Wetter, und so erobert sich *Zitrone* einen Großteil des *Apfel*-Territoriums. Schließlich bekehrt *Baseball* nicht nur viele der verbleibenden *Unbekannt*-Varianten, sondern erobert auch das *Apfel*-Territorium. Weil eine große Anzahl synchronisierter Klone eine gute Möglichkeit darstellt, daß lange kortikokortikale Bahnen die Aufmerksamkeit des prämotorischen und des Sprachkortex erregen (was in Kapitel 8 diskutiert werden soll), kommen wir zur Entscheidung: »Das war ein Baseball!«

Dies ist ein ziemlich schlicht gestricktes Beispiel dafür, wie eine Wahrnehmungsaufgabe von einem darwinistischen Klonwettstreit profitieren könnte, wenn die Sache zu ambivalent für eine rasche Entscheidung ist. Zunächst werden Varianten ausgebrütet. Dann fangen Attraktoren einige Varianten ein und erzeugen so die spatiotemporalen Standardmuster für Begriffe. Drittens stellt sich ein Klonierwettbewerb ein, der von einigen Fluktuationen in der Hintergrundexzitabilität beeinflußt wird. Schließlich kommt es zu einer Entscheidung, wenn genügend Varianten desselben Typs im Chor singen.

Genau wie Klimaschwankungen die Evolution beschleunigen, können Fluktuationen in der kortikalen Exzitabilität den Sechseck-Wettstreit auf Trab bringen. Einige zunächst für die »Bepflasterung« vorgesehene Bereiche werden in Barrieren umgewandelt, die das Spielfeld unterteilen.

Ein erhöhter Schwellenwert in einem bestimmten Gebiet (eine andere Möglichkeit, reduzierte Exzitabilität oder verstärkte Inhibition auszudrücken), so kann man sich die Hügelchen vorstellen, die jener unternehmungslustige Ziesel aufgeworfen hat. Ein Zaun im Sinne einer festen Einfriedung ist dies eigentlich nicht, sondern einfach das Äquivalent eines Gestrüpps, das man leichter umgeht als durchdringt. Auch muß es nicht notwendigerweise etwas abteilen (denken Sie statt des-

Das eigentliche Wunder der DNS besteht in ihrer Fähigkeit, kleine Schnitzer zu machen. Ohne diese spezielle Eigenschaft wären wir noch immer anaerobe Bakterien, und es gäbe keine Musik.
Lewis Thomas, 1979

sen an die Nischen, die sich im Park auf die allgemeinen Zwecken dienenden Freiflächen öffneten, vgl. S. 71).

Barrieren helfen, sich reproduzierende Populationen zu fragmentieren, so daß sie ihren eigenen Weg gehen können und nicht von Wechselwirkungen mit den anderen Demen oder der Hauptpopulation daran gehindert werden. Zweitens folgt daraus natürlich, daß die engeren Lücken zwischen Barrieren die Reproduktion sechseckiger spatiotemporaler Feuermuster ohne die übliche Fehlerkorrektur erlaubt. Folglich sollten wir vielleicht erwarten, daß fluktuierende Schwellenwerte sowohl Varianten vor der Korrektur schützen als auch dazu dienen, mehr Varianten zu generieren.

Ein durch die Schädeldecke aufgenommenes Elektroenzephalogramm zeigt einen spatialen Durchschnitt von vielerlei kortikaler elektrischer Aktivität (vor allem synaptische Potentiale) in den Oberflächenschichten. Das Bild erinnert an stochastische Resonanz, doch darwinistische Wettbewerbe könnten von Fluktuationen der Exzitabilität beschleunigt werden, was die Frage aufwirft, ob einige EEG-Komponenten das Äquivalent einer Druck machenden Funktion darstellen, die einer Klimaveränderung analog wäre.

Vernünftigerweise sollte man meinen, mein Tor in der Sechseck-Barriere sei ein *Flaschenhals* und all das dahinterliegende noch nicht rekrutierte Territorium eine *leere Nische*, die sich zur Organisation durch die herankriechenden Dreiecksanordnungen anbietet. Eine vernünftige Annahme, aber nichtsdestotrotz falsch. In der Evolutionsbiologie haben sich auf der Ebene der Populationen seit langem Begriffe mit fest etablierten Konnotationen eingebürgert, die sich für die Dynamik der Partitionierung des Neokortex in Sechseck-Muster als relevant erweisen könnten.

Der Ausdruck Flaschenhals kommt bei kleinen Populationen zur Anwendung, die einst groß und diversifiziert waren. Kleine Populationen weisen viel geringere genetische Vielfalt auf, und die Inzucht reduziert sie weiter. Sollte sich diese Population irgendwie dann zu einer viel größeren ausweiten, wie es mit den Einwanderern geschah, die vor rund 15 000 Jahren über die Bering-Straße kamen und schließlich ganz Nord- und Südamerika kolonisierten, fehlt diesem Genpool die Diversität der ursprünglichen großen Bevölkerung. Dies ist der sogenannte Gründereffekt – allerdings können aufgrund der Expansion selbst irgendwelche neuen Rekombinationsvarianten erhalten bleiben, zu denen es zufällig unter den Überlebenden des Booms kommt und die anderenfalls durch die juvenile Sterblichkeitsrate verlorengegangen wären.

Einer Population von Klonen mangelt es an den Variationen der meisten natürlichen Populationen, aber ein aktives Sechseck-Mosaik muß nicht uniform sein. Denken wir uns die Annektierungsbarrieren (und die Fehlerkorrektur) nicht als Zäune oder Gehsteigkanten, sondern wie kleine Bergketten – im Parkbeispiel könnten sie von jenem unternehmungslustigen Ziesel erschaffen worden sein, welcher unter der flachen, so einladend für das Pflastern vorbereiteten Oberfläche herumbuddelt. Auch wenn man sie wieder einebnet, tun sich an anderer Stelle neue auf. Das macht gelegentliche Tore möglich (ausreichend flache Bereiche zwischen

Hügelketten), und so kommt es gelegentlich zu Varianten, weil die Fehlerkorrektur ausgeschaltet ist. Zu jedem gegebenen Zeitpunkt weist die zerebrale Population Variationen auf. Man sollte sogar erwarten, daß sich in diesen temporären Nischen regionale Subspezies entwickeln, genau wie die natürliche Population von Fruchtfliegen auf Hawaii von Tal zu Tal leicht unterschiedliche Genpools aufweist.

Genauso könnte ein Rückgang der Exzitabilität in einigen Regionen des Kortex die Knoten der lokalen Dreiecksanordnung auslöschen und verhindern, daß sich neue bilden – was effektiv eine Barriere gegen weiteres Klonen errichtet. Solange sich diese höckerige Landschaft schneller wandelt, als die effizienteste Fehlerkorrektur die gesamte Population vereinheitlichen kann, sind immer irgendwelche Varianten vorhanden. Würde die Fehlerkorrektur überall triumphieren, würde sie einen Flaschenhals konstituieren, der so bedenklich wäre wie jener des einzigen schwangeren Weibchens, das auf eine leere Insel kommt, selbst wenn das geklonte Territorium groß ist. Richtig, es kommt abermals zu Variationen, kurz nachdem ein paar neue Barrieren errichtet wurden, doch die Basis ist und bleibt das standardisierte spatiotemporale Muster und nicht die stärker diversifizierte Ansammlung, die der Flaschenhals-Uniformität voranging.

Selbst ein durch einen Flaschenhals bedingtes gleichförmiges Sechseck-Mosaik (beispielsweise *Beethoven*-Klone, die Hunderte von Sechsecken okkupieren) kann noch Variationen erzeugen, wenn es versucht, einen neuen Attraktor in den zugrundeliegenden Konnektivitäten zu verankern. Weil Sechseck-Territorien in der Vergangenheit an vielen verschiedenen Stellen endeten, variieren die zugrundeliegenden Konnektivitäten im gegenwärtigen Territorium eines Mosaiks. Wenn die alten, verankerten Attraktoren mit dem neuen interagieren, kommt es *später* zu regionalen Varianten, wenn das spatiotemporale Muster *Beethoven* von Grund auf wiedererschaffen wird.

Genauso ist eine leere Nische nicht einfach eine unorganisierte Region des Kortex. Selbst vielbeschäftigte Bereiche könnten auch eine leere Nische aufweisen – was uns auf das Thema der Multifunktionalität zurückbringt.

Nische ist ein ökologischer Ausdruck, er bezieht sich auf die Gesamtheit der Ressourcen, den Schutz vor Räubern, Brutstätten und andere Dinge, die es einer Population erlauben, sich zu reproduzieren; Kröten beispielsweise brauchen nicht ständig Wasserlöcher, doch zur Zeit der Eiablage ist es von entscheidender Bedeutung, daß sie zum Wassersaum zurückkehren können, und das macht Wasserlöcher zu einem temporären, aber essentiellen Element ihrer Nische. Eine Nische ist »die Projektion der Bedürfnisse eines Organismus nach außen«.

Der Ausdruck »leere Nische« bezieht sich auf eine Nische mit signifikanten Ressourcen, die gegenwärtig nicht genutzt werden. In einer kortikalen Region mag jede Menge vor sich gehen, und dennoch kann eine zusätzliche Sechseck-Resonanz zur Verfügung stehen, die, wenn aktiviert, eine gewisse, wenn auch minimale Auswirkung auf die anderen momentanen Aktivitäten hat. Eine extrakraniale leere Nische beschreibt Ernst Mayr folgendermaßen:

»Beispielsweise stellen die tropischen Wälder auf Borneo und Sumatra Ressourcen für achtundzwanzig Spechtarten zur Verfügung. Im Gegensatz dazu gibt es in den äußerst ähnlichen Wäldern von Neu-Guinea überhaupt keine Spechte, und zudem nutzen auf dieser Insel kaum irgendwelche anderen Spezies die Specht-Nischen. Das Vorhandensein ungenügend genutzter Ressourcen wird darüber hinaus durch Beispiele für eine erfolgreiche Kolonisierung oder Invasion, die nicht zu einem sichtbaren Abnehmen irgendwelcher bereits vorher existierender Spezies führten, dokumentiert.«

Die meisten Spezies sind relativ unabhängig voneinander; sie gehen sich einfach aus dem Weg wie Schiffe, die einander bei Nacht passieren – nur daß noch nicht einmal im entferntesten mit der Hand gewunken wird.

Folglich könnten auch die verschiedenen Spezies kortikaler spatiotemporaler Melodien, wenn zugleich die Inhibition vom Punkt in die Fläche niedrig ist, denselben Kortexbereich ohne signifikante Interaktion okkupieren: Vielleicht überlappen sich die konkurrierenden *Bach*- und *Beethoven*-Sechsecke einfach so, wie das Französisch und Flämisch in Belgien tun. Eine solche »Zweisprachigkeit« würde vermutlich dadurch gefördert, daß nicht dieselben Minikolumnen genutzt werden; die Ausrichtung der Dreiecksanordnung zu ändern, was weiter oben für die passiven Resonanzen diskutiert wurde (S. 88), wäre ebenfalls eine Möglichkeit, wie aktive spatiotemporale Muster einander aus dem Weg gehen können.

An anderer Stelle erklärt Mayr: »Das Vorhandensein eines solchen potentiellen Nischenraums erklärt, warum Speziation manchmal erfolgreich ist.« Um zu einer ökonomischen Analogie zu greifen, könnten wir beispielsweise sagen, daß es vor 1980 für Tabellenkalkulations-Software eine *unausgefüllte* Nische gab und daß der Boom der Tabellenkalkulation sich nicht nur einer Erfindung verdankt, sondern zugleich eine Artenbildung darstellt. Doch das Konzept der *leeren* Nische hat per se mehr mit der Auslöschung von Demen zu tun (eine regionale Subpopulation stirbt aus, in der Regel aufgrund von Klimaschwankungen oder Infektionskrankheiten), woraufhin die in der Vergangenheit bewährten Ressourcen nun ungenutzt bleiben. Anschließend in dieses Territorium eindringende Pioniere können sich daraufhin eines Booms erfreuen.

Weitere ökonomische und politische Analogien können dies verdeutlichen. Eine klassische Strategie besteht darin, die Konkurrenz mittels eines mörderischen Preiswettkampfs in den Bankrott zu treiben; so bereitet man eine Marktübernahme und die Etablierung eines Monopols vor. Das politische Äquivalent könnten unrealistische Steuersenkungsversprechen oder die Herabwürdigung aller Errungenschaften der gegenwärtigen Regierung sein (»Denen da oben gelingt doch gar nichts!«). Es scheint zwar paradox, so etwas von Politikern zu hören, die selbst eine solche Position anstreben, doch die Nische »Regierung« wird durch solche anarchistischen Manöver nicht zerstört. Das liegt daran, daß unsere Gesellschaft zu komplex geworden ist, um ohne die Dienstleistungen einer Regierung auskommen zu können, und daß in einer rasch sich wandelnden Welt die Regierung unter anderem auch all die langfristigen Forschungen bezahlt, für die kein Unternehmen aufzukommen bereit ist. Doch auch ein kleineres Stück vom Kuchen kann für die Anhänger solch anarchistischer Politiker sehr profitabel sein, vor allem wenn sie heimlich daraus Nutzen ziehen – in der Regel, indem die Steuerlast auf andere verlagert wird. (Juristen fragen gern: *Cui bono?* Die zugespitztere journalistische Version dieses »Wem nützt es?« lautet »Immer dem Geld nach.«) Man darf nicht vergessen, daß solche Kontraktionen von kommerziellen oder Regierungsgeschäften nur temporär sind; aller Wahrscheinlichkeit nach folgt ihnen eine Re-Expansion um eine neue Basis herum, so daß sich die Nische wieder füllt – und man muß fragen, um was jene Basis der Expansion zentriert sein wird (nicht unbedingt, aber mit ziemlicher Wahrscheinlichkeit handelt es sich dabei um die gutsituierten Überlebenden). Folglich sehen wir auch in dieser neokortikalen Theorie Möglichkeiten, Pluralitäten von beträchtlichem Umfang zu etablieren, und zwar sowohl durch direkten Wettbewerb als auch ein besseres Überleben von Umweltfluktuationen.

Selbst wenn ein Muster vorübergehend verstummt, macht das Geisterbild auf der Tafel der temporär verstärkten Konnektivität es möglich, daß das Muster abermals zündet. Und damit vielleicht auch ein neues Muster mit hochzieht, das aus mehreren Mustern zusammengesetzt ist, welche kürzlich das Territorium besetzt hatten – aber niemals simultan. Obwohl ich bezweifele, daß dies der elementarste Mechanismus für die Kategorienbildung ist, lassen sich überlagernde Sechsecke darauf hoffen, mit fortgeschrittenen Ebenen der Abstraktion umgehen zu können.

Was das Verhalten der Wespe dem eines Computers ähnlicher macht als dem eines Architekten, ist, daß sie überhaupt nichts über das Ziel weiß. Statt dessen konzentriert sich das Insekt auf eine Reihe unmittelbarer Aufgaben. Diese Unterscheidung zwischen »lokalen« Aufgaben, die allein durch angeborene Programme erfüllt werden können, und »globalen« Zielen, die eine vollkommenere Sichtweise und ein Verständnis für die Notwendigkeit erfordern, der ein Verhalten dient, ist ganz entscheidend, wenn wir komplexeres Verhalten analysieren wollen.
James G. Gould und Carol Grant Gould, 1997

Anstelle von Gedanken an konkrete Dinge, die einander in einer ausgetretenen Bahn der habituellen Suggestion folgen, haben wir die höchst abrupten Schnitte und Übergänge von einer Idee zu einer anderen, die höchst vergeistigten Abstraktionen und Unterscheidungen, die unerhörtesten Kombinationen von Elementen, die subtilsten Assoziationen der Analogie – kurz: Wir scheinen plötzlich in einen brodelnden Kessel von Ideen gestoßen, wo alles in einem Zustand verwirrender Aktivität zischt und blubbert, wo Partnerschaften binnen eines Augenblicks geschlossen oder aufgekündigt werden, wo die Tretmühle der Routine unbekannt ist und das Unerwartete das einzige Gesetz zu sein scheint.
Je nach der Idiosynkrasie des Individuums werden die Geistesblitze den einen oder anderen Charakter aufweisen. Es wird sich um Ausbrüche des Witzes und Humors handeln, um ein Aufblitzen der Poesie und Eloquenz, um Konstruktionen dramatischer Fiktion oder mechanischer Mittel, um logische oder philosophische Abstraktionen, Geschäftsprojekte oder wissenschaftliche Hypothesen samt ihrer darauf basierenden experimentellen

Konsequenzen, um Bilder plastischer Schönheit oder Eindringlichkeit, um Visionen moralischer Harmonie. Doch was immer ihre Unterschiede sein mögen, eines wird ihnen allen gemeinsam sein: daß ihre Genesis plötzlich und schlicht spontan war.   William James, 1880

Charles Darwin

Zwischenspiel

Jetzt ist ein kritischer Augenblick gekommen: Wir können erstmals alle sechs Schlüsselelemente eines darwinistischen Prozesses (S. 32) aus der Sechseck-Klontheorie für einen neokortikalen Flickenteppich emergieren sehen. Lassen Sie mich diesen Moment ein wenig feiern und die Prinzipien rekapitulieren, ehe wir uns in ihre Produkte vertiefen. Bei den sechs Grundelementen handelt es sich um:

1. *Ein charakteristisches Muster ist involviert.* Wir haben ein Muster identifiziert (ein spatiotemporales Feuermuster innerhalb eines Sechsecks von 0,5 mm in den Oberflächenschichten des Neokortex), das wie bei einer Kristallbildung standardisiert werden kann. Das Muster ist so abstrakt wie ein Strichcode; genau wie die DNS-Kette bloß wie ein gefaltetes Protein aussieht, haben diese zerebralen Codes nur wenig Ähnlichkeit mit den Objekten oder Bewegungen, die sie repräsentieren.

2. *Das Muster muß irgendwie kopiert werden (das, was kopiert wird, kann sogar dazu dienen, das Muster zu definieren).* Mit dem Kopieren ist eine Möglichkeit identifiziert, das wichtige Hebbsche Zellensemble und seine Konnektivitätsveränderungen in nur zwei aneinandergrenzende 0,5 mm-Sechsecke des Neokortex zu komprimieren (Dawkins' minimale Replikationseinheit). Dank der Punkt-zu-Ring-Tendenzen derselben Neuronen, die wiederholt sich gegenseitig exzitieren, scheinen zwei aneinandergrenzende »Eltern«-Neuronen in der Lage zu sein, ein drittes und ein viertes mitzureißen und so eine Dreiecksanordnung zu initiieren, die über eine gewisse Entfernung hinweg ausgeweitet werden kann. Der Gesamteffekt besteht darin, das spatiotemporale Muster aller aktiven Dreiecksanordnungen innerhalb eines sechseckig geformten Bereichs zu klonen; folglich sprechen wir oft vom Sechseck-Klonen. Doch auch nicht klonende Sechsecke können eine wichtige Funktion ausüben: als Barriere zu dienen.

3. *Gelegentlich müssen zufällig Mustervarianten produziert werden.* Varianten können dadurch entstehen, daß die Fehlerkorrektur an Toren zwischen den Barrieren reduziert wird. Und es kommt leicht zu Überlagerungen. Weil diese Muster die Sechsecke nur spärlich ausfüllen, sind die Überlagerungen vielleicht in der Lage, Übergeordnetes wie Kategorien, sensorisch-motorische Assoziationen und sogar Beziehungen zwischen Beziehungen wie Syntax und Metaphern zu codieren. All das muß vielleicht nicht in ein einziges Sechseck hineingepreßt sein, weil eventuell »Signaturen« ausreichen, um den »Volltext« von anderswo abzurufen.

4. *Das Muster und seine Varianten müssen miteinander um die Besetzung eines begrenzten Arbeitsraums konkurrieren.* In der Tat ist mit dem Umrunden von Barrieren an den Enden ein Wettbewerb kaum zu vermeiden. Der Kortex ist sicherlich limitiert, genau wie ein Flickenteppich. Bei dem Arbeitsraum handelt es sich wohl um das Äquivalent des beschriebenen gepflasterten Parks, der über Nischen verfügt, in denen Demen aussterben können. Ob der gesamte Kortex in dieser Weise funktioniert oder ob Spezialisierungen häufig Klonwettbewerbe verhindern, ist eine empirische Frage, die beantwortet werden muß, wenn die experimentelle Auflösung verbessert ist.

5. *Der Wettstreit wird von einer facettenreichen Umwelt in die eine oder andere Richtung gedrängt – beispielsweise, wie oft der Rasen gewässert, gemäht, gedüngt wird, wie oft der Boden friert –, so daß ein Muster mehr Arbeitsraum besetzt als ein anderes.* Nein, wir haben noch nicht herausgefunden, welche kortikalen Muster den Quecken entsprechen. Aber das Langzeitgedächtnis ist eine erinnerte Umwelt (aufgrund von Konnektivitätsveränderungen, die Attraktionsbassins schaffen). Sensorischer Input aus unserer realen physischen Umwelt (und kortikaler Input über größere Entfernungen) müßten in der Lage sein, Resonanzen in die eine oder andere Richtung zu drücken, ohne daß tatsächlich bestimmte spatiotemporale Muster geklont werden. Kurzzeiterinnerungen in Form verblassender Attraktionsbassins, die ein paar Minuten zuvor von geklonten Mustern gebildet wurden, können ihren Teil zu dieser Umwelt beitragen und so als Wegbereiter dienen.

118

6. *Wir haben es mit einem asymmetrischen Überleben zugunsten der reproduktiven Reife zu tun (die umweltbedingte Auslese arbeitet größtenteils mit juveniler Mortalität) oder mit einer asymmetrischen Verteilung derjenigen Erwachsenen, die sich erfolgreich paaren (sexuelle Auslese), so daß neue Varianten immer bevorzugt von den erfolgreicheren der gegenwärtigen Muster gebildet werden.* Nichts des bisher Gesagten hat bislang demonstriert, daß die Muster in Überzahl die Tendenz aufweisen, den größten Teil der Varianten in der nächsten Generation zu erzeugen – doch vielleicht haben Sie schon erraten, warum das so ist. Schuld ist das ubiquitäre Verhältnis von Oberfläche zu Volumen, das Darwins Erblichkeitsprinzip zur Verfügung stellt. In einer im Grunde zweidimensionalen Welt wie der Retina oder dem Kortex ist dies das Verhältnis von Umfang zu Fläche. Größere Bereiche haben einen längeren Perimeter, und an den Rändern kann die Fehlerkorrektur leichter umgangen werden, was sich gerade den Exzitabilitätsfluktuationen verdankt, die daran mitwirken, daß die Margen marginal sind. Tendenziell stellen also die erfolgreicheren Muster die Basis dar, auf der sich die meisten Varianten bilden.

So weit, so gut. Was aber ist mit jenen fünf zusätzlichen Merkmalen, die das Tempo des evolutionären Wandels beeinflussen? Glücklicherweise finden wir auch Stabilität und die vier »Katalysatoren«, die die Evolution beschleunigen, in eben demselben neokortikalen Flickenteppich:

7. *Es kann sich Stabilität einstellen, als bliebe ein Wagen in einer ausgefahrenen Spur stecken (lokale Minima in der Anpassungslandschaft). Varianten können entstehen, doch sie verschwinden auch leicht wieder.* Ein gleichmäßiger Hintergrund von Exzitation, der eine Ausbildung von Barrieren verhindert, scheint eine gute Möglichkeit, um ein stabiles, gleichförmiges, an eine Tapete erinnerndes Muster zu bekommen. Darüber gleich mehr.
8. *Die systematische Rekombination erzeugt viel mehr Varianten als Kopierfehler oder die weit selteneren Punktmutationen.* Die Umrundung einer Barriere am Ende stellt eine Möglichkeit dar, wie Varianten auf Klone ihrer Eltern treffen können. Zu einer Rekombination kann es an jenen Grenzen kommen, wo unterschiedliche spatio-

temporale Muster aufeinandertreffen. Zwar ist es unwahrscheinlich, daß die umzingelten Niemandsland-Sechsecke das unbesetz-
te Territorium zu beklonen beginnen, doch das Hin und Her an
der Grenze hinterläßt einen gemischt zusammengesetzten Attraktor, der anschließend aktiviert werden kann, wenn das aktive
Elternmuster in dieser Region ausstirbt.

9. *Fluktuierende Umwelten (Jahreszeiten, Klimawechsel, Krankheiten)
veründern die Spielregeln und bilden komplexere Muster aus, die in
der Lage sind, auch in unterschiedlichen Umwelten gut zu gedeihen.
Damit es zu solch einer »Hans Dampf in allen Gassen«-Auslese
kommt, muß sich das Klima so rasch veründern, daß die Effizienzan-
passungen nicht mehr Schritt halten können.* Wie uns EEGs erkennen lassen, spricht vieles für eine fluktuierende Exzitabilität,
und aufgrund des Millisekunden-Zeitrahmens der PSPs sind sie
in der Tat viel schneller als die minutenlangen LTP-Mechanis-
men des Neokortex, die – manchmal permanent – die Attraktionsbassins verändern. Im Kortex haben wir folglich alle Schlüsselelemente, um elaborierte Muster »offline« sich evolvieren zu
lassen – Muster, die weit mehr darstellen, als das momentane
Verhalten erfordert.

10. *Typischerweise beschleunigen Parzellierungen die Evolution, beispielsweise wenn der steigende Meeresspiegel die Berggipfel einer großen Insel
in ein Archipel kleiner Inseln verwandelt.* Wenn Schwellenwerte steigen oder die Hintergrund-Exzitation verblaßt, bieten sich zahlreiche Möglichkeiten, neokortikale Territorien mit nicht klonenden
Barrieren vollzustellen.

11. *Lokale Auslöschungen (etwa wenn eine Inselpopulation zu klein wird,
um sich am Leben zu erhalten) beschleunigen die Evolution, weil
dadurch leere Nischen entstehen.* Bei der oben erklärten systemati-
schen Rekombination gibt es in der Konnektivität geisterhafte
Muster, die noch nachklingen, wenn die aktiven spatiotemporalen Muster bereits ausgestorben sind. Sollte ein aktives Muster
sich einem solchen Attraktionsbassin nähern und in zwei angrenzenden Sechsecken sein spatiotemporales Muster starten, könnte
es sich eine Weile lang ohne Konkurrenz klonen. Für ein neuartiges Muster bedeutet das die Gelegenheit, sich zu »etablieren« –
und zugleich auch noch einige Varianten.

Es gibt auch Katalysatoren, die über mehrere Stationen hinweg wirken, wie Darwin am Beispiel der Katzen veranschaulichte, die den Wiesenklee besser gedeihen lassen, und wir können uns problemlos vorstellen, wie sich so etwas im kortikalen Arbeitsraum ereignen könnte. Klonwettbewerbe auf der Ebene der Objekte könnten gelegentlich andere Wettbewerbe auf der Ebene der Ereignisse oder Metaphern überrennen.

Aus Gründen, die ich eingangs des letzten Kapitels erwähnte, ist es sinnvoll, nach biologischen Analogien zu suchen, doch man sollte nicht erwarten, perfekte Parallelen zu finden. Beispielsweise könnte der Kortex auch dem Lamarckismus eine angemessene Heimstatt bieten (jener Abstammungslehre aus der Zeit vor Darwin, nach der die im Verlauf der Lebensspanne erworbenen Fähigkeiten irgendwie den Genen eingespeist und so von den Nachkommen geerbt werden). Im Kortex gibt es schließlich Generationen von lateralen Kopierversuchen, und ihre verbesserten Versionen können in die Konnektivitätsveränderungen zurückgespeist werden und so beeinflussen, was morgen passiert, wenn ein weiterer Kopierversuch unternommen wird. In der Biologie scheiterte der Lamarckismus an der Weismannschen Genotyp-Phänotyp-Barriere, der Schwierigkeit, Schimären zu erzeugen, und einem distinkten Individuum, das als kohärente Einheit überlebt. So weit, so gut, im Kortex gibt es nur eine Kopiereinheit (die Sechseck-Aktivität lebt und stirbt nicht immer als Einheit, obwohl eingebettete Attraktoren das begünstigen), und die produziert höchst unbiologisch mit hybrider Hast Schimären.

Man kann sich natürlich fragen: Konstituiert das Einfangen durch einen Attraktor eine stabilisierende Selektion? Entspricht das Sechseck dem Allel eines Gens? Einem Genom (der Gesamtheit der Gene eines Organismus)? In der Biologie könnte sogar eine ganze Population die Einheit der Selektion sein. Hier jedoch denke ich, so gern ich auch traditionelle Parallelen finde, daß wir besser daran sind, wenn wir uns statt dessen auf das neurale Substrat konzentrieren – beispielsweise die Geometrie, Chaos und Konnektivität, wie ich sie in den letzten paar Kapiteln vorgestellt habe –, als ernsthaft nach Parallelen auf anderen Ebenen der Biologie zu suchen. Es hat uns genützt, daß wir Konzepte der Insel-Biogeographie importiert haben, auch wenn unsere Heiße-Fleck-Inseln mittels dendritischer Verstärkungsmechanismen wachsen und ihren Meeresspiegel mittels AGCs erhöhen. Folglich könnte es uns auch helfen, nach evolutionären Stämmen, neutraler Evolution, evolutionär stabilen Strategien und (wozu wir im achten Kapitel kommen) sexueller Auslese zu fragen.

Doch wir dürfen nicht erwarten, eine exakte Entsprechung der Dynamik entweder des Immunsystems oder des kortikalen Darwinismus bei dem Szenario der sich kopierenden und dann sterbenden Individuen zu finden, auf das sich die biologische Evolution eingelassen hat. Ja, all dies sind darwinistische Prozesse – doch der darwinistische Prozeß ist eigentlich keine Analogie: Er ist eine Sperrklinken-Ratsche für Komplexität, die von Instabilität angetrieben werden kann, wann immer es einen Mechanismus gibt, der alle sechs Schlüsselelemente implementiert. Dieser Prozeß ist einfach eines der Naturgesetze des Universums, wobei in der Hauptsache chemische Verbindungen als Generator interessanter Kombinationen dienen, und er kann offensichtlich auf unterschiedlichen Substraten laufen, die alle ihre spezifischen Eigenheiten haben, welche jenen anderenorts beobachteten entsprechen können, aber nicht müssen.

Donald O. Hebb

Hebbs Entdeckung des Zellensembles ist nicht nur ein nettes historisches Schmankerl für dieses Zwischenspiel; was er als Fehler seiner Zellensemble-Theorie betrachtete, kann uns zugleich helfen, die Stärken und Schwächen meiner damit konkurrierenden Sechsecke abzuschätzen.

Probleme der Wahrnehmung und des Denkens waren es, die Hebb an Zellensembles denken ließen. Als im Jahr 1938 Lorente de Nó Überlegungen anstellte, wie der zerebrale Kortex mit Hilfe von reverberierenden (positiv rückgekoppelten) Schaltkreisen anhaltende Aktivität generieren könnte, eröffnete er damit einige neue Möglichkeiten, die seit den Tagen Sherringtons verschlossen schienen. Hebb dachte über eine Möglichkeit nach, wie eine Gedächtnisspur allein durch Denken ohne einen neuen sensorischen Stimulus reaktiviert werden könnte. Lorentes Einfall brachte ihn auf die anhaltende Aktivität (der erste Grund, warum er Ketten von vielen Neuronen brauchte), aber Hebb grübelte immer noch, wie aus verschiedenen Perspektiven gesehene Objekte nichtsdestotrotz als ein und dasselbe Objekt wahrgenommen werden können. Er hielt es für einen Fehler seiner zwischen 1945 und

1949 entwickelten Zellensemble-Theorie, diese entscheidende konzeptuelle Eigenschaft damit nicht in den Griff bekommen zu können.

Experimente in Hebbs Labor in Montreal ergaben dann um 1960 Hinweise auf verschiedene spezialisierte Gruppen, die alle an der Wahrnehmung einer Einheit wie beispielsweise eines Dreiecks oder Quadrats beteiligt waren. Das war ein Zufallsfund, denn das Experiment zielte auf anderes ab. Aufgrund des Mikronystagmus, des ständigen physiologischen Tremors der Augäpfel, schwingen Hell-Dunkel-Grenzen auf der Retina über eine Breite von bis zu einem halben Dutzend Photorezeptoren hin und her. Das kann das Bild recht stark verwischen lassen. Nun kann man das Bild zwingen, sich mit dem Auge mitzubewegen, indem man trickreich das Quadrat oder Dreieck unmittelbar vor eine Kontaktlinse montiert. Wann immer das Auge sich bewegt, geht das Ziel mit, und dadurch wird das Bild auf der Retina stabilisiert.

Bei diesen Experimenten wurde nun das Bild überhaupt nicht schärfer. Statt dessen berichtete die Versuchsperson, daß das Bild unvollständig sei; Teile davon tendierten mysteriöserweise dahin, zu verblassen und dann wieder zu erscheinen. Bei einer Serie von sechs Präsentationen – es wurde jedesmal eine kleine Glühbirne eingeschaltet – verlor das Dreieck die eine oder andere seiner Seiten. Mit Quadraten gab es ähnliche Probleme, und bei einigen Präsentationen verblaßten sie sogar vollständig. Bei Bildern eines Gesichts fehlte manchmal die Nase oder ein Auge. Ich kann mich noch gut erinnern, welche Aufregung diese Befunde Anfang der sechziger Jahre hervorriefen (mit ein Grund, warum ich von der Physik zur Neurophysiologie wechselte): als hätte jemand behauptet, er habe nun endlich beobachtet, wie eine Cheshire-Katze verschwindet.

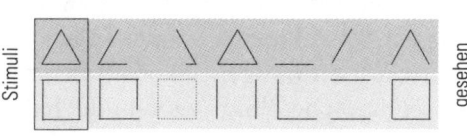

Die von Hubel und Wiesel ungefähr zur selben Zeit gefundenen orientierungssensitiven Kortexneuronen ließen auf einen dementsprechenden Mechanismus schließen. Zusammen mit dem Verblassen nach Art der Cheshire-Katze füllten sie die von Hebb identifizierte Theorie-Lücke. Somit hatte er noch einen zweiten Grund, warum es ein Zellensemble multipler kortikaler Neuronen geben mußte: um all die Orientierungen der Linien zu handhaben, die den Umriß eines Objekts bilden.

123

Diesmal verschwand [die Katze] ganz langsam, zuerst ihre Schwanzspitze und zuletzt ihr Grinsen, das noch eine Weile sichtbar blieb, als alles andere schon verschwunden war.

»So etwas!« dachte Alice. »Eine Katze ohne Grinsen habe ich ja schon oft gesehen, aber ein Grinsen ohne Katze! So etwas Sonderbares ist mir noch nie vorgekommen!«

Im Nachhinein betrachtet war dieses Komitee von Merkmalsdetektoren der wichtigste Grund für ein Zellensemble. Lorentes reverberierende Schaltkreise hatten vielleicht Hebb dazu gebracht, um 1940 über neuronale Ensembles nachzudenken, aber eigentlich sind sie für die anhaltende Aktivität gar nicht nötig – was wir Anfang der sechziger Jahre erkannten, als es uns möglich wurde, die Feuerrate einzelner Neuronen während intrazellulärer Messungen zu ermitteln.

Alle Argumente und Beweise Hebbs sind in seinem Buch *Essay on Mind* von 1980 zusammengefaßt und auf meinen eingeschränkteren Begriff des sechseckigen Zellensembles übertragbar. Meine Dreiecksanordnungen führen zu ziemlich viel Redundanz, aber ihre Verflechtung dient zugleich dazu, den »Code zu komprimieren«, so daß er in einen sechseckigen Raum von 0,5 mm paßt. Diese Konzentration der Elemente macht es möglich, daß sich jede Menge kleiner lokaler neuraler Schaltkreise bilden und vielleicht auf lang anhaltende Weise ein paar synaptische Stärken verändern. Hebbs zweispuriges Gedächtnis wird auf diese Weise implementiert: Jedes aneinandergrenzende Paar von diesen sechseckigen Schaltkreisen könnte später das Feuermuster in all den vielen Dreiecksanordnungen rekonstituieren, die sich bei der ursprünglichen Präsentation des Stimulus gebildet hatten.

Unglücklicherweise starb Hebb schon 1985, lange bevor ich all dies herausfand. Vielleicht hätte es ihm gefallen, daß seine dualen Gedächtnisspuren, seine vom Erfolg gestärkten Synapsen und seine Zellverbände allesamt theoretisch in einem kleinen Sechseck zusammengeführt wurden.

Wurden im ersten Akt die Akteure und Probleme vorgestellt, schickt sich der zweite an, die überraschenden Konsequenzen aufzuzeigen. Er handelt von den möglichen Produkten eines schnell agierenden darwinistischen Prinzips im Neokortex – Dingen wie Kategorien, Metaphern, richtigen Tips und dem Gedankenstrom. Ich werde mit Hebbs Problem der Dreiecks-Generalisierung und einigen statisch wirkenden Überlagerungen von Schemata beginnen, doch darunter ist alles dynamisch: Denken Sie an James' Gedankenstrom, jene Reihe von mentalen Zuständen, die ihrem augenblicklichen voranging, wobei jeder einzelne im Hintergrund verblaßte, während er sich zugleich über seine Vorgänger legte – und sie alle tragen das ihre dazu bei, welche Verbindungen sie gerade jetzt wahrscheinlich knüpfen.

Denken Sie bei diesen verschiedenen verblassenden Attraktoren an die japanische Technik, rohen Fisch in dünne Scheiben zu schneiden und dann den ganzen Block zur Seite zu kippen (umgefallene Dominosteine wären eine weitere Analogie, falls Sie Sashimigeschädigt sind). An die untersten Lagen kommt man am schwersten heran, sie sind die ältesten. Multiple Schichten verblassender Schemata befördern möglicherweise die Kreativität, wenn man die

Der Gedankenstrom als verblassende Schichten von Sashimi

richtigen Lagen von Attraktoren in ungefähr die richtige Anordnung bringt und damit ihre relativen Stärken anpaßt. (Ich kann es schon hören: *Die Sashimi-Theorie der Kreativität*, ein angemessener roher Nachfolger all jener halbgaren Bücher über die rechte Gehirnhälfte.)

Doch die Vergangenheit kann auch ablenken, und oft versuchen wir, die älteren Schichten verblassen zu lassen, mittels weiterem Denken zu vermeiden, daß sie wiedererweckt werden. Es gibt verschiedene Methoden, wieder einen klaren Kopf zu bekommen (ich selbst bevorzuge halbstündige Nickerchen). Mein Freund Don Michael vermutet, hinter der Meditation mit Hilfe eines Mantras stecke nichts weiter als der Versuch, große, quasi-stabile sechseckige Territorien auszubilden und dadurch den Alltagssorgen zuvorzukommen, die anderenfalls den Arbeitsraum unter sich aufteilen und neue Kurzzeit-Attraktoren ausbilden würden. Indem das alles mit dem Nonsens-Muster des Mantras belegt und lange genug festgehalten wird, daß die neokortikale LTP verblassen kann, ist der Meditierende frei für Neues (und zwar anderes als das Mantra!). Hört sich gut an, aber man vergißt vielleicht die Einkaufsliste, wenn man es übertreibt.

125

Ein gewöhnliches Mantra würde natürlich nicht den Arbeitsraum freifegen können: Um jene verblassenden Attraktoren vorzeitig auslöschen zu können, braucht man ein trickreicheres Mantra, das sie einfach unterbricht. Abgesehen von der Möglichkeit, sie wie in der Elektroschocktherapie in Nebel aufzulösen, ist mir keine solche Löschtechnik bekannt – obwohl man sich mentale Viren vorstellen kann, die sich Zutritt zu jenen verblassenden Attraktionsbassins verschaffen, was dann eher wie ein Übertünchen wäre, nicht wie ein wahres Auslöschen.

Eine neurophysiologische Theorie der höheren intellektuellen Funktionen steht im Zentrum des restlichen Buches. Letztlich handelt es vom Bewußtsein (als dem gegenwärtig dominanten Flicken des Teppichs!). Obwohl mir eine Liste wie die folgende noch niemals in einem populären oder wissenschaftlichen Werk über das Bewußtsein begegnet ist, muß jede solche Theorie erklären können:

Wie die Inhalte unseres Vokabulars repräsentiert werden,
wie Erinnerungen gespeichert und abgerufen werden,
wie es zu einer darwinistischen Qualitätssteigerung kommt,
wie »neue Ideen« aufkommen, vielleicht als Varianten von Mustern.

Diese vier Punkte zumindest sind schon bei unserer Suche nach den darwinistischen Schlüsselelementen angefallen. Die restlichen sind schwerer zu packen:

Die Existenz von Halluzinationen und Träumen.
Déjà-vu-Erlebnisse. Ein abnorm breites Klonen eines Input-Musters (vielleicht mangels Konkurrenz) könnte die bewußte Erfahrung produzieren, die in der Regel mit starken Erinnerungs-Resonanzen assoziiert ist, welche ein breites Klonen erlauben. Auch wäre es schön, wenn die *Jamais-vu*-Unvertrautheit mit Vertrautem ebenfalls erklärt werden könnte.
Unzuverlässige Erinnerungen. Weil die langfristige synaptische Konnektivität von einem neuen aktiven Muster modifiziert werden kann, könnte es dazu öfter kommen. Um dieses Umschreiben der Geschichte zu verhindern, muß wahrscheinlich die subkortikale Regulierung der kortikalen Wettbewerbe unter anderem einer

Modifikation der Konnektivität zustimmen. Ähnliches brauchen wir auch für die *idée fixe*, das halsstarrige Festhalten an einem Gedanken.

Wie Abstraktionen und Kategorien erschaffen und repräsentiert werden. Vor allem muß jede Theorie des Geistes Strukturen vorsehen, die für Schemata, Skripte, Syntax und Metaphern geeignet sind.

Wie die verschiedenen Konnotationen eines Worts wie etwa »Kamm« miteinander verknüpft werden, die doch vermutlich in unterschiedlichen kortikalen Bereichen gespeichert sind.

Die Existenz spezialisierter kortikaler Regionen, die sich zugleich auch an nichtspeziellen Aufgaben beteiligen können.

Die Fähigkeit, ein bestimmtes Verhaltensmuster festzuhalten, nachdem es aus mehreren anstehenden Möglichkeiten ausgewählt wurde. Wie könnte so ein Programm aussehen?

Unterbewußte Qualitätssteigerung, während die Aufmerksamkeit offensichtlich auf etwas anderes gerichtet ist.

Die Ausbildung effizienter Subroutinen, die außerhalb der bewußten Verarbeitung ablaufen, was beispielsweise für das Zen-Bogenschießen gut geeignet wäre. Ein »gut eingebranntes« Muster in einem kleinen kortikalen Territorium könnte wie die Rolle eines mechanisches Klaviers die »Melodie« zum Binden des Krawattenknotens »abspielen«, ohne die Entscheidungsrunden um die Gunst des Bewußtseins zu beeinflussen. Gelegentlich gelingt es uns ja schließlich, zwei Dinge gleichzeitig zu erledigen.

Spezialisten für serielle Ordnung für Sprache und spekulative Planung, ganz zu schweigen von all den Muskel-Sequenzierungen, die nötig sind, damit sich ein Kind die Schnürsenkel binden kann.

Korrelate für das Denktempo – Mechanismen, die beim selben Individuum von Zeit zu Zeit variieren. Während der Übergangsphasen der manisch-depressiven Erkrankung kann eine betroffene Person von flott-geschmeidigem Knüpfen von Verbindungen und Treffen von Entscheidungen in einen langsamen, mühevollen Denkprozeß wechseln, der einfach zu lange dauert und dem es nicht gelingt, die naheliegenden Verbindungen herzustellen. Und wieder zurück.

Unsere Leidenschaft für das Entdecken von Mustern. In unserem ersten Lebensjahr fanden wir heraus, daß Wörter aus Phonemen bestehen. Ein Jahr später entdeckten wir eifrig Schemata und Syntax in den Sätzen, und dann gingen wir daran, in noch ausgedehnteren Diskursen narrative Prinzipien zu finden.

Der Eindruck eines inneren »Erzählers«, der Entscheidungen abwägt und über die Zukunft spekuliert. Jede Erklärung muß mit dem neurologischen Befund übereinstimmen, daß es keine partielle Gehirnschädigung gibt, die das »Selbst« auslöscht.

All dies muß eine sinnvolle Theorie des Geistes abdecken. Sie muß vielleicht nicht die ganzen zwei Jahrhunderte Neurologie erklären können, dazu noch ein Jahrhundert Psychologie und ein halbes Jahrhundert Neurobiologie und kognitive Neurowissenschaft – in Widerspruch zu *irgend etwas* davon darf sie aber nicht stehen. Eine jede Theorie des Geistes bedarf großer Erklärungskraft, muß aber zugleich spezifisch genug sein, um die Ergebnisse von Experimenten vorhersagen zu können.

Theoriegebäude auf dem Gebiet der Evolution sind immer für Überraschungen gut, die gar nichts mit emergenten Phänomenen zu tun haben. Beispielsweise haben wir uns an den Gedanken gewöhnt, daß das gesamte Bauwerk zusammenbricht und aufgegeben werden muß, wenn ein Stück des Fundaments fehlerhaft ist. Doch das muß nicht so sein, wenn man es mit robusten Prozessen wie dem Darwins zu tun hat; man kann sich hinsichtlich einzelner Elemente des Fundaments irren (wie Darwin selbst hinsichtlich der Erblichkeit im Jahr 1859, wie Clerk Maxwell hinsichtlich des Äthers 1865) und dennoch wertvolle Erkenntnisse über die Superstruktur gewinnen.

Darwin wußte nichts von Mendels Gesetzen; er dachte sich Erblichkeit eher allgemein, nicht in der spezifischen Form, die schließlich ihre Basis in den DNS-Segmenten namens Allelen fand. Obwohl ich als Beispiele in den kommenden Kapiteln über die kognitiven Implikationen eines Darwinismus im Gehirn meine Dreiecksanordnungen wiederholter Exzitation und die daraus resultierenden Sechsecke verwenden werde, sollten Sie daran denken, daß andere Mechanismen sich als die Grundlage dessen erweisen könnten, was in unserem Neokortex mit ererbter Variation kopiert wird. Ich versuche eine generelle Theorie zusammenzubauen, wie die Oberflächenschichten des Neokortex eine darwinistische »Ratsche mit Sperrklinke« in Gang setzen, doch ich verfolge zugleich – im zweiten Akt – William James' Projekt, zu zeigen zu versuchen, daß eine jede solche darwinistische Theorie für die höheren intellektuellen Funktionen in Betracht kommen könnte.

Ich gebe Beispiele, wie Kategorien kreiert und zu Schemata und Metaphern ausgebaut werden könnten und versuche damit die emergenten Strukturen per se herauszuarbeiten – und vielleicht zu erraten, wie sie mit unterschiedlichen darwinistischen Baumaterialien implementiert werden könnten, welche noch immer den sechs Schlüsselelementen entsprechen und zugleich ein paar Beschleunigungsfaktoren nach Art meiner Dreiecksanordnungen und Sechseck-Mosaiken bieten.

William James
(Selbstporträt, 1873)

Zweiter Akt

Ich vermute, daß das Gedächtnis innerhalb des Gehirns in einem Rahmen motorischer Programme organisiert ist. Das Gehirn ist alles andere als eine »Black Box« mit keinerlei Relevanz für die Verhaltenspsychologie, sondern vielmehr ein »Hans Dampf in allen Gassen«, der randvoll mit sprungbereiten Aktivitätsplänen bepackt ist. Als solches ist das Gehirn geradewegs die Quelle allen Verhaltens. Diese Gehirn-Geist-Verhaltensprogramme sind, wie sensorische Repräsentationen auch, virtuell – und man hat sie sogar »fiktiv« genannt, um ihren promissorischen Aspekt zum Ausdruck zu bringen –, doch nichtsdestotrotz sind sie real. In unserem Sein und Werden sind sie wir und wir sind sie.

J. Allan Hobson, 1994

Daß der gesunde Menschenverstand, aus welchen Gründen auch immer, diese Vorstellung zurückweist [daß mentale Ereignisse keinen Ort haben], beweist gar nichts. Auch andere Wissenschaftsgebiete gründen sich auf Aussagen, die absurd erscheinen mögen, in Wirklichkeit aber wahr sind. (Luft ist schwer, hat ein Gewicht? Wasser wird aus zwei Gasen gemacht? Die Kontinente treiben in den Ozeanen herum?) *Donald O. Hebb, 1980*

7 | Der Brownsche Begriff

Dem Begriffe von einem Triangel überhaupt würde gar kein Bild desselben jemals adäquat sein. Denn es würde die Allgemeinheit des Begriffs nicht erreichen, welche macht, daß dieser für alle, recht- oder schiefwinklichte [Triangel] gilt, sondern immer nur auf einen Theil dieser Sphäre eingeschränkt sein. Das Schema des Triangels kann niemals anderswo als in Gedanken existiren ...

Immanuel Kant

Den zweiten Akt mit Kants Triangeln zu beginnen ist meine Art und Weise, daran zu erinnern, daß es überaus wichtig ist, *wie* man Fragen stellt – und daß »Antworten« oft nur eine Frage umformulieren, statt sie zu beantworten. Wir bauen die Fundamente zu unseren Füßen um, wenn wir nach einem festeren Stand suchen. Das wird besonders deutlich, wenn wir mit Abstraktionen umgehen, wenn wir über die Repräsentationen unserer sensorischen Welten und unserer Bewegungen hinausgehen und im Reich der Meta-Repräsentationen wie beispielsweise Kategorien oder Analogien operieren.

Doch damit gibt es ein paar Probleme. Als ich zum ersten Mal mit dem Problem der Generalisierung von spezifischen Beispielen für Dreiecke konfrontiert war, hatte ich gerade einen Kursus in Mengenlehre abgeschlossen und war daher »sprungbereit«, überall Teilmengen und Potenzmengen zu finden, während ich nach einer mechanistischen Grundlage für solche mentalen Kategorien suchte (wie Sie sehen werden, hätte ich statt dessen vielleicht lieber einen Musikkursus besuchen sollen). Heute sehe ich das alles ganz anders, was sich größtenteils Entwicklungen in den Kognitionswissenschaften verdankt, die sich mit kategorialer Wahrnehmung, Grammatik, Schemata, Skripten und Metaphern beschäftigen. Darwinistische Kopierwettbewerbe wiederum boten mir ein weiteres Fundament, einen Standpunkt, von dem aus ich all jene verschiedenen Typen von Kategorien anders betrachten konnte – und damit mir vorstellen konnte, wie wir sie »wie im Fluge« konstruieren und sogar neue Abstraktionsebenen erfinden können.

Über das Wesen von Kategorien wird zumindest schon seit den antiken Griechen nachgedacht, doch der darwinistische Prozeß eröffnet hierfür neue Möglichkeiten.

Ja, die Kategorie ist eine Klasse, doch oft gibt es auch einen Prototyp – ein primitives Beispiel, das mit anderen eine Menge Merkmale gemeinsam hat. Eleanor Rosch spricht von Grundlagen-Kategorien wie etwa »Hund«, die dadurch definiert sind, wie leicht sich Kinder oder Neulinge den Begriff aneignen. Darüber gibt es eine übergeordnete Ebene mit abstrakteren Klassen wie »Säugetier« und »Haustier«. Unter den Grundlagen-Kategorien gibt es eine untergeordnete Ebene mit Subklassen wie »deutscher Schäferhund«.

Einzelne Individuen, denen wir Eigennamen wie etwa »Fido« geben, könnten schwierige einelementige Kategorien darstellen, für die man viel mehr Informationen braucht, beispielsweise die Eigenschaften, die jenes Individuum von allen anderen der Klasse unterscheidet. Man sollte nicht annehmen – wie ich es als frisch zur Mengenlehre Bekehrter tat –, daß Individuen oder Episoden die primitiven Gedächtniseinheiten sind, aus denen Klassen aufgebaut werden. Mit einigen Ausnahmen wie etwa der Mutter-Repräsentation eines Säuglings handelt es sich beim einzelnen Individuum um ein spätes Stadium einer Kategorienkonstruktion, bei der es leichter zu Fehlern kommt als bei den vielelementigen Kategorien. Eine Gedächtniseinheit gleicht oft mehr einem Wald als einem einzelnen Baum – und das bedeutet, daß es keine feste Grenze zwischen Repräsentationen und Meta-Repräsentationen gibt.

Bei den meisten Gedächtniseinheiten handelt es sich wahrscheinlich um »unschärfere« Kategorien und deren Assoziationen, nicht um unsere gesellschaftlichen und Mengenlehre-Einheiten. Bickerton schreibt: »Ohne Kategorien gibt es nichts, an was man Symbole heften könnte, da linguistische Symbole, wie zumindest seit Saussure offensichtlich ist, sich nicht direkt auf die Objekte der Welt beziehen, sondern vielmehr auf unsere Konzepte der gene-

Ein Ding »ist«, was immer uns zu glauben, daß es ist, am wenigsten Schwierigkeiten bereitet. Ein anderes »ist« als dieses gibt es nicht.

Samuel Butler (II)

ralisierten Klassen, zu denen die rohen Objekte gehören. Ohne Assoziationen zwischen Stimuli (und nicht bloß zwischen Stimulus und Reaktion) hätten wir keine Möglichkeit, Symbole zuverlässig mit Konzepten zu verbinden.« Um Wörter in eine sinnvolle Beziehung zueinander setzen zu können, muß man sie als mehr als bloße Etiketten für Objekte wahrnehmen. Sie müssen als abstrakte Einheiten in einem hierarchischen Netz von Bedeutungen behandelt werden. Und Bedeutung ist – für die Anhänger Jean Piagets – von der Erfahrung nicht zu trennen: Bedeutungen werden konstruiert.

Assoziationen zwischen Gedächtniseinheiten sind darüber hinaus ein Test für Repräsentationsschemata wie etwa mein spatiotemporales Feuermuster in einem neokortikalen Sechseck, weil auch Assoziationen unter bestimmten Bedingungen Repräsentationen produzieren müssen. Eine Assoziation zwischen unterschiedlichen Repräsentationen – wie im Fall der verschiedenen Konnotationen eines Wortes wie »Kamm« – könnte als physische Nähe oder Überlappung ausgedrückt werden:

- als *Gruppierung* von Repräsentationen nach Art von Fotos auf einer Pinnwand,
- als *Verknüpfung* von Repräsentationen, wie die Gene auf einem Chromosom aufgereiht sind oder
- als *Mischung*, die durch eine Überlagerung von Repräsentationen wie bei einer fotografischen Doppelbelichtung entsteht.

Eine physische Nähe wäre aber vielleicht gar nicht nötig. In welchem Umfang könnte eine virtuelle Konstruktion ausreichen? Mit einfachen Verknüpfungen wie bei einer distribuierten Datenbank, deren Bestandteile an unterschiedlichen Stellen gespeichert und nur bei Bedarf zusammengeführt werden? *Was* könnte sie miteinander verknüpfen, wie man an einer Aushangtafel mit bunten Schnüren zwischen den Namen auf einer Liste und den Porträts der Personen daneben Verbindungen herstellt?

Ich vermute, daß die von uns häufig benutzten Kategorien, die auch Affen und Vögel erlernen können, einfacher sind als diejenigen, um die es in den restlichen Kapiteln geht. Das Entdecken von Merkmalen ist oft ein unscharfer Prozeß, bei dem ein breites Spektrum akzeptabler Formen

noch immer dieselbe Wahrnehmung ergibt – was natürlich der Funktion der Kategorisierung dient. Doch einige dieser groben Mechanismen sind nicht sonderlich erweiterbar, wie man das im Software-Geschäft ausdrücken würde. Einfache Grundlagen mögen für begrenzte Zwecke ausreichen, doch andere könnten sich als besser erweisen, wenn man noch eine zweite Etage daraufsetzen will (in der Archäologie gilt die Dicke einer Wand als Hinweis auf die ursprüngliche Höhe des Gebäudes).

Auch Beziehungen sind Abstraktionen, und bei ihnen geht es in besonderem Maß um Perspektive und Ausrichtung oder darum, wie wir Botschaften fassen und gliedern. Analogien, Metaphern, Gleichnisse, Parabeln und mentale Modelle machen es erforderlich, daß Beziehungen *verglichen* werden, so etwa wenn wir eine nicht stimmige Analogie zwischen *ist größer als* und *ist schneller als* herstellen, indem wir schlußfolgern: *größer ist schneller*.

Da wir anscheinend endlose Abstraktionsebenen bewältigen können, ohne daß uns der Raum zum Codieren knapp wird, brauchen wir vielleicht ein Repräsentationsschema, das seinen Dimensionen nach sowohl für elementare Dinge (Apfel) als auch für solche höherer Ordnung (impressionistisches Stilleben) ähnlich ist. Glücklicherweise scheinen in Gedankenexperimenten (um Kapitel 10 vorwegzunehmen) Sechsecke für zerebrale Codes in der Lage zu sein, jede Ebene von Abstraktion, Meta-Metaphern und so weiter handhaben zu können – sogar die Repräsentation des Gedankenexperiments selbst.

Beginnen wir mit einer neuen Kategorie, die aus einem darwinistischen Wettbewerb hervorgeht, in dem Ordnung aus Unordnung emergiert – mein Freund Doug van der Hoof hat dem prompt das Etikett »der Brownsche Begriff« in Analogie zu den Zufallsbewegungen von Staubpartikeln in einem Sonnenstrahl angehängt, die schließlich sich zu »Staubmäusen« zusammenballen und in ungestörten Ecken herumliegen.

Assoziatives Erinnern ist ein großes Thema, und ich habe nicht vor, zu erklären, wie Pawlows Hund lernte, das Glöckchen mit der anschließenden Verabreichung von Nahrung zu assoziieren (es gibt, vermutet man, jede Menge subkortikaler Möglichkeiten, das zu tun). Ausgefeiltere

136

Erklärungen (etwa konkurrierende Sechseck-Mosaiken) sind für Assoziationen per se nicht nötig: Schon ganz einfache wirbellose Tiere assoziieren, sogar mit nur einem einzigen Neuron zweiter Ordnung. Auch für Kategorien als solche braucht man keine ausgefeilteren Erklärungen.

Der zerebrale Kortex ist jedoch dafür bekannt, daß er gerade sehr trickreiche assoziative Erinnerungen bewerkstelligt, vor allem im Neokortex, der bei Säugetieren so hoch entwickelt ist. Die Oberflächenschichten des Neokortex machen, wie im ersten Akt gezeigt, ganz den Eindruck, als könnten sie auf der Ebene von Populationen einen vollausgebildeten darwinistischen Prozeß laufen lassen und damit die vertrauteren darwinistischen Prozesse nachahmen, für die längere Zeitmaßstäbe gelten. Dies bedeutet mehr – und erscheint auch robuster – als alles, was meiner Ansicht nach aus einer revisionistischen Doppelschleife emergieren könnte. Daß es in meiner neokortikalen Darwin-Maschine keine Keimbahn gibt, sondern sie statt dessen lamarckistisch genug aussieht, um sogar angeborene Verdrahtungsmuster überlagern zu können, ist eine äußerst wünschenswerte Eigenschaft für den Sitz der kulturellen Evolution. Vermutlich sind einige kortikale Areale weniger plastisch als andere, so daß sie die meisten ihrer angeborenen Attraktoren über die Jahre hinweg behalten.

Klonwettbewerbe sind vermutlich als unmittelbares Vorspiel für das Treffen einer Entscheidung nicht nötig, weder für die meisten Wahrnehmungsaufgaben noch für Bewegungsprogramme. Die bislang illustrierten Aufgaben – die Wahl von Bewegungsabfolgen und das Erkennen von nicht eindeutigen Objekten – beherrschen auch unsere Primaten-Vettern sehr gut, sogar die Spitzhörnchen. Die Frage ist, ob eine Darwin-Maschine höhere intellektuelle Funktionen erleichtern könnte: unsere syntaktische Sprache, unsere Fähigkeiten, Einkaufslisten zu erstellen und Karrieren zu planen, unsere Vorliebe für das Musizieren, für das Erfinden neuer Spiele und für das automatische Entdecken neuer Muster im Rahmen etablierter Beziehungen.

Muster innerhalb von Mustern sind das, womit es die Syntax zu tun hat, das, was das zweijährige Kind dadurch entdeckt, daß es zuhört, ehe es selbst plötzlich ganze Sätze mit angemessener Syntax hervorbringt (und dazu relativ wenig Versuch und Irrtum braucht). Beziehungen innerhalb von Beziehungen sind das, wovon Metaphern handeln. Sie sind weit abstrakter als alles, was unsere nächsten Vettern schaffen, auch wenn begabte Affen-Trainer vielleicht zeigen können, daß das Affengehirn zu dieser Aufgabe in der Lage ist. Den Affen fehlt es vielleicht einfach nur an der Begeisterung des Kindes für Wörter und die Beziehungen zwischen ihnen. Das Fehlen von Beweisen, so drücken es die Archäologen gern aus, ist kein Beweis für das Fehlen.

In meinem Sechseck-Szenario können Überlagerungen das Assoziieren bewerkstelligen, und wir haben bereits gesehen, wie ein spatiotemporales Muster sich an der Grenze zwischen zwei konkurrierenden Mustern über ein anderes legt: Es entsteht eine Reihe von Sechsecken, die in unterschiedlichen Anteilen beide Muster enthalten; in der Regel spreche ich davon, daß sie um den Raum konkurrieren, doch sie könnten sich auch einfach überlappen (ihre Dreiecksanordnungen sind dann ineinander verflochten, ohne zu interagieren, genau wie in meinem Beispiel vom Komprimieren eines Hebbschen Zellensembles auf S. 61).

Das Hauptproblem ist, ob solche sich überlappenden Sechsecke überhaupt unabhängig existieren können, das heißt, in der Lage sind, ein eigenes Territorium mit ihren Klonen zu besetzen und mit anderen zu konkurrieren. Dieser Grenzbereich wird ja schließlich von bereits etablierten Mustern flankiert, was seine reproduktiven Möglichkeiten in der Art und Weise einer hybriden Sterilität limitiert. Ich will zwei Möglichkeiten aufzeigen, diesen schmalen Gürtel zusammengesetzter Sechsecke zu vergrößern und die Wahrscheinlichkeit zu erhöhen, daß der Hybrid lebensfähigen Nachwuchs hat.

Intrinsische horizontale Axone sind oft länger als 0,5 mm und haben zusätzliche Endungen, die sich um ganzzahlige Vielfache der lokalen Metrik bündeln. Die Fehlerkorrektur besorgen nicht allein die sechs unmittelbaren Nachbarn, sondern potentiell auch sechs weitere, die sie unterstützen. Das bedeutet, daß die Barriere dicker sein muß, wenn die Fehlerkorrektur überwunden werden soll.

Zugleich bedeutet dies aber auch, daß das Niemandsland der Zusammengesetzten vielleicht ein paar Einheiten breit ist, was für ein kleines eigenes Territorium ausreicht, wenn genügend Resonanz vorhanden ist – eines vielleicht, das besser überleben kann als die beiden ursprünglichen. Wenn die Barrieren passend ausgerichtet sind, kann man sich vorstellen, daß der Hybrid neues Territorium kolonisiert, indem er sich vom schmalen Ende des zusammengesetzten Territoriums her ausbreitet.

Hin- und herwogende Grenzen bieten ein weiteres Szenario für breite Gürtel zusammengesetzter Sechsecke, sofern sich das Ganze eine Weile

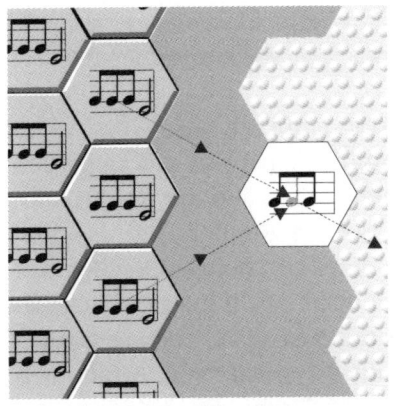

Eine Barriere muß dicker sein, wenn die Axonen mehr als ein Endungsbüschel in gleichmäßigen Abständen haben (wie es bei einigen eindeutig der Fall ist). Schmale Bereiche einer Barriere werden dann zu Toren.

lang hinzieht. Denken Sie beispielsweise an das Elsaß, wo man sowohl Französisch als auch Deutsch spricht, weil hier die deutsch-französische Grenze ständig verlegt wurde (allein viermal im letzten Jahrhundert). Oder an die bereits früher erwähnten Gegenden Belgiens, wo man sowohl Französisch als auch Flämisch spricht. Von Louvain – oder, wenn Ihnen das lieber ist, Leuven – sagt man, es läge »auf der Sprachengrenze«, doch in einem viel breiteren Gürtel verstehen sich die Angehörigen beider Sprachgruppen gegenseitig. Das Hin und Her der Sechseck-Grenzen könnte einen »mehrsprachigen« Gürtel ausbilden, der viel breiter ist als das Niemandsland des gegenwärtigen Wettstreits.

Man beachte, daß der erste Typ von Gürtel eher einer Jam Session im Jazz entspricht, da er direkt auf der Ebene des aktiven Klonens spatiotemporaler Muster operiert, so daß die eine Melodie eine andere überlagert. Das wäre vielleicht der Fall, wenn Sie ein neues Bewegungsprogramm brauchen, mit dem Sie gleichzeitig auf den Kopf klopfen und im Kreis den Bauch streicheln. Mein zweites Schema für einen breiteren Gürtel braucht hingegen eine Vermittlungsinstanz, die einen neuen Attraktor in der Konnektivität selbst ausbildet. Das könnte geschehen, ohne daß die zwei aktiven Muster überhaupt gleichzeitig präsent sind (sogar, wenn die Programme nur gewöhnliche Konkurrenten wären). Das neue nimmt seinen Ausgang auf der Ebene der Attraktoren und nicht auf der der musikalischen Aufführung, so als hätte man ein Notenblatt auf ein anderes fotokopiert, und jetzt würde jemand versuchen, die zusammengesetzte Melodie zu spielen.

Die meisten solcher Überlagerungen sind natürlich unspielbar – aber nicht alle, und darwinistische Prozesse sind durchaus in der Lage, den

Arten, die in ökologischen Zeitrahmen Konkurrenten sind, können im evolutionären Zeitrahmen Mutualisten sein, indem jede einen Vorrat genetischer Varianten bietet, der von der anderen angezapft werden kann.
Robert Holt, 1990

Ausschuß zu entsorgen und mit der funktionierenden in weitere Runden der Variation zu gehen, um eine noch höhere Qualität auszubilden. Da die Arbeitsräume sich verschieben, müßte es andauernd zu Überlagerungen kommen, wenn noch geisterhafte Attraktoren herumlungern, nachdem die synchronisierten Dreiecksanordnungen verstummt sind. Das könnte ganz ähnlich geschehen, wie genetisches Material zwischen unterschiedlichen Arten durch Retroviren ausgetauscht wird. Denken Sie einfach daran, wie Charles Ives mit jenen musikalischen Schnipseln arbeitete und damit konditionierte, was mit den verblassenden Attraktoren von *Yankee Doodle* folgte.

Wegen ihrer bereits erwähnten Tendenz, unterschiedliche Ausgangsbedingungen einzufangen, haben Attraktionsbassins die wichtige Eigenschaft einer locker passenden Kategorie: Das resultierende Aktivitätsmuster ist ungefähr dasselbe, also ist auch die Bedeutung ungefähr dieselbe. Walter Freeman bemerkt dazu:

»Im Neokortex gibt es vielleicht einen oder mehrere globale Attraktoren mit multiplen Flügeln. Übergänge von einem Zustand in einen anderen könnten sich als kurzfristige Einschränkungen auf einem Flügel eines Attraktors ereignen, worauf dann die Freisetzung auf einem anderen erfolgt ... Das Konzept eines Attraktors und seines dazugehörigen Bassins ist zu starr, weil die neokortikale Dynamik sich im Lauf der Zeit durch kontinuierliche Zustandsänderungen weiterentwickelt, welche die Kortizes der veränderlichen Umwelt anpassen. Der Wandel konstituiert eine Bahn im kortikalen Zustandsraum, welche niemals exakt zu einem früheren Zustand zurückkehrt, aber (beispielsweise auf einen Stimulus hin) dem früheren Zustand hinreichend nahe kommt, so daß kortikaler Output ein Ziel für die Übertragung in dasselbe Attraktionsbassin bietet wie der frühere Output.«

Solch eine »chaotische Itineranz« ähnelt vielleicht den jahreszeitlichen Reiserouten eines Hausierers, der in Städte kommt, die sich seit seinem letzten Besuch ein wenig verändert haben. (Unter Itineranz verstehen wir hier die Wiederkehr ähnlicher, aber nicht identischer Zustände.)

Das bringt mich wieder auf mein Sashimi-Beispiel, das den Fluß der Gedanken als einen Stapel verblassender Attraktoren darstellt. Das ermöglicht es gewissermaßen, einer Erinnerung »den Boden zu bereiten«. Um Zugang zu selten benötigten Gedächtnisinhalten zu bekommen (sagen wir, den Namen der Straße nördlich Ihres Elternhauses), kann es hilfreich sein, sich zunächst an die Häuser in der Nachbarschaft zu erinnern, an die Spielkameraden, die örtliche Schule – am besten daran, was sich links von Ihnen befand, wenn Sie den Sonnenaufgang betrachteten. Wenn durch diese Vorbereitung die Annäherungslandschaft hinreichend modelliert ist, fallen Sie schließlich ins richtige Attraktionsbassin und aktivieren das spatiotemporale Muster des Straßennamens, seinen zerebralen Code. Mit etwas Glück wird der Chor, der ihn singt, groß genug, und schließlich sprechen Sie den Namen aus (in meinem Fall: »80th Street«).

Bei nachklingenden Attraktionsbassins muß es sich nicht allein um solche handeln, die von den Dreiecksanordnungen innerhalb eines Sechseck-Bereichs hervorgebracht werden. Eine synaptische Modifikation kann beispielsweise zu einer Art »Rille« führen, welche die Bahn eines vertrauten, bewegten Objekts vorhersagt. Man kann sich die Zeit-Asymmetrie der NMDA-Verstärkung zunutze machen; genau wie nachklingende Maus-Spuren auf einem Computermonitor zieht die Verstärkung die Aktivität nach, aber weist ihr nicht den Weg. Doch bei einer Wiederholung können interessante Dinge passieren.

Solch eine synaptische Verstärkung kann – bei wiederholten Durchgängen – einige ortsspezifische Zellen in »für zukünftige Orte spezifische Zellen« umwandeln (ihre beste Reaktion wird ein wenig stromabwärts vom gegenwärtig lokalisierten bewegten Objekt zentriert). Bei einem Feedback- oder Efferenz-Kopiersystem würde diese Verlagerung dazu tendieren, einen Arm zurück auf die gewohnte Bahn zu lenken, wenn er ein wenig von derselben abgewichen ist. Für dieses Schema braucht es keine Attraktionsbassins oder Sechseck-Kopien, auch wenn die synaptische Modifikation sie gut als Nebeneffekte generieren könnte. Die Frage muß empirisch beantwortet werden, doch ein Großteil der nicht auf Sechsecke bezogenen Aktivität modifiziert vermutlich momentane

Attraktionsbassins – und verändert damit die Wahrscheinlichkeit, daß bestimmte spatiotemporale Muster sich leichter klonen als andere, leichter *de novo* starten. Und einen Code wieder in Gang zu setzen ist das kortikale Äquivalent einer spontanen Selbstentzündung.

Die neokortikalen Projektionen des Entorhinalbereichs und der Amygdala funktionieren wahrscheinlich, ohne daß Sechseck-Mosaiken kreiert werden müssen. (Edelman bezeichnet diese Bereiche mutig als »kortikale Anhängsel« und riskiert damit den Vorwurf des »Neokortikozentrismus« – doch ich stimme mit ihm überein, solange es mir wie im Moment darum geht, die Basis für qualitativ Neues zu verstehen.) Mit Sicherheit scheint es den vier breitgestreuten Neuromodulatoren (von subkortikalen Neuronen, die jeweils zehn- bis hundertmal mehr Axonendungen haben als die meisten anderen) an der Spezifizität zu mangeln, die nötig ist, um Sechseck-Mosaiken zu *generieren*, doch sie können sehr effektiv darin sein, die Attraktionsbassins in die eine oder andere Richtung zu drängen.

Erst in jüngster Zeit haben Wissenschaftler verblüfft herausgefunden, wieviel während des Schlafs im Inneren des Gehirns eigentlich vor sich geht. Nachdem die Wissenschaftler sich erst einmal an die allem Augenschein nach widersprechende Erkenntnis gewöhnt hatten, daß die internen Gehirnfunktionen auch während des Schlafs auf hohem Niveau weiterlaufen, gaben sie auch die Vorstellung auf, daß das Gehirn selbst sich jemals richtig ausruht. Dann wurden im Pons einige Zellen entdeckt, deren Aktivität sich im Nicht-REM-Schlaf um die Hälfte verringerte und im REM-Schlaf so gut wie völlig versiegte, während der Rest des Gehirns beinahe auf dem Niveau von epileptischen Anfällen aktiv ist. Was enthielten diese Zellen? Norepinephrin und Serotonin – die Amine ... Wenn wir wach sind, feuern diese Zellen ständig und sondern dabei Amine ab, welche unter anderem das cholinerge System in Schach halten. Die größte Ansammlung von Serotonin-Zellen liegt geradewegs unten mitten im Pons, und die Norepinephrin-Zellen liegen zu beiden Seiten davon. Von diesen Stellen aus projizieren sie alle über große Entfernungen hoch zum Kortex und das Rückenmark hinunter. Ihre Reichweite ist viel umfassender als diejenige des Acetylcholin-Systems.   J. Allan Hobson, 1994

Beispiele für eine Kategorie zu finden ist nicht leicht. Bei modernen CAD-Programmen kann man einzelne Schichten separieren und beispielsweise

142

den Installationsplan eines Hauses extrahieren, doch wie zerlegt man in Ermangelung solcher Möglichkeiten die Sechseck-Überlagerungen?

Während die für Buch- und Zeitschriftenveröffentlichungen nötigen statischen Diagramme an nur spärlich ausgefüllte Matrizes erinnern, sind die unseren zunächst einmal keine statischen Überlagerungen wie die überdruckten Buchstaben eines Punktmatrix-Druckers. Es sind spatio-temporale Muster, die eher Melodien ähneln als einem einzigen angeschlagenen Akkord.

Zweitens haben wir es hier nicht mit isolierten aktiven Mustern zu tun; wir wollen Muster aus eingebetteten Attraktoren *evozieren*. Es geht darum, *wie* das System bei einem von den vielen Attraktoren verweilt, die die Konnektivität implementiert; das ist so ähnlich, als würde man zu rennen anfangen statt zu laufen – was schließlich bloß eine weitere Abteilung des vielflügeligen Attraktors namens »Bewegung« ist. Die Musterbeispiele einer Kategorie könnten effektiv Attraktor-Flügel sein, in die wir hineinkommen müssen.

Drittens gibt es die Möglichkeit einer verteilten Datenbank, bei der Zeiger quasi als Mittelsmänner die verstreuten Elemente miteinander verknüpfen. Das legt eine Reihe verschiedener Repräsentationen ein und derselben Sache nahe, von denen einige für das Wiedererkennen nützlicher sind als für das Wiedererinnern. Letzteres ist immer schwieriger als ersteres, also lassen Sie mich die Frage aufschieben, wie wir Musterbeispiele evozieren, bis wir uns die Typen möglicher Repräsentationen einer Kategorie anschauen.

Vom Titel zu den Abstracts zum Volltext – diese Art von Suche kennen wir alle, doch das Zentralnervensystem mag intern nach anderen Prinzipien arbeiten. Erinnern Sie sich an die Hash-Zusammenfassung aus Kapitel 1, die dazu benutzt werden kann, den Volltext in einer Datenbank wiederzufinden? Dieser Hash-Code ist wie ein Fingerabdruck, eine eindeutige Identifikationsmöglichkeit in Kurzform. Beim Hashing wird ein spärlich besetzter, hochdimensionaler Zustandsraum spezifischer Attribute mit Zuschreibungen aus einem dichter besetzten, niederdimensionalen Zustandsraum indiziert, dessen Elemente höchst abstrakt sind – ja, im Vergleich zu dem, wofür sie stehen, geradezu willkürlich wirken.

Eine simple Anwendungsmöglichkeit besteht etwa darin, einen bislang noch nicht benutzten Dateinamen zu generieren, der auch nicht unnötig lang ist, weil man einen niederdimensionalen Suchraum haben will, welcher rasch gescannt werden kann. Der Hash-Code eines Dokuments kann sich einfach der am wenigsten signifikanten Bits seiner Prüfsumme bedienen oder alternativ der Sekunden- und Minutenfelder der Zeitmarkierungen der Dateigenerierung. Man prüft einfach, daß die Folge noch nicht in Gebrauch ist; wenn doch, wechselt man zu einer anderen Hash-Methode und versucht es noch einmal. Mit ausgefeilteren Hash-Techniken erhält man einen Message Digest, der ganz außerordentlich sensibel für kleine Änderungen am Volltext ist, während er dennoch ziemlich kurz bleibt.

Das kognitive Wiedererkennen könnte nun einfach so funktionieren, daß der sensorische Input mit demselben Hash-Algorithmus wie für das Einprägen behandelt wird – und dann nachgeschaut wird, ob dieser Hash zu irgendeinem der gespeicherten paßt. Dieser Hash-Algorithmus ist natürlich nicht eine fixe Prüfsumme; vielmehr handelt es sich um diejenigen Abstraktionsprozeduren der sensorischen Verarbeitung, die das jeweilige Individuum im Verlauf seines Lebens ausgebildet hat, was bedeutet, daß sie für dieses Individuum einzigartig sind, daß jeder von uns dies auf seine ganz eigene Weise erledigt.

Was wäre wohl die sinnvollste Kurzform für das Erinnern von Kategorien und Spezifika? Ein Hash ist keine Abstraktion und auch keine Kurzfassung des Volltexts, der es an Details mangelt. Eine Abstraktion wäre die sinnvollere Kurzform, um Kategorien darauf aufzubauen. Eine abstrakte oder Prototyp-Kategorie ist das genaue Gegenteil eines Message Digest, da sie gegenüber den Details unsensibel ist (ein Attraktionsbassin erlaubt den »lockeren Sitz«, der für eine Abstraktion nötig ist).

Ausreichende Detailliertheit für das Erinnern per se ist jedoch eine andere Sache. In Kapitel 5 habe ich das Problem diskutiert, wie neue Attraktionsbassins inmitten all der alten generiert werden. Denken Sie daran, daß jedes Sechseck des kortikalen Arbeitsraums eine etwas andere Geschichte hat, weil Grenzen und Barrieren bei vergangenen Gelegenheiten unterschiedlich lokalisiert waren; die *Apfel*-Resonanz muß sich nicht überall mit derjenigen für *Banane* überlappen. Jedes Sechseck weist eine unterschiedliche Sashimi-Schichtung auf, die aus seinen speziellen Schultafel-Geisterbildern von Kurzzeit-Attraktoren und von seinen speziellen Langzeiterinnerungen herrühren.

144

Wenn kein Kopieren ein spatiotemporales Muster samt Fehlerkorrektur aktiv beibehält, können sich Attraktoren so verändern, daß sie zu einem lokal eingebetteten passen. Ein Muster, das dem eines existierenden Attraktors eines Hexagons ähnelt, wird einfach eingefangen, so verändert, daß es zu dem paßt, das von einem alten Attraktor begünstigt wird, und das Original geht verloren. Nur in denjenigen Sechsecken, wo das neue Muster keinem existierenden Attraktor nahekommt, erhält es die Chance, exklusiv in der Konnektivität eingebettet zu werden.

Größere Territorien machen es wahrscheinlicher, daß ein neuartiges spatiotemporales Muster der Zwangsjacke alter Attraktoren entkommen und so erfolgreich eingeprägt werden kann, sowohl kurzzeitig wie konsolidiert langfristig. Man beachte, daß dies demselben Ziel dient wie die Hash-Suche nach einer bereits vorhandenen Übereinstimmung (auch wenn es nicht eine neuartige Version der Kurzform garantiert, wie das bei einer typischen Hash-Prozedur der Fall ist, sondern diese nur erleichtert, indem es sich eines großen geklonten Territoriums bedient, um viele unterschiedliche Sechsecke auszuprobieren).

Und warum eine Kurzform und nicht die Sache selbst? Angesichts der Schwierigkeiten, mit einer nur einmal besetzten Kategorie wie beispielsweise einem Eigennamen umzugehen, bedingen die einer Langform inhärenten Details wahrscheinlich eine fröhliche Jagd durch eine ganze Reihe von Sechsecken oder globalen Attraktorräumen, um diese Details auszuarbeiten. Das läßt vermuten, daß erst einmal in mehreren Zügen der Boden bereitet wird, um zu korrekten Ergebnissen zu kommen, vielleicht indem mehrmals hintereinander das Territorium mit einer Reihe von unterschiedlichen aktiven Mustern gepflastert wird, um die Sashimi-Schichten in solch eine Form zu bringen, daß das korrekte Attraktionsbassin betreten wird. (Selbst in einem Buch mit einem guten Register muß man oft viele Seiten umblättern, ehe man eine zitierbare Langform lokalisiert hat.)

Charakteristische Aktivitätsmuster werden natürlich nicht aus dem Nichts erzeugt. Viel wahrscheinlicher ist es, daß es mit zufälligen Feuermustern beginnt, die zu Sinnvollem konvergieren. Musterbeispiel einer Kategorie zu finden, könnte also heißen: mit einer Reihe von Kurzformen, mit denen sich das Orchester warmspielt, den Boden für eine detaillierte Kategorie zu bereiten.

Die ersten paar »Noten« der spatiotemporalen »Melodie« – wie in meiner Diskussion der Übungsschleifen als eine spatiotemporale Mimikry des Lernens beim Aufbauen episodischer Erinnerungen (S. 101) – könnten als eindeutige Hash-Identifikation ausreichen, wenn sie vom einen zum anderen Mal wiederholbar sind und – als Gruppe – einen großen Variantenreichtum aufweisen.

Was immer als Kurzform-Signatur für die Wiederherstellung der Langform dienen mag, dies soll illustrieren, wie Kategorien (einschließlich Sequenzen wie etwa neuartige Bewegungen und episodische Erinnerungen) in detaillierte Untereinheiten zerfallen könnten. Die Kategorienrepräsentation braucht dann einfach nur die Kurzformen miteinander zu verknüpfen. Wegen der Beliebigkeit dieses zusammengesetzten Musters können weitere Überlagerungen für eine Kategorie von Kategorien stehen (beispielsweise *Nahrung*, was *Früchte* einschließt, was wiederum *Apfel* und *Banane* einschließt). Und wobei *Nahrung* wiederum ein Teil von *unbelebte Objekte* sein kann.

Man beachte, daß hier nichts eine konsistente Hierarchie erfordert: Sowohl *Apfel* als auch *Früchte* könnten vollwertige Mitglieder von *Nahrung* sein, auch wenn *Apfel* selbst ein Mitglied von *Früchte* ist. Die reale Welt ist voller Kategorienfehler und voller Abkürzungen. Ich stelle mir vor, daß das Gehirn häufig sich des Äquivalents von Hypertext-Links bedient: Statt in einem Hierarchiebaum zurückzugehen, um einem anderen Ast zu folgen, scheinen wir zwischen den Ästen wie ein Eichhörnchen zu springen. Ziemlich chaotisch, aber schnell – und in der Regel genügen Lösungen, die gerade eben mal gut genug sind.

In meiner musikalischen Analogie ist jeder Knoten einer Dreiecksanordnung eine Note auf der Tastatur des Klaviers. Das Sechseck enthält die gesamte Tastatur (wenn auch nicht in einer bestimmten Reihenfolge). Das spatiotemporale Muster innerhalb des Sechsecks ist eine Melodie.

Es könnte eine Melodie sein, die sich mit einem Finger spielen läßt wie beispielsweise die gregorianischen Gesänge des 7. Jahrhunderts, die gemächlich von einer Note ohne große Intervallsprünge zur nächsten fortschreiten. Vielleicht aber feuern in diesem Sechseck auch mehrere Noten zugleich wie bei den mittelalterlichen Kirchenchorälen des 10. Jahrhunderts, wo einige Stimmen eine Quinte (ein Frequenzverhältnis von 3:2, sieben Halbtöne auseinander) oder eine Oktave (2:1, zwölf Halbtöne auseinander) höher als die anderen sangen, wenn auch in stetem Gleich-schritt mit den anderen.

Und jetzt zu unserem Problem des spatiotemporalen Musters für eine Kategorie: es könnte einer Überlagerung unterschiedlicher Melodielinien ähneln, so daß zwei Stimmen sich nicht mehr parallel bewegen (in der europäischen Musik kam es schließlich im 13. Jahrhundert dazu). Kontra-punkt und kompliziertere Aspekte der Harmonie werfen die Frage auf, was abgesehen von jenen Oktaven und Quinten noch zusammenpaßt. Bei den Dur- und Molltonarten beispielsweise (Grundlage der abendländi-schen Musik seit dem Barock) gelten nur bestimmte Halbtöne (sieben von den zwölf einer Oktave) als gut genug zueinander passend, um Akkorde zu ergeben.

Gut zueinander zu passen könnte natürlich für die tatsächlich ausge-führte Überlagerung nicht von Belang sein. Dank Hebbs zweispurigem Gedächtnis gibt es eine weitere Möglichkeit: Es könnte für das Wiederab-rufen des spatiotemporalen Musters aus der rein spatialen Konnektivität von Bedeutung sein. Ja, man kann vorübergehend alles überlagern, doch nur bestimmte Muster bleiben wahrscheinlich lange genug hängen, um eine Minute später wieder aufgerufen werden zu können.

Ich will die Musik zwar nur als eine anschauliche Analogie benutzen, doch sie erinnert uns daran, daß das, was gut zueinander paßt, eine Basis im Gehirn haben muß, die entweder angeboren oder erworben ist. Es könnte sein, daß Musik uns beim Durchsortieren der vielen möglichen lokalen neuralen Schaltungen innerhalb der Sechsecke des Gedächtnis-ses leitet, einfach weil die Musik irgend etwas am menschlichen Geist reflektiert.

Vieles von dem, was der Kortex tut, spielt sich vermutlich gar nicht in Dreiecken ab (die Anordnungen bilden sich aufgrund der oberflächli-chen Pyramidenneuronen, die nur rund 39 Prozent aller neokortikalen Neuronen ausmachen) und ist daher in diesem musikalischen Rahmen von Noten, Akkorden, Kontrapunkt und Chören gar nicht vertreten. Bei meiner Theorie der Darwin-Maschine habe ich nicht versucht, alle mög-lichen kortikalen Details in Betracht zu ziehen; insbesondere habe ich nicht versucht, die perzeptuellen Transformationen oder das Lernen zu berücksichtigen, mit denen sich die meisten Neokortex-Theoretiker beschäftigen.

Meine Theorie ist insofern eher abstrakt, als sie eine Theorie auf mechanistischer Ebene über Abstraktionen per se ist. Sie bekommt sogar solch multimodale Langstrecken-Kategorien wie etwa *Kamm* in den Griff.

Als die Theorie um 1945 im Entstehen begriffen war, ging mir auf, daß die Fakten, auf denen das Zellensemble basierte, zugleich die Möglichkeit dessen einschlossen, was ich damals einen übergeordneten Verband nannte. Wenn eine Gruppe von Verbänden wiederholt aktiviert wird – simultan oder nacheinander –, werden jene kortikalen Zellen, die infolge der Primäraktivität regelmäßig aktiv werden, selbst zu einem übergeordneten Verband oder Verband zweiter Ordnung organisiert. Die Aktivität dieses Verbandes repräsentiert dann jene Kombination von Ereignissen, die für sich allein die Verbände erster Ordnung organisierten. Wenn ein Baby erst einmal Verbandsaktivitäten für Linien unterschiedlicher Ausrichtung im Gesichtsfeld entwickelt hat und dann wiederholt einigen dreieckigen Objekten ausgesetzt ist – um nur das einfachste Beispiel zu nennen –, könnten die Aktivitätskombinationen der drei Verbände zur Ausbildung eines Verbandes höherer Ordnung führen, dessen Aktivität die Wahrnehmung des dreieckigen Objekts selbst ist und nicht seiner drei Seiten als solcher. Es könnte sich um einen Verband zweiter Ordnung handeln, wenn das Objekt immer in derselben Ausrichtung wahrgenommen wird, oder einen Verband dritter Ordnung, der auf die gleiche Weise durch die wiederholte Exzitation von Verbänden zweiter Ordnung gebildet wurde und der dadurch in Gang gesetzt wird, daß das Objekt in unterschiedlichen Ausrichtungen gesehen wird.

Donald O. Hebb, Essay on Mind, 1980

8 | Konvergenzzonen mit einem Schuß Sex

Symbolische Informationen werden interpretiert, weil wir uns zu akzeptieren weigern, daß irgendwelcher Input bedeutungslos ist. Zeigt man uns einen Tintenfleck, sehen wir Fledermäuse, Hexen und Drachen. Diese Weigerung zu akzeptieren, daß Input nur Rauschen ist, ist die Grundlage der Wahrsagerei mittels Tarot-Karten, Teeblättern, den Lebern und Schulterblättern von Tieren oder den Stöckchen des I Ching. John Maynard Smith, 1993

Der Langstrecken-Kommunikation innerhalb des Gehirns fällt die Aufgabe zu, quer über die sensorischen Modalitäten hinweg Informationen abzugleichen. Ich behaupte das, weil – obwohl es multisensorische Neuronen im Kortex gibt – wir aus Schlaganfällen schließen können, daß die Gedächtnisspuren für die visuellen Aspekte eines Objekts ziemlich dicht am visuellen Kortex liegen, während diejenigen für die auditiven Aspekte desselben Objekts an der Peripherie des auditiven Kortex lokalisert sind.

Und doch assoziieren wir sie größtenteils ziemlich gut. In *Wie das Gehirn denkt* habe ich zu diesem Thema ausgeführt:

»Die wirklich interessante graue Substanz ist diejenige in der Großhirnrinde, denn dort werden vermutlich die meisten neuen Assoziationen hergestellt – dort wird der Anblick eines Kammes mit dem Gefühl eines Kammes in Ihrer Hand verknüpft. Die zerebralen Codes für Sehen und Fühlen sind unterschiedlich, aber sie werden im Kortex verbucht, und zwar zusammen mit den Codes für das Hören des Wortklanges [kam] oder dem Hören des charakteristischen Geräuschs, das die Zähne eines Kammes machen [wenn man mit dem Fingernagel darüberfährt]. Sie können einen Kamm im Grunde auf all diese Weisen identifizieren. Man vermutet, daß es spezielle Orte im Kortex gibt, sogenannte ›Konvergenzzonen für assoziative Erinnerungen‹, wo diese verschiedenen Modalitäten zusammenlaufen.

Auf der Produktionsseite stehen verknüpfte zerebrale Codes für das Aussprechen von [kam] und für die Erzeugung der Bewegungen, die einen Kamm durch Ihr Kopfhaar führen. Daher erwarten wir zwischen der sensorischen Version des Wortes ›Kamm‹ und den verschiedenen Bewegungsmanifestationen ein Dutzend verschiedener kortikaler Codes zu finden, die mit Kämmen assoziiert sind.«

Wie integrieren wir nun all diese separat gespeicherten Codes zu einem Obercode für *Kamm*? Oder sein Äquivalent, einen Prozeß, der irgendwie in der Lage ist, all jene Aspekte miteinander zu assoziieren?

Im Vergleich zu den nur Millimeter langen Dendriten sind die vom Gehirn zu bewältigenden Entfernungen enorm. Mein längstes ununterbrochenes Axon ist vermutlich dasjenige, das dünner als ein Haar von der Spitze meines großen Zehs bis zu den dorsalen Kolumnennuklei oberhalb meines Nackens verläuft – fast zwei Meter weit. Die Entscheidung darüber, einen Impuls auf diese lange Reise zu schicken, fällt größtenteils innerhalb eines 0,1-mm-Segments am Anfang des Axons.

Die Reise dauert auch einige Zeit, und Entfernungen in Übertragungszeiten zu messen macht oft mehr Sinn als sie in Metern oder Kilometern zu messen. Ähnliches gilt für Überlegungen hinsichtlich des Gehirns: Weiter oben (S. 49) habe ich Vermutungen angestellt, daß meine Dreiecksanordnungen besser in Übertragungszeiten als in tatsächlichen Distanzen zu erfassen wären. Die Übertragungsgeschwindigkeiten von Axonen variieren sehr stark, und das gilt sogar für unterschiedliche Axonverzweigungen eines einzigen Neurons.

Einen Impuls von der einen Gehirnhälfte in die andere zu schicken braucht so lang, wie einen das Rückenmark hinunter zu senden, auch wenn die Entfernungen um das Zehnfache differieren. Der Grund dafür ist, daß die Bahn durch das Corpus callosum so langsam ist. Für eine schnellere Übertragung wäre mehr Myelin-Isolierung nötig, und dann würden nicht so viele Axone in den begrenzten Raum des Corpus callosum passen. Bei Tieraffen bilden sich rund 70 Prozent der bei Geburt im Corpus callosum vorhandenen Axone im Verlauf der ersten sechs Monate postnataler Entwicklung zurück. Ich sagte, die Axone bilden sich zurück, denn der Neuronentod ist in dieser Phase nicht sonderlich ausgeprägt; die Zahl von 70 Prozent bezieht sich mit Sicherheit nur auf die Rückbildung oder das Ausdünnen einiger Axonzweige eines Neurons, nicht auf den Tod des gesamten, baumähnlichen Neurons.

Was sind das überhaupt für Neurone, die ihre Axone über so weite Entfernungen zwischen den Hemisphären und innerhalb einer Gehirnhälfte von vorn nach hinten schicken? Die Hauptpipelines für die langen kortikokortikalen Verbindungen wie beispielsweise den Fasciculus arcuatus, der Temporal- und Frontallappen verbindet, sind seit langem bekannt. Doch es gibt auch Punkt-zu-Punkt-Verbindungen, wie vor einem halben Jahrhundert in den Tagen der Strychnin-Neuronographie entdeckt wurde. Sie sind ziemlich weit verbreitet, und mit modernen neuroanatomischen Techniken hat man herausgefunden, daß sie vielleicht zu Makrokolumnen und Schichten organisiert sind. Wofür sind also die Pipeline- und die gepunkteten Projektionen über weite Entfernungen gut? Sicherlich beeinflussen sie entfernte Attraktionsbassins in die eine oder andere Richtung. Aber könnten sie auch Sechsecke wie ein *faux* Fax klonen?

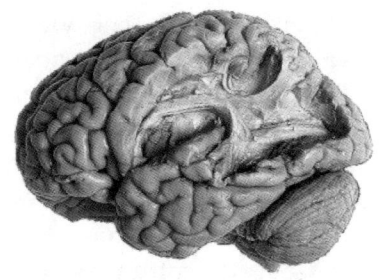

Es gibt zwei Typen von kortikokortikalen Projektionen: zum einen die, die innerhalb der kortikalen Schichten bleiben, und zum anderen jene, die unten durch die weiße Substanz hindurchgeschleift werden. Die ersteren, bei denen es sich um die intrinsischen horizontalen Verbindungen der vorangegangenen Kapitel handelt, sind größtenteils lokal (allerdings kann das auch ein paar Millimeter bedeuten), während die letzteren weite Entfernungen überwinden können wie beispielsweise von der einen Gehirnhälfte via Corpus callosum in die andere; allerdings legen die meisten davon nur einen U-förmigen Weg durch die weiße Substanz eines Gyrus zurück, und dann enden sie in einem nicht angrenzenden Bereich des Kortex, der bloß ein paar Zentimeter entfernt liegt.

All diese Axone können von einem der Oberflächen-Pyramidenneuronen herkommen, die wir diskutiert haben. Die langen Axone, die den Weg durch die weiße Substanz nehmen, enden typischerweise (wenn auch nicht ausschließlich) in denselben Oberflächenschichten, von denen sie ihren Ausgang nahmen. Bislang haben wir uns nur um die Axonverästelungen gekümmert, die *seitwärts* innerhalb der Schichten 2 und 3 verlaufen, ohne einen Bogen durch die weiße Substanz zu machen. Diese

Querverbindungen sind vielleicht internen Telefongesprächen mit benachbarten Büros vergleichbar, die U-Axone mit Ortsgesprächen innerhalb derselben Stadt und die langen Us mit Ferngesprächen.

Bei einigen kortikalen Arealen könnte es sich um das handeln, was Damasio »Konvergenzzonen« nennt: einen Sammelpunkt für disparate Modalitäten. Eine Konvergenzzone denke ich mir so ähnlich wie eine Ferngesprächvermittlung, die eine Telefonkonferenzschaltung einrichtet und dabei als Zentrum dient, das wie ein Trichter alle Gespräche bündelt und wieder ausstrahlt. Natürlich könnte solch eine Schaltung auch ohne Zentrum dadurch eingerichtet werden, daß etwa bei einer Konferenz eines halben Dutzends von Komiteemitgliedern eine Verkettung herbeigeführt wird, indem jede Person mit einer zweiten Telefonleitung ein weiteres Mitglied über den Konferenz-Knopf des Telefons mit der Konversation verbindet.

Die Analogie des Telefonnetzes führt vielleicht in die Irre: zum einen weil das Telefonsystem seinem Wesen nach Punkte mit Punkten verbindet, zum anderen weil die Art und Weise, wie Verbindungen aufgebaut und bis zum Auflegen offengehalten werden, so anders ist. Auf Datenpaketen basierende Netze stellen eine Alternative dar, wenn beispielsweise Web-Seiten auf der Maschine des Klienten gezeigt und manipuliert werden, ohne daß der Server oder das vermittelnde Netz davon etwas mitbekommen. Wir neigen dazu, uns jene langen kortikokortikalen Axonbündel wie Glasfaserkabel vorzustellen, die mittels Tausender winziger Licht-»Röhren« ein Bild übertragen.

Natürlich kann bei dieser Übertragung von Licht allerhand schiefgehen, wenn das Glasfaserbündel nicht sorgsam zusammengesetzt wird; die Hersteller müssen gewährleisten, daß die am Ende des Senders benachbarten Glasfasern auch am Ende des Empfängers Nachbarn sind. Ein inkohärentes Glasfaserbündel könnte Gesichter à la Picasso falsch

zusammengesetzt wiedergeben, und bei den neuralen Verdrahtungen gibt es mit Sicherheit viele solcher Mängel.

Und das Ausfächern der Verbindungen am entfernten Ende (S. 30) ist auf eine weitere – schwerwiegende – Weise ganz anders als das Ende eines Glasfaserkabels. Ein Axon fächert sich auf, um sich mit Dutzenden von Empfangsstationen zu verbinden, die über fast einen Millimeter verstreut sind. Eine solche Zuordnung vom Punkt in die Fläche – wie beim Lichtstrahl einer Taschenlampe – macht jede Art von Punkt-zu-Punkt-Zuordnung nur noch schwieriger.

Auf den ersten Blick sieht es also danach aus, daß die kortikokortikalen Bündel erheblich schlechter sind als jene inkohärenten Glasfaserkabel, die den Produktionsausschuß darstellen – solange natürlich da nicht etwas anderes passiert, das mit unseren technischen Analogien der Faxgeräte und Glasfaserkabel nicht abgedeckt wird. Und in der Tat lassen uns die Dreiecksanordnungen das Ausfächerungs-»Problem« in anderer Perspektive sehen – sie verwandeln es sogar in einen Vorteil.

Auch im Ziel-Kortex könnte es mittels der fehlerkorrigierenden Standardisierung zum Sechseck-Klonen kommen, so daß das am sendenden Ende aktive spatiotemporale Muster hier reproduziert wird. Ich meine das nicht im Sinn einer Punkt-zu-Punkt-Videoübertragung, sondern eher wie eine Rekonstitution der »Webart« des Tuchs, ohne daß das Muster in vollem Umfang wiedergegeben wird, jener sich dynamisch verändernde Fleck auf dem Flickenteppich. Bei diesem Schema wird nicht der gesamte Chor wiedererschaffen, sondern nur eine kleinere Anzahl von Sängern, die nichtsdestotrotz dasselbe Lied singen und ihrerseits nun Nachbarn rekrutieren können, um einen weiteren Chor zu bilden. Vielleicht sogar einen noch größeren.

Für den Anfang brauchen wir einen Ton jener Melodie und seine Dreiecksanordnung, ja sogar nur eine ihrer synchronisierten Zellen. Im Moment gibt es an dem entfernten Endungsfächer des einen Axons noch keine Daten, nichts, was im Detail mit jenem Punkt-zu-Ring-Ausfächern der nahegelegenen Äste mit den stillen Lücken vergleichbar wäre, die wir in Kapitel 2 beschrieben haben. Wir wissen, daß es jene entfernte Auffächerung von Enden gibt, die die Dimensionen von Makrokolumnen erreichen, aber nicht viel mehr. Folglich mußte ich eine theoretische Annahme hinsichtlich der Enden am anderen Ende der Fernleitung machen: daß es sich im Durchschnitt um eine Punkt-zu-Ring-Auffächerung handelt, die derjenigen zu Hause in den 0,5 mm um das Eltern-Neuron herum gleicht (beziehungsweise Minikolumne, S. 56), welche das seitliche Ausgreifen auf kurzem Weg strukturiert. Das ist wie beim Strahl einer Taschenlampe mit einem zentralen hellen Fleck und einem hellen Ring an der Peripherie. Diese kleine Annahme bringt im Vergleich zur

Angenommen, zwei aneinandergrenzende Mitglieder derselben Dreiecksanordnung schicken zusätzlich zu ihren lokalen Axonzweigen ein Axon durch die weiße Substanz, das aufgefächert im homologen Bereich endet.

Auch wenn nur zwei der sieben sich überlappen, besteht die Möglichkeit, einen Teil der Dreiecksanordnung im entfernten Kortexbereich zu rekonstituieren, da die EPSPs synchron sind.

Die das Ziel verfehlenden Axone sorgen nur für ein Hintergrundrauschen, vor dem sich die Synchronität gut abhebt. Da viele Mitglieder der ursprünglichen Dreiecksanordnung zu Koinzidenzen beitragen, könnten die scheinbar diffusen Viele-zu-vielen-Projektionen nichtsdestotrotz in der Lage sein, eine Anordnung zu rekonstruieren. Bei genügend vielen solcher Anordnungen wird das ursprüngliche spatiotemporale Muster ebenfalls im Sechseck wiedererschaffen, und zwar nach Art und Weise der fehlerkorrigierenden Codes.

Punkt-zu-Fläche-Alternative eine ganze Menge.

Jeder einzelne Punkt im Ziel-Kortex bekommt Input von einer Anzahl von Punkten im sendenden Kortex. Wieviel? Er könnte jeweils einen vom homologen Punkt zu Hause bekommen, genau gezielt für eine Punkt-zu-Punkt-Entsprechung. Doch zu Hause ist zugleich eine synchron feuernde Dreiecksanordnung aktiv. Folglich könnte derselbe Punkt im Ziel-Kortex noch weiteren Input von der Auffächerung der Axonen in einem angrenzenden Punkt der sendenden Dreiecksanordnung bekommen. Ja, sechs solcher Dreiecksknoten zu Hause könnten auf diese Weise Kontakt zu dem entfernten Punkt herstellen, was eine Summe von sieben synchronen Inputs ergibt – falls unterwegs nichts verlorengeht. Nehmen wir an, daß die Hälfte der potentiellen Axonenden verloren sind. Dennoch braucht es vielleicht nur ein paar synchrone Inputs, um ein Neuron zu rekrutieren, wenn sie oft genug wiederholt werden. Wenn dasselbe 0,5 mm entfernt passiert, kann das Paar seine eigene Dreiecksanordnung in Gang setzen. Eine temporale Streuung würde auch kein sonderliches Problem darstellen. Das Synchronitätskriterium läßt es zu, daß die beiden Ankömmlinge zeitlich ziemlich versetzt sein können; die temporale Summierung der Inputs hängt von der Abklingzeit der PSPs ab, und eine Streuung von wenigen Millisekunden dürfte nicht viel ausmachen. Bei den Endungen in den Oberflächenschichten sind vermutlich NMDA-Mechanismen mit am Werk, und angesichts der Tatsache, daß all die Wiederholungen die Mg^{++}-Stöpsel in den NMDA-Kanälen (S. 44) herausspülen, könnten wiederholte Zweiergruppen (zumindest bei Zimmertemperatur dauert die Wiederbesetzung der NMDA-Kanäle durch MG^{++} Zehntel bis Hundertstel von Millisekunden) mithelfen, ein Ziel-Neuron zum fast synchronen Feuern mit seinen entfernten »Eltern« zu rekrutieren.

Selbst wenn man von einer ziemlichen Ungenauigkeit in den topographischen Entsprechungen und einem gewissen Maß von temporaler Streuung entlang des Übertragungswegs ausgeht, denke ich doch, daß ein genügend großer sendender Bereich ein kleines Territorium mit ähnlichen Anordnungen im Zielkortex besetzen kann (mit der Ausnahme vielleicht, daß es zu einer Veränderung in der 0,5-mm-Metrik kommt, um sich der für die Zielregion typischen Metrik anzupassen). Die Fehlerkorrektur kann eine Standardversion der Ein-Ton-Dreiecksanordnung im entfernten Kortex ausgestalten. Wenn das mit vielen der Dreiecksanordnungen passiert, kommt das spatiotemporale Muster im Ziel-Kortex wahrscheinlich der zu Hause gespielten Melodie recht nahe.

Die entfernten Endungen könnten auch über einen zweiten Ring von aufgefächerten Ästen verfügen, wie zu Hause im doppelten Abstand der lokalen Metrik beobachtet wurde; das würde weitere sechs synchronisierte Inputs ermöglichen. Nur ein paar der dreizehn würden ausreichen, um einen sich wiederholenden Knoten zu starten; und nur zwei solche benachbarte Knoten genügen, um eine lokale Dreiecksanordnung in Gang zu bringen, die sich selbst ausweiten kann.

Die vagabundierenden Endungen sorgen natürlich für ein gewisses Maß von Hintergrundrauschen. Dies könnte das Muster verschleiern (S. 125), doch das läßt sich auf zweierlei Weise verhindern. Erstens: genau wie das Sehen mit zwei wenige Zentimeter entfernten Augen Szenerien verdeutlichen kann, die für ein Auge allein zu verrauscht wären, setzen wir ein halbes Dutzend oder mehr Elemente der sendenden Anordnung in Gang, die alle in einem Punkt konvergieren. Zweitens: ich vermute, daß dank der lokalen automatischen Aussteuerung (S. 92) die Synchronität sich deutlich vor Inkohärentem abhebt. Denken Sie an ein Meer, aus dem Inseln emporragen. Wenn die Fehlerkorrektur lokal ans Werk geht, wird ihre Positionierung zu einer Dreiecksanordnung zugespitzt. Wenn die automatische Aussteuerung den Meeresspiegel steigen läßt, werden die potentiell verschleiernden inkohärenten Resonanzen abtauchen.

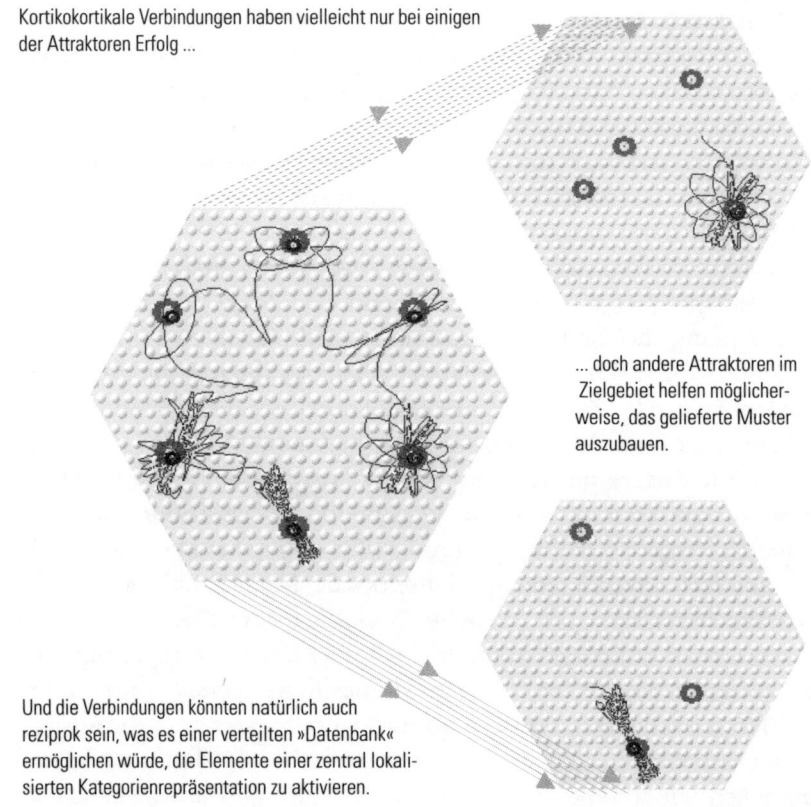

Kortikokortikale Verbindungen haben vielleicht nur bei einigen der Attraktoren Erfolg ...

... doch andere Attraktoren im Zielgebiet helfen möglicherweise, das gelieferte Muster auszubauen.

Und die Verbindungen könnten natürlich auch reziprok sein, was es einer verteilten »Datenbank« ermöglichen würde, die Elemente einer zentral lokalisierten Kategorienrepräsentation zu aktivieren.

Folglich haben wir hier in einiger Entfernung eine Wiederholung der Dreiecksanordnung von zu Hause. Und das trifft auf alle Dreiecksanordnungen dort zu, von denen sich jede für unterschiedliche Merkmale eines Inputs interessiert (oder zu verschiedenen Aspekten eines Outputs beiträgt).

Wir haben das Sechseck in einem entfernten Kortexbereich geklont, ein *faux* Fax. Und das ist genau die Art von Mechanismus, die man braucht, um verteilte Punkte einer Datenbank miteinander zu verknüpfen – die Frage, die wir uns in Kapitel 7 stellten.

Zwei aneinandergrenzende Sechsecke, die im entfernten Kortex beginnen, dasselbe Lied zu singen, reichen aus, um einen Chor zu klonen, der dieselbe Melodie produziert, doch der Erfolg wird von exotischen (wörtlich zu nehmen: an einem anderen Ort) Resonanzen abhängen. Der relative Erfolg dieses spatiotemporalen Musters bei Klonwettbewerben müßte von denselben *Typen* von Faktoren abhängen wie im sendenden Kortex: Tendenzen zu den lokalen Attraktionsbassins.

Doch im Detail müssten sie sich unterscheiden, sie müssten auf eine andere Zusammenstellung von Resonanzen treffen und von unterschiedlichen Anteilen von Neuromodulatoren in die eine oder andere Richtung gedrängt werden – und so könnte der Wettbewerb am Ende ganz anders ausgehen als zu Hause. Genau wie es Emigranten in fremden Ländern gut oder schlecht gehen mag, könnten *faux*-gefaxte spatiotemporale Muster im entfernten Kortex völlig andere Verhältnisse vorfinden. Typischerweise würden sie natürlich aussterben, gelegentlich aber würden sie gedeihen.

Nicht alle Eltern-Attraktoren kommen vielleicht intakt an; und sollten sie dies doch tun, treffen sie auf einen Hintergrund passiver Attraktoren, der von dem zu Hause sehr verschieden ist, was sowohl an den Kurzzeit- als auch an den Langzeit-Erinnerungen liegt, die in den Ziel-Sechsecken residieren. Darüber hinaus können mehrere *faux* Faxe von unterschiedlichen Absendern gleichzeitig eintreffen – was bedeutet, daß wir eine neue Form von Wettbewerb haben, der zusätzlich zu dem in Kapitel 4 vorgestellten lateralen Wettstreit von Hunde- und Katzen-Platten Seite an Seite abläuft.

Aus all diesen Gründen sind die spatiotemporalen Muster in der Ziel-Region vielleicht nicht bloße Überlagerungen der Beiträger, wie man beim Jazz Melodien übereinanderlegt. In Hebbs zweispurigem Gedächtnissystem können sich Attraktoren in »zweisprachigen Gürteln« von ungleichzeitigen Besetzungen des Zielgebiets vermischen. Solche exotischen Kombinationen stellt man sich am besten – was vermutlich niemanden überrascht – vor, indem man zunächst einmal ein bißchen an Sex denkt.

Zu den Beschleunigungsfaktoren der Evolution zählt die Sexualität, und zwar sowohl im Sinn der Rekombination als auch in Darwins Sinn der sexuellen Auslese, die dazu dient, viel schneller elaborierte Pfauenräder zu schaffen als durch Umweltauslese allein. Ist unter all unseren Dichotomien irgend etwas, das dem Sex analog sein könnte?

Das Neuartige an der biologischen Erfindung der Sexualität war nicht der Austausch genetischen Materials (bei der bakteriellen Verschmelzung und bei den Retroviren gab es das damals wahrscheinlich schon eine Weile lang), sondern die Entwicklung von spezialisierten Vehikeln namens Gameten mit Energievorräten, die entweder der Mobilität oder der fötalen Entwicklung zugute kommen. Und das Interessante an Gameten ist, daß diejenigen gleicher Größe nicht stabil waren; als es erst einmal zu leichten Varianten hinsichtlich der gespeicherten metabolischen Energie gekommen war, trieb die nach Stabilität trachtende Evolution dies bis zu den Extremen von winzigen Spermien und großen Eiern. Dieser Dimorphismus der Gameten führte letztendlich zum größten Teil der sekundären Charakteristika von Männchen und Weibchen einschließlich ihrer unterschiedlichen Reproduktionsstrategien.

Weil Spermien billig sind (ein erwachsener Mann kann bis zu 40 Millionen *pro Tag* produzieren), verfügt ein Männchen über das Potential, eine fast unbegrenzte Anzahl von Nachkommen zu zeugen. Eier hingegen sind teuer, und so hat ein Weibchen nur ein wesentlich begrenzteres Nachwuchspotential (eine Frau wird mit ihrem gesamten *Lebensvorrat* von wenigen hundert Stück geboren, was immer noch um Größenordnungen mehr ist, als sie vermutlich je aufziehen kann). Auf der anderen Seite ist dem Weibchen wenigstens ein bißchen Nachwuchs so gut wie garantiert, jedenfalls im Vergleich zu einem Männchen, das wegen des Wettbewerbs um den Zugang zu den Weibchen möglicherweise überhaupt keinen bekommt. Bei vielen Spezies führt das dazu, daß die Weibchen hinsichtlich der Sexualpartner sehr wählerisch sind, während gleichzeitig die Männchen in dieser Hinsicht sich eher unkritisch verhalten.

Daß das Weibchen die Wahl trifft, ist die Triebkraft hinter der sexuellen Auslese; möglicherweise bevorzugt sie lange, glänzende Federn. Der Wettbewerb der Männchen untereinander (bei den Paarungssystemen nach Art eines Harems geht es darum, andere Männchen auszuschließen) selektiert hinsichtlich der Varianten der Testosteronproduktion. Das kann zu männlichen Gorillas führen, die doppelt so groß sind wie die Weibchen; die Auswirkungen der weiblichen Wahl sieht man bei den Pfauen ins Extrem getrieben (vielleicht fing das ganz vernünftig an, daß prächtige Federn die Gesundheit eines Männchens oder Gene für Resistenz gegenüber Parasiten anzeigten und dann das simple *Mehr-ist-besser*-Kriterium in endlosen Durchläufen die Dinge auf die Spitze trieb).

Um zu fragen, ob solch eine Art sexueller Auslese in einem System wie dem neokortikalen Sechseck-Wettbewerb ablaufen könnte, ist es nicht nötig, hier die traditionellen männlichen und weiblichen Geschlechterrollen zu identifizieren. Beispielsweise könnte ein simpler und ein komplexer

Code mit einer Tendenz zur Verschmelzung durchaus genügen. Solange es mindestens zwei allgemeine Typen von Codes gibt, die sich in einer erblichen Eigenschaft unterscheiden, welche die Reproduktion betrifft, kann etwas der sexuellen Auslese Vergleichbares am Werk sein.

Gelegenheiten zum Klonen gibt es für spatiotemporale Muster im Neokortex jede Menge, doch als die Hauptdichotomie von simpel und komplex haben wir bislang kurze Melodien aus einzelnen Tönen einerseits und lange Strophen mit Akkorden andererseits. Die Komplexität neuraler Muster ist offensichtlich kontinuierlich – aber das war ja schließlich auch bei der Energieinvestition der Gameten auf den ersten Blick so. Könnte es hier dieselbe Tendenz geben, ins Extrem zu gehen, weil Zwischenformen bei den Wettbewerben auf der Strecke bleiben?

Ein paar solcher Extreme haben wir in Kapitel 7 kennengelernt, als es um eine Analogie des Hash-Codes einerseits und des Volltexts andererseits ging, wodurch es möglich wurde, das Wiedererkennen kostengünstig zu erledigen (man verarbeitet das Eingehende zu einem Hash-Code und vergleicht diesen mit einer niederdimensionalen Datenbank von Hash-Codes der höherdimensionalen gespeicherten Gedächtnisinhalte), doch das aktive Erinnern erfordert mehr, nämlich eine teure Investition in die Rekonstruktion der Details (was vermutlich mit einer dazwischenliegenden Form von Repräsentation beginnt, dem Prototyp oder einer anderen Art von halbwegs passender Abstraktion). Dennoch können sich auch komplexe spatiotemporale Muster (bis zu der Größe, die noch in einem Sechseck enthalten sein kann) genauso klonen wie einfache.

Alles, was du siehst, wird die allwaltende Natur gar bald verwandeln und aus diesem Stoff anderes schaffen und wiederum anderes aus demselben Stoff, damit die Welt immer verjüngt sei.

Marc Aurel,
Selbstbetrachtungen

Doch die Produktion neuer Individuen (im Gegensatz zu bloß einem weiteren Klon) schließt sowohl den Fehler als auch die Rekombination ein. Gibt es bei der Rekombination eine mögliche, dem Sex vergleichbare Dichotomie? Wir kennen jetzt drei Typen von Überlagerung: Jene »internen«, die mit den intrinsischen horizontalen und Grenz-Überlagerungen zu tun haben, die »Ortsgespräche«, die mit den U-Faser-Projektionen innerhalb ein und desselben kortikalen Areals assoziiert sind (und oft innerhalb einer bestimmten sensorischen Modalität), und die »Ferngespräche«, bei denen unterschiedliche sensorische und motorische Moda-

litäten konvergieren können. Wir kennen auch mehrere Überlagerungs-
mechanismen – die aktiven ephemeren und die neuen Attraktoren in der
Konnektivität, die in Überlappungsgürteln Erfahrungen von verschiedenen Zeiten und Orten vermischen.

Zwei Strophen zu überlagern ist vermutlich schwieriger, als einer existierenden Strophe einfach nur einen Triller hinzuzufügen. Ein komplexes
spatiotemporales Muster einem anderen komplexen so zu überlagern,
daß es der Konnektivität eingebettet und später rekonstruiert werden
kann, ist sicherlich eine anspruchsvollere Aufgabe, als zwei einfache
Muster einander oder ein einfaches einem komplexen zu überlagern.

In der Biologie stellt sich immer die Frage, wie lebensfähig eine Rekombination ist. Die meisten erreichen nicht das Reproduktionsalter, was
entweder an der juvenilen Mortalität oder an spontanen Aborten liegt (das
passiert natürlicherweise beim Menschen bei 80 Prozent aller Befruchtungen). Kreuzen sich verwandte Spezies, kann es gelegentlich zu Hybriden
kommen, doch viele davon stellen eine Sackgasse dar, weil sie steril sind.
Also haben auch wir ein Kompatibilitäts-Problem, wenn wir mit einer
Sechseck-Konnektivität umgehen, die simultan viele verschiedene Attrak-

tionsbassins unterstützt: Einige überlagerte spatiotemporale Muster werden
von den existierenden Attraktoren eingefangen, andere nicht, und nur wenigen gelingt es, irgendeinen Aspekt des
Sechseck-Repertoires (vermutlich nur einen Triller seiner zahlreichen Melodien)
durch Abwandlung der Konnektivität zu
verändern.

Schimären wie das weibliche Mon-
ster der griechischen Mythologie, das
den Kopf eines Löwen, den Körper einer Ziege und den Schwanz einer
Schlange hatte, sind noch erheblich seltener als Hybriden. Dennoch begegnet man gelegentlich Individuen mit so verrückten Eigenschaften wie
zwei verschiedenen Blutgruppen, was darauf schließen läßt, daß zwei
Geschwisterföten in einem Frühstadium der Schwangerschaft zu einem
Individuum verschmolzen oder daß eine Mutter ein paar Zellen von
einem reifenden Fötus abbekam. Für Attraktorbassins kann man sich ähn-

liche Amalgamierungen vorstellen wie etwa in jenen Melodien von Charles Ives, in denen mit Schnipseln von *Yankee Doodle* gearbeitet wird. Obwohl er überall mitkopiert wird, könnte solch ein Eindringling nur in einem einzigen kortikalen Areal eine Bedeutung haben, genauso wie nur ein Teil des Genoms von den spezialisierten Zellen der Leber decodiert wird, aber bei der Mitose auch hier das gesamte Genom kopiert wird.

Das Rekombinationsproblem ließe sich natürlich umgehen, wenn die Konnektivität eine *tabula rasa* wäre: so plastisch, daß das Sechseck-Mosaik zu einem Puffer wird, der nur einen sehr detaillierten Attraktor in seiner Konnektivität festhält (und nicht Dutzende). Dazwischenliegende Ebenen von Plastizität würden multiple Melodien aus derselben Konnektivität erlauben, oder sie könnten es zulassen, daß alles, was älter als eine Woche ist, überschrieben wird. Und man kann sich auch eine Sechseck-Konnektivität vorstellen, die nur zögernd neue Attraktorflügel zufügt, und dies auch nur bei einigen ihrer Dutzende von unterschiedlichen Attraktoren. Das würde bedeuten, daß Paarungen von Simplem und Komplexem die am weitesten verbreiteten »neuen Individuen« darstellten, was in etwa der Art und Weise analog ist, wie die sexuelle Reproduktion durch die Rekombination einer kleinen und einer großen Gamete neue Individuen ausbildet.

Zusätzliche Eigenschaften hinzuzufügen führt natürlich zu einem *besonders seltsamen Attraktor* (Attraktoren mit mehreren Abteilungen wurden ursprünglich »seltsame Attraktoren« genannt, so etwa der zweiflügelige Schmetterlingsattraktor). Dies macht unseren Schuß Sex in Konvergenzzonen besonders seltsam.

Doch dieses neue Individuum ist nicht doppelt seltsam: Es trägt die Beiträge von beiden Elternteilen in fast gleicher Anzahl in sich, wie wir das von der vertrauten heterozygoten Methode her kennen, bei der häufig zwei Allele zur Verfügung stehen. Denken Sie sich solchen Nachwuchs eher als den nur eines Elternteils (ja, er *ist* dieser Elternteil, wenn auch modifiziert – aber da der Elternteil in zahlreichen Sechseck-Klonen existiert und vielleicht nur ein paar davon modifiziert wurden, kann das Eltern-Muster anderenorts weiterleben), wobei nur hier und da ein Hauch des anderen Elternteils hinzugefügt wurde.

Was das neue Individuum anstelle all jener alternativen Allele der echten Heterozygotie hat, ist vielleicht eine Arbeitsverbindung zum kleineren

Elternteil: Die Nabelschnur wurde nicht durchtrennt. Bei dem hinzugefügten Gegenwert eines Trillers könnte es sich um den Hash-Code handeln, der unter bestimmten Umständen anderswo im Neokortex ein spatiotemporales Volltext-Muster abruft und zurückschickt. Das neue Individuum könnte von seinem größeren Elternteil eine ganze Kollektion solcher Verbindungen zu anderswo liegenden Hexagonen mit ihren detaillierteren Attraktoren geerbt haben. Also haben wir jetzt nicht nur einen Kandidaten

Calvins Kamm

für das, was bei *Kamm* Anblick, Geräusch, Gefühl und Bezeichnung integriert, sondern auch einen Vorschlag, wie wir vielleicht mit einem trillergleichen Bindeglied ein neues Attribut hinzufügen (etwa die weggebrochenen Zähne, die ihn als *meinen* Kamm identifizieren helfen!).

Man kann sich reziproke Verbindungen oder auch seltsame Attraktoren denken, die zu gut funktionieren, so daß beispielsweise ein Stimulus in einer sensorischen Modalität eine starke Erinnerung in einer anderen evoziert (ein Element des Zustands, der als Synästhesie bekannt ist). Versagende Verbindungen könnten vermutlich zu einer Vielfalt von kleineren (Anomie) und größeren (Agnosie) Beschwerden führen, weil einfach die entsprechenden Zusammenhänge nicht hergestellt werden.

Die Komplexität eines Attraktors zu erzeugen kann teuer sein, muß aber nicht (einfache Regeln können komplexe Konsequenzen haben), auf jeden Fall aber ist sie sicherlich über längere Zeiträume nur mit hohen Kosten aufrechtzuerhalten; das liegt an dem, was Ökonomen Opportunitätskosten nennen (in diesem Fall sind es die Kosten der verpaßten Gelegenheiten, der im Interesse der Persistenz oder Stabilität nicht wahrgenommenen Optionen). Wie groß die Festplatte auch sein mag, sie füllt sich rasch; sicherlich hat das Gehirn mit ähnlichen Problemen zu kämpfen, selbst in der Kindheit schon. Attraktoren aufrechtzuerhalten kostet etwas, was sich in der Regel in verlängerten Zugriffszeiten zeigt, die bei bestimmten Aufgaben die Leistung verschlechtern (ein Thema, auf das wir später zu sprechen kommen, auf S. 207).

162

Konkretes Denken liefert uns ein Beispiel für vorzeitiges Beenden, für das zu frühe Abbrechen einer Suche nach mentalen Verbindungen. Und wir können jetzt eine Möglichkeit erkennen, wie das passieren könnte: aufgrund eines Unterschieds in der Pluralität für erfolgreiche Verbindungen und in jener für ein erfolgreiches Beenden.

Das einfachste Modell für das Beenden ist das Beispiel aus Kapitel 4 (S. 72), wo es um das Entscheiden für eine Bewegung ging und verschiedene Kandidaten für Handbewegungen miteinander wetteiferten, bis eine gewisse Pluralität erreicht war, woraufhin subkortikale Mechanismen die Bewegungsfolgen mit dem stärksten Chor starteten. Nennen wir diese für die Aktion erforderliche Pluralität N_a. Die Aktivierung der $k$ten Verbindung aus demselben Territorium braucht N_k, um dasselbe spatiotemporale Muster in kleineren Zahlen im Zielkortex zu starten.

Nehmen wir an, für das Beenden zugunsten der Aktion ist normalerweise ein Chor von 100 Sechsecken nötig, während es nur 50 braucht, um eine Verbindung zu etablieren. Dann nehmen wir an, daß N_a auf 40 gesenkt wird, ohne daß die für die Verbindung erforderliche Zahl verändert wird, oder daß die für N_k erforderliche Zahl auf 125 angehoben wird, weil es im Zielgebiet Probleme mit dem Verhältnis von Signal und Rauschen gibt. In jedem Fall würde man agieren, ohne einige der verbundenen, anderenorts gespeicherten Attraktoren in Betracht zu ziehen. Und so hätte man Schwierigkeiten, Analogien zu erkennen. In Extremfällen könnten die unterschiedlichen sensorischen Repräsentationen ein und desselben Objekts sogar dissoziiert werden, wie es bei der Agnosie geschieht.

Die bei vielen kognitiven Prozessen beobachteten Reaktionszeiten von einer halben Sekunde und mehr sind unter dem Gesichtspunkt von Übertragungszeiten und synaptischen Verzögerungen rätselhaft, weil letztere alle eine Größenordnung kürzer sind. Addiert man zu der Zeit, die für das Rekrutieren eines lokalen Chors nötig ist, diejenige, die es braucht, um mittels einer Verbindung ein zweites Territorium auszubilden, dann erfordern Experimente mit transmodalen Vergleichen sogar fast eine Sekunde, einfach weil die Wiederholungen nötig sind, um nach und nach die Verbindungen auszubilden.

Wenn ein darwinistischer Prozeß im zerebralen Kortex abläuft, kann man sich jetzt vorstellen, wie die stratifizierte Stabilität zu einer Schicht von Konzepten führen kann, die nicht auszudrücken sind, es sei denn mit umschreibenden, inadäquaten Mitteln – beispielsweise wenn wir Dinge wissen, über die wir nicht sprechen können. Sie mittels sukzessiver Verbindungen in aussprechbare Konzepte zu zerlegen, bedeutet eine Menge zusätzlicher Arbeit über jenen Punkt hinaus, an dem man spürt, daß die Kriterien für das Problem erfüllt sind.

Kortikokortikale Verbesserungen sind hier ein interessantes Thema, da mit Sicherheit die kortikokortikalen Axone die meiste Zeit etwas Einfacheres erledigen als beliebige spatiotemporale Muster.

Wenn die Axonauffächerung am Zielort nicht darauf eingestellt ist, Dreiecksanordnungen wiederzuerschaffen, führt das vermutlich zu einer verzerrten Version des spatiotemporalen Musters am Ursprung. Der empfangende Kortex geht damit wahrscheinlich nach Art der kategorialen Wahrnehmung um und stimmt sich darauf ein, Spezialfälle zu erkennen. Wenn die Anzahl der Vokabeleinträge in der Größenordnung von Dutzenden bis Hunderten liegt, reicht das vermutlich aus.

Wir haben jedoch ein Vokabular von rund 10^5 und können es sogar noch auf neuartige Konzepte ausweiten, etwa wenn wir darüber spekulieren, wieviele Engel auf einer Nadelspitze tanzen könnten. Das läßt vermuten, daß wir unsere kortikokortikalen Verbindungen so verbessert haben, daß sie beliebige spatiotemporale Muster übertragen können. Ich werde dies am Ende des letzten Kapitels noch einmal diskutieren, wenn ich mir erlaube, kurz in die Universalgrammatik abzuschweifen; hier möchte ich nur herausstreichen, wie der Weg zur Verbesserung der Kortikokortikalen von Spezialfall-Codes zu beliebigen Codes verlaufen könnte.

- Nehmen wir an, eine Darwin-Maschine existiert bereits an beiden Enden, dann käme der Größe der sendenden Anordnung eine größere Bedeutung dafür zu, ob das spatiotemporale Muster des Ursprungs am Zielort wiedererschaffen wird.
- Wenn die Axonauffächerung nicht ausreichend vom Punkt zum Ring verläuft, dann könnte eine zusätzliche Punkt-zu-Fläche-Inhibition am Zielort helfen, diese auszubilden.
- Wenn die Axonauffächerung normalerweise früh während der prä- und postnatalen Entwicklung ausgedünnt wird, dann könnte die Neotenie helfen, die Auffächerung zu konservieren, bis Darwin-Maschinen-Aktivität begonnen hat, sie einzuüben.

164

Langstreckenverbindungen, so ist man versucht zu behaupten, sind so etwas wie eine ausgeweitete Familie. Wenn in einem Areal die lokale Geschichte der Klonwettbewerbe dazu dient, eine Gemeinschaft von interagierenden Individuen zu kreieren, dann sind die Langstreckenverbindungen so etwas wie die wissenschaftliche Welt in den Anfangsjahren der Royal Society, deren Mitglieder hauptsächlich mittels Briefen kommunizierten, die in vielen Kopien kursierten, und später dann mittels Veröffentlichungen.

Oder wie die virtuellen Gemeinschaften des Cyberspace. Solche interagierenden Gruppen weisen nicht alle Merkmale lokaler Gemeinschaften auf – beispielsweise kann man sich nicht bei den Nachbarn eine Tasse Zucker borgen. Aber dafür wird man auch nicht vom kläffenden Hund des Nachbarn genervt.

[Ein kritischer Ansatz in den Erziehungswissenschaften] basiert auf der evolutionären Erkenntnistheorie, die behauptet, daß wir niemals Wissen empfangen, sondern es vielmehr kreieren; wir erschaffen es, indem wir das Wissen modifizieren, das wir bereits haben; und wir modifizieren unser existierendes Wissen nur, wenn wir darin Unzulänglichkeiten entdecken, die uns bislang noch nicht aufgefallen waren. Ich akzeptiere das als eine Erklärung, wie Wissen wächst, und habe vorgeschlagen, daß Lehrer ihre Rolle dahingehend definieren, daß sie es sind, die das Wachstum des Wissens ihrer Schüler erleichtern.   *Henry Perkinson, 1933*

Einst meinte man, daß die Welt einfach da draußen ist, auf der anderen Sei-
te einer klaren sensorischen Fensterscheibe. Jetzt sind wir sicher, daß die
wahrgenommene Welt an sich ein Konstrukt ist, ein irgendwie unstabiles
Flickwerk mentaler Modelle, die teils von dem da draußen angeregt werden,
teils von genetisch bestimmten internen Grammatiken, teils von den lokalen
kulturellen Schablonen, die wir uns von Kindheit an zu eigen machen (ein-
schließlich der Sprache, mittels derer wir unser Weltverständnis kategorisie-
ren und kommunizieren). Es ist naiv, anzunehmen, daß Kultur und Sprache
einfangen, »wie die Dinge einfach sind«, und daher jeden zu fürchten oder
zu hassen, dessen innere Karten mit unseren eigenen nicht übereinstim-
men, doch es bedarf immer noch einiger Anstrengung zu erkennen, daß
unsere Welten in Übereinstimmung mit diesen internen Karten oder Theori-
en aufgebaut werden.   *Damien Broderick, 1966*

166

9 | Glockenspiele zur Viertelstunde

Ein Skript ist eine Struktur, die eine passende Abfolge von Ereignissen in einem bestimmten Kontext beschreibt. Ein Skript besteht aus Schlitzen und Bedingungen, was diese Schlitze füllen kann. Die Struktur ist ein miteinander verknüpftes Ganzes, und was in dem einen Schlitz ist, wirkt sich darauf aus, was in einem anderen sein kann. Skripts handeln von typisierten Alltagssituationen. Sie sind keinen großen Veränderungen unterworfen, und sie stellen auch nicht den Apparat zur Verfügung, mit vollständig neuartigen Situationen umzugehen. Ein Skript ist folglich eine prädeterminierte, stereotype Sequenz von Aktionen, die eine wohlbekannte Situation definiert. R. Shank und R. Abelson, 1977

Wir verspüren den Drang, ja, fast einen Zwang, eine wohlbekannte Sequenz zu Ende zu bringen. Denken Sie daran, wie man ein weinendes Kind dadurch ablenken kann, daß man ihm ein bekanntes Kinderlied vorsingt und es dann dazu bringt, das letzte Wort der Zeile beizusteuern. Das Kind reagiert darauf beinahe zwanghaft, so daß es oft seinen Kummer vergißt und schließlich mit dem Weinen aufhört.

Wir kreieren Sequenzen, wenn wir einen Satz sprechen, den wir noch nie zuvor geäußert haben, oder wenn wir beim Jazz improvisieren oder eine Karriere planen. Wir erfinden Tanzschritte. Selbst als Vierjährige können wir schon Rollen spielen und haben damit ein Abstraktionsniveau erreicht, das man noch nicht einmal bei den klügsten Menschenaffen beobachtet. Vieles an unserem über das Maß von Menschenaffen hinausgehenden Verhalten betrifft neuartige Verhaltensabfolgen, die oft zusammengesetzt sind: Phoneme werden zu Wörtern geballt, Wörter zu Formulierungen und Formulierungen (wie in diesem Absatz) zu komplizierten Sätzen mit darin eingebetteten Vorstellungen.

An Spielregeln kann man den Erinnerungsaspekt dieser Neuheit illu-

167

strieren: Bei Solitär beispielsweise, wo man Karten mit alternierenden Farben in absteigender Reihenfolge aufeinanderstapeln muß, müssen wir die möglichen Spielzüge mit den Regeln der seriellen Ordnung abgleichen. Sogar Vorschulkinder denken sich schon solche willkürlichen Regeln aus und bewerten ihre möglichen Aktionen danach. Viele von den möglichen Zügen, die wir beim Kartenspielen in Erwägung ziehen, verwerfen wir, wenn wir sie erst einmal anhand unserer seriell geordneten Erinnerungen an die Regeln überprüft haben. Wenn wir einen neuartigen Satz zum Sprechen vorbereiten, überprüfen wir unsere Kandidaten für Wortketten anhand in- und auswendig gelernter Ordnungsregeln, die wir Syntax und Grammatik nennen. Wir erinnern uns sogar an einzigartige sequentielle Episoden, ohne dies überhaupt zu beabsichtigen: Wenn man sich zu erinnern versucht, wo man seinen Schlüsselbund verloren hat, fallen einem oft die unterschiedlichen Orte ein, die man aufgesucht hat, seit man das letzte Mal einen Schlüssel benutzte.

Das Erzählen ist eine unserer Möglichkeiten, uns auszudrücken, eine der großen Kategorien, in denen wir denken. Der Plot ist ihr Handlungsfaden und ihre aktive Gestaltungskraft, das Produkt unserer Weigerung, die Zeitlichkeit bedeutungslos sein zu lassen, unseres sturen Insistierens, der Welt und unserem Leben Sinn geben zu wollen. Peter Brooks, 1984

Selbst in einem breiten Strom von Nonsens-Wörtern ist noch viel Information enthalten, was vermutlich der Grund ist, warum uns Charles Dodgsons Jugendgedicht erfreut: »Es sunnte Gold, und Molch und Lurch/krawallten rum im grünen Kreis,/den Flattrings ging es durch und durch,/ sie piepsten wie die Quiekedeis.«

Eine sequentielle Form ohne die leiseste Andeutung von Bedeutung kann genügen, um eine komplette Phrase aus dem Gedächtnis abzurufen. Manchmal genügt uns dafür das, was uns auf den ersten Blick total unverständlich aussieht (ich bin Dan Dennett für dieses wunderbare Beispiel einer gerade genügenden Verschleierung zu Dank verpflichtet).

Ah! philosophie, jurisprudence et médicine,
pour mon malheur! théologie aussi,
j'ai tout approfondi avec une ardeur laborieuse;
et maintenant me voici là, pauvre fou!
aussi sage qu'auparavent.

Selbst wenn Sie nur ein paar Wörter dieser Sprache beherrschen und noch nie die verblaßte, altmodische Typographie gesehen haben, finden Sie wahrscheinlich binnen weniger Minuten heraus, worum es sich bei diesem Zitat handelt. Das heißt, Sie können es als vertraut *wiedererkennen*, doch sich an alle Details zu *erinnern* bedarf größerer Anstrengung. Doch wenn Sie sich dann tatsächlich daran erinnern und sein Kurzform-Name, *X*, offensichtlich wird, dann ist es schwierig, zurückzuschauen und es als irgend etwas anderes als *X* zu betrachten (weil Ihr *X*-Attraktor aktiviert wurde und Varianten mit festem Griff einfängt).

Wir sind daran gewöhnt, daß wenige Fragmente genü- gen, und schon springt uns ein verborgenes Objekt ins Auge. Aber etwas weit weniger Vertrautes wiederzuerken- nen, und dies nur anhand der allgemeinen Form der Sen- tenz (und vielleicht der Kadenz, wenn subvokal gemur-  melt), zeigt, wieviel Information in der Form einer langen Kette enthalten ist. Extremfälle wie jener von Dennett illustrieren unseren gekonnten Umgang mit seriell geordneten Formen, die vermutlich in eher rigider Weise von Skripts ausgewertet werden – und natürlich allgemeiner und abstrakter durch Musik.

Wenn wir einen Satz zu verstehen versuchen, finden wir oft fehlende Informationen heraus, weil wir einem Wort begegnen, das mit bestimm- ten anderen Teilen der Kette verbunden sein muß. Ich diskutiere dies im 5. Kapitel von *Wie das Gehirn denkt* im Rahmen einer linguistischen Argu- mentationsstruktur: Ein Verb wie etwa *geben* braucht drei Substantive, die die Rolle des Handelnden, des Empfängers und des überreichten Objekts übernehmen. Wenn man *geben* begegnet, begibt man sich sofort auf die Suche nach diesen drei Substantiven oder substantivischen Phrasen. Nehmen wir an, auf einem Werbeplakat lesen wir *Gib ihm*. Leicht schließen wir daraus, daß der hier implizierte Akteur *Du* sein muß, doch der noch immer unvollständige Satz schickt uns sogleich auf eine zwang- hafte Suche nach dem Objekt, das gegeben werden soll (diese Technik soll dazu dienen, die Werbung besser dem Gedächtnis einzuprägen, indem länger bei ihr verweilt wird).

Können uns Sechseck-Klonwettbewerbe helfen, den Unterbau dieser Fähigkeiten, die Dinge miteinander zu verketten, zu erkennen? Und die Suche nach dem fehlenden Segment?

Maschinen, die multiple Zustände durchlaufen, sind das traditionelle Modell für Sequenzieren und schrittweises Vorgehen. In der U-Bahn von Barcelona beispielsweise gibt es Fahrscheinautomaten, bei denen ich erst den Typ des Tickets, dann die Anzahl der Mitfahrer eingeben, dann die Münzen einwerfen und dann das Ticket entnehmen muß. Der erfolgreiche Abschluß des einen Schritts bringt die Maschine dazu, in ihren nächsten Zustand überzugehen (allerdings schaltet sie sich manchmal wieder ab, wenn ich zu lange brauche, um die passenden Münzen hervorzukramen). In Barcelona gibt es sogar ein Automaten-Museum, das Robotern und Zustands-Maschinen des 19. Jahrhunderts gewidmet ist. Solche Maschinen sind oft einfach zu bauen, aber schwer intuitiv zu bedienen (denken Sie beispielsweise an das Programmieren eines Videorecorders der ersten Generation).

Braucht man für das Wechseln der Gangart vielleicht eine Zustands-Maschine? Man beachte, daß als intermediäre Gangart zwischen gehen und rennen nicht joggen oder schnell gehen erforderlich ist; das System bewältigt Übergänge in unterschiedlichen Reihenfolgen, was darauf schließen läßt, daß es sich nicht um eine simple Zustands-Maschine handelt. Dennoch bleibt schrittweises Vorgehen eine wichtige Möglichkeit, um eine Kette von Gedanken oder Aktionen voranzubringen.

Auf meinem Hotelbalkon in Barcelona hörte ich jede Viertelstunde ein Glockenspiel. Die nahegelegene Kirche erinnerte mich daran, daß die Zeit wie im Flug vergeht – und daß ich zu langsam schreibe. Solche Glockenspiele sind das bekannteste Beispiel für eine Kombination von spatio-temporalem Muster und Zustands-Maschine. Amerikanische Standuhren wie die, die einst mein Vater konstruierte, lassen zur Dreiviertelstunde eine Melodie erklingen, die sich ein wenig von der in Barcelona unterscheidet. Ich habe meine Mutter überredet, mir die entsprechenden Noten

aufzuschreiben, die jetzt dieses Kapitel schmücken (ich kann Noten zwar lesen, aber nicht selbst schreiben, was ein weiteres Beispiel dafür ist, daß das aktive Erinnern schwerer fällt als das bloße Wiedererkennen, daß die Produktion schwieriger ist als das Verstehen).

Spatiotemporale Muster innerhalb des Sechsecks sind bislang mein Modell für einen aktivierten zerebralen Code – nicht nur für Objekte und Ereignisse, sondern auch für Zusammengesetztes wie etwa Kategorien. Für den gespeicherten Code sind es die rein spatialen Muster der synaptischen Verbindungen, die Attraktionsbassins aufkommen lassen. Die Wiederauferstehung eines komplexen spatiotemporalen Musters setzt vielleicht voraus, daß von einem Attraktor zu einem anderen gewechselt wird. Einen weiteren Attraktor anzuhängen könnte nach dem Modell des chaotischen Umherwanderns so sein, als würde der Reiseroute des Handelsvertreters eine weitere Stadt hinzugefügt.

Weil das spatiotemporale Muster des Sechsecks auf einer Tonleiter abbildbar ist – da wir ja glücklicherweise vergleichbare Anzahlen von Elementen haben –, habe ich von diesem spatiotemporalen Muster gesprochen, als handele es sich um eine Melodie; sogar zeitlose Objekte wie Kants Dreiecke haben meiner Theorie zufolge in ihrem Code nichtsdestotrotz einen temporalen Aspekt. Man beachte, wie sehr im Vergleich zu alleinigen Akkordkombinationen eine temporale Musterverteilung den Codierraum erweitert, selbst wenn die Zeit nur in 64 Segmente zerteilt wird: Jeder Punkt des Sechsecks hat jetzt 64 mögliche Zustände.

Weil aber einige der Dinge, an die wir uns erinnern, selbst eine zeitliche Ausdehnung haben, müssen wir fragen, ob der Code für eine Kategorie auf separate spatiotemporale Einheiten verteilt ist – wie die Bilder eines Kinofilms. Ohne daß wir das wollen, erinnern wir uns an kurze Episoden (wenn auch nicht sehr akkurat). Wenn es um Bewegungen geht, produzieren wir einen motorischen Output, der Aktionseinheiten miteinander verkettet – etwa wenn wir eine Tür aufschließen oder eine

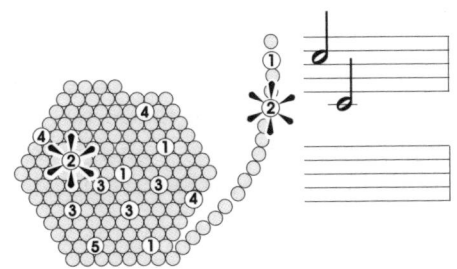

Bei dieser aus fünf Noten bestehenden Melodie stellen simultane Feuerungen (innerhalb eines Sechsecks) Akkorde dar.

Telefonnummer wählen. Im Schlaf kreieren wir Geschichten mit ganz unwahrscheinlichen Qualitäten, die oft auf unsinnige Abfolgen oder Kombinationen zurückzuführen sind (nicht lebensfähige Schimären sozusagen).

Handelt es sich bei der Repräsentation der Sequenz einfach um eine Kette elementarer spatiotemporaler Muster, die geschickt wie bei einem Medley von Melodien aneinandergereiht werden? Oder ist die neurale Sequenzierung komplizierter, gleicht sie jenen mentalen Modellen, die eingreifen, wenn man sich an einen Text erinnert? Mit Sicherheit ist für die Produktion von Phonemen unabdingbar, daß es vorbereitende Schritte gibt (ein Grund, warum die mechanische Umwandlung von Text in Sprache so kompliziert ist, besteht darin, daß man vorausschauen muß: Einige Phoneme werden modifiziert, wenn ihnen bestimmte andere folgen, also braucht man eine Art Planungspuffer).

Wie in der Biologie müssen wir zwei Ebenen von Mechanismen hier in Betracht ziehen: das aktive Feuern und jene passiven Furchen und Buckel in der Straße. Wie wir gesehen haben, ist das aktive Feuern besonders wichtig, wenn es um das Klonen spatiotemporaler Muster geht; das angeeignete Territorium könnte sowohl eine lokale Bedeutung haben wie auch eine für die Initialisierung einer *Faux*-Fax-Fernversion. Und selbstverständlich könnte es auch die darunter liegende Konnektivität modifizieren.

Doch wie wird eine Sequenz aus der passiven Konnektivität heraus gestartet und zu umfassenden Zeilen von »Musik« ausgebaut? Haben wir hier die Aktivierung eines vielflügeligen Attraktors innerhalb eines einzigen Sechsecks oder einen Schaltkreis-Reiter, der unterschiedliche Sechsecke besucht, von denen jedes ein Segment beisteuert? Wie beim Wiedererkennen-Erinnern-Problem gibt es hier vielleicht eine Lösung auf mehreren Ebenen: Ein Hash-Code könnte als Signatur für einen Volltext dienen, oder ein gerade so eben passendes, zentral lokalisiertes Abstraktum könnte Verbindungen zu den außenliegenden Details haben. Wie beim multimodalen Trichter für *Kamm* ist das Erinnern vielleicht eine Frage von Verbindungen, die jedoch in einer bestimmten Reihenfolge aktiviert werden müssen, welche ein vielflügeliger Attraktor im temporalen Äquivalent einer Konvergenzzone beiträgt, der ähnlich wie ein Orchesterdirigent die Reihenfolge der Einsätze vorgibt.

172

Ein Indiz für die Sequenz-Repräsentation ist, daß wir häufig in der Lage sind, sie willentlich zu zerlegen, was sowohl für sensorische wie für motorische Sequenzen gilt. Mit Leichtigkeit lassen wir die ersten vier Worte von »Sprechen Sie mir nach: Ich schwöre bei ...« weg, wenn wir der Aufforderung nachkommen. Vergleichen Sie das mit der Ratte, die das Leben für komplizierter hält, als es in Wirklichkeit ist, und dreimal im Kreis läuft, ehe sie den Hebel in der Skinner-Box drückt, einfach weil sie das zufällig bei einer früheren Gelegenheit gemacht hatte, als sie auf den damaligen Hebeldruck hin belohnt wurde (Konditionierungsverfahren nach dem »abergläubischen« Verhalten von Ratten auszurichten ist eine ökonomische Strategie, um Experimente an individuelle Tiere anzupassen).

Wir können die ineffizienten Teile einer exploratorischen Sequenz weglassen, wenn wir sie wiederholen, und genauso fassen Redner oft langatmige Fragen aus dem Auditorium zusammen, bevor sie sie beantworten. Ja, unser Gedächtnis scheint genauso organisiert zu sein: Leser neigen dazu, sich an das mentale Modell zu erinnern, das sie sich von einem Text konstruiert haben, aber nicht an den Text selbst, und solch eine Abstraktion ist vermutlich auch bei den »Filmausschnitt-Erlebnissen« am Werk, etwa wenn man Augenzeuge eines Unfalls wird.

Einige komplizierte Sequenzen können mit genügend Übung fest genug eingebettet werden, um auch schwere Gehirnverletzungen zu überleben, wie man am Beispiel des aphasischen Patienten sieht, der die Nationalhymne singen kann, obwohl er nicht in der Lage ist, einen neuartigen Satz auszusprechen, der es erforderlich macht, daß erst einmal eine Sequenz individuell angepaßt werden muß, bevor er tatsächlich ausgesprochen werden kann. Das unterscheidet sich nicht von dem, was uns normalerweise allen passiert. Ein Dart-Wurf oder ein Freiwurf beim Basketball, wenn das Objekt also bei jedem Mal dieselbe, der Standardentfernung und dem Standardprojektil angemessene Flugbahn einhalten muß, mag einfach sein – wenigstens, wenn man dies mit dem Werfen auf neuartige Ziele vergleicht. Neue Situationen erfordern während der Startvorbereitung eine Menge von Offline-Planung, denn die Kommandosequenz muß der jeweiligen Situation individuell angepaßt werden.

Daß es so schwierig ist, akkurat zu werfen, genau das hat mich zu dem Postulat verführt, daß im Gehirn spatiotemporale Muster geklont werden (um die Geschichte aus Kapitel 6 zum Abschluß zu bringen), und zwar lange bevor es detaillierte und physiologische Untersuchungen der Werfleistung gab. Im Sommer 1980 saß ich auf den San-Juan-Inseln am Strand und blickte auf die Juan-de-Fuca-Straße zwischen dem Staat Washington und Britisch Kolumbien; ich warf Kiesel nach einem Steinbrocken, den ich auf einem Baumstamm plaziert hatte. Ich traf nur selten, also ging ich näher heran, und schließlich erhöhte sich meine Trefferquote.

Ich dachte darüber nach, warum die Aufgabe so schwierig zu sein schien. Das lag daran, ging mir auf, daß es ein »Wurffenster« gab. Wenn ich mein Projektil zu früh losließ, ehe das Wurffenster erreicht war, beschrieb es einen zu hohen Bogen und landete hinter dem Ziel. Wenn ich es zu spät losließ, geriet die Wurfbahn zu flach, und es landete vor dem Ziel. Wenn ich näher heranging oder ein größeres Ziel auswählte, dauerte das Wurffenster länger und konnte leichter eingehalten werden. Grundlagenphysik. Meine motorischen Neuronen, so überlegte ich, waren zu verrauscht – und konnten sich nicht darauf einigen, das Loslassen des Projektils präzise genug zu steuern, um innerhalb des Wurffensters zu bleiben.

Und damit hätte die kaum erzählenswerte Geschichte geendet, wenn ich nicht zufällig ziemlich genau gewußt hätte, wie zittrig die spinalen motorischen Neuronen sind. Ja, genau über dieses Thema hatte ich 14 Jahre zuvor meine Doktorarbeit geschrieben. Wie groß mochte das Wurffenster sein – in Millisekunden? Paßte dies zum Rauschniveau typischer motorischer Neuronen?

Auf der Fähre nach Hause ging ich davon aus, daß ich zur Lösung des Problems nur in meinen alten Physikbüchern die richtige Formel nachschauen müßte (schließlich hatte ich Physik als Hauptfach gehabt). Doch sobald ich meine Mechanik-Einführungen und ebenso die weiterführende Literatur durchblätterte, ging mir auf, daß ich angesichts der Variablen – Größe des Ziels, Höhe des Ausgangspunkts relativ zum Ziel, das Spektrum möglicher Geschwindigkeiten – selbst eine passende Gleichung aus den Newtonschen Grundgesetzen ableiten mußte. Also schneiderte ich mir eine Gleichung nach Maß und erfreute mich des Umstands, daß meine Rechenfähigkeiten noch nicht eingerostet waren. Und dabei ging mir auf, daß ein paar Sachverhalte in der Biologie in ähnlicher Weise aus Grundprinzipien abgeleitet werden können, daß bestimmte Geschichten allesamt auf eine Weise wichtig waren, wie das auf die Physik nicht zutraf.

174

Um ein Ziel von der Größe eines Kaninchens (10 cm hoch, 20 cm lang) aus der Entfernung eines Kleinwagens (4 m) zu treffen, muß ein Wurffenster von durchschnittlich 11 ms eingehalten werden. Das entspricht ziemlich genau dem inhärenten Rauschen einzelner motorischer Neuronen im ihnen eigenen Tempomodus.

Ja, das paßte – doch mir wurde klar, daß hier etwas ganz und gar nicht stimmte. Die meisten Menschen, vermutete ich, könnten ein Kaninchen auch aus der Entfernung von zwei oder gar drei Autos treffen. Das Wurffenster für 8 m Entfernung berechnete ich auf 1,4 ms, und es war absolut ausgeschlossen, daß die motorischen Neuronen, die ich ja so gut kannte, jemals diesen Wert schaffen würden. Experten konnte ich nicht befragen – ich *war* der Experte (zumindest für die motorischen Neuronen der Katze, über die am detailliertesten geforscht worden war, und ich wußte, daß die für den Unterarm zuständigen motorischen Neuronen des Menschen gemäß der EMG-Aufzeichnungen der Neurologen nicht viel besser waren).

Vielleicht, so könnten Sie spekulieren (wie ich es schließlich auch tat), bekommen die spinalen motorischen Neuronen ja einfach das Kommando zum Feuern zur rechten Zeit von oben vom motorischen Kortex – was bedeutet, sie treffen die Entscheidung nicht innerhalb jener Attraktionsbassins  im Rückenmark selbst. Die spinalen motorischen Neuronen könnten für sich so verrauscht sein, doch wenn das Gehirn ihnen wie beim Square Dance Anweisungen zuruft, könnten sie denen präzise Folge leisten. Die Genauigkeit findet vielleicht weiter stromauf statt.

Auch das hätte das Ende dieser Geschichte sein können. Doch nur fünf Jahre zuvor hatte ich die Neuronen des motorischen Kortex untersucht. Und diese kortikalen Neuronen waren unter vergleichbaren Verhältnissen noch verrauschter als die spinalen, nicht ruhiger. Auch das war kein Ausweg. Informell hatte ich mit Neurophysiologen gesprochen, die andere Gehirnzentren erforschten, und mit ihnen die Möglichkeit akkurater »Uhren« in Betracht gezogen, aber es sah nicht danach aus, als gäbe es irgendwo im Gehirn superpräzise Neuronen, die exakt vor sich hintickten, ohne das Timing sonderlich zu verzittern.

Also stand ich vor einem hartnäckigen theoretischen Rätsel: Wie bekommen wir von ziemlich zittrigen Neuronen ein präzises Timing? Die Rettung kam in Form eines Nachdrucks, der mir kurz darauf auf den Schreibtisch flatterte – dank des italienischen Postwesens und langsamer Schiffe um ein Jahr verspätet. Der wiederum führte mich zu einem wunderbaren Aufsatz von John Clay und Bob DeHaan im *Biophysical Journal*, der von Zellen des Hühnchenherzens in Petrischalen handelte. Jede Zelle, wenn isoliert gehalten, schlug unregelmäßig. Wenn man zwei Zellen zusammenbrachte, synchronisierten sich ihre Schläge. Wenn die Autoren weitere Zellen hinzufügten, verringerte sich das Zittern mit jeder weiteren Zelle, die zu der Gruppe hinzukam; was so unregelmäßig wie das Trommeln des Regens auf dem Dach klang, wurde so regelmäßig wie ein stetig tropfender Wasserhahn. Der Variations-Koeffizient des Intervalls fiel mit der inversen Quadratwurzel von N. Um das Zittern zwischen den Schlägen zu halbieren, mußte die Anzahl der Zellen vervierfacht werden. Und das waren nicht nur Schrittmacher-Zellen, sondern viele Arten von Kippschwingungs-Oszillatoren, wie J. T. Enrights Artikel von 1980 in *Science* kurz darauf klarstellte (mit dem Untertitel »Eine verläßliche neuronale Uhr aus unzuverlässigen Komponenten?«).

Alles, was man für präzises Werfen braucht, so schloß ich, waren viele Klone der Bewegungskommandos vom Gehirn, die alle dasselbe spatiotemporale Muster im Chor sangen. Doch die Anzahl der erforderlichen Zellen war verblüffend: Um bei verdoppelter Wurfdistanz dieselbe Trefferquote zu erzielen, mußte ein Chor rekrutiert werden, der vierundsechzigmal größer war als der ursprüngliche. Für die dreifache Wurfdistanz waren siebenhundertneunundzwanzigmal soviele nötig. Eindeutig war die Vervierfachung des Neokortex während der Evolution vom Affen zum Menschen nicht genug, um solche Zahlen bereitzustellen – wie ich vergeblich gehofft hatte; irgendwie mußte man sich diese zusätzlichen Neuronen vorübergehend borgen, vielleicht so, wie der Experten-Chor sich die Stimmen des Laien-Publikums borgt, wenn alle gemeinsam das *Halleluja* singen.

Paradoxerweise besagte das Gesetz der großen Zahlen, daß die Laien tatsächlich helfen konnten, die Leistung über jene der Experten allein hinaus zu verbessern. Ich brauchte ein weiteres Jahrzehnt, um eine Vorstellung auszuarbeiten, wie der größere Chor rekrutiert werden könnte: mit dem Klonmechanismus für spatiotemporale Muster aus dem ersten Akt.

176

Da wir gerade bei den Vorzügen von Laien sind: Der Komponist Brian Eno erzählt die interessante Geschichte von einem Orchester, das ganz absichtlich gemischt, teils mit einigermaßen erfahrenen Musikern und teils mit musikalisch naiven Freiwilligen, zusammengestellt worden war. Sich seiner Erfahrungen mit der Portsmouth-Symphonie erinnernd, berichtete Eno, daß man gelegentlich so etwas wie gewandtes Spielen aus dem zu frühen, zu lauten, zu sehr danebenliegenden Chaos emergieren hörte – was er als »klassische Musik auf so etwas wie den statistischen Durchschnitt reduziert« bezeichnete.

So ein bißchen laienhafte Variation ist ziemlich genau das, was meiner Vorstellung nach zunächst in unserem prämotorischen Kortex passiert, wenn man sich bereit macht, auf ein neues Ziel zu werfen: Die Varianten standardisieren sich nach und nach, um schließlich zum Chor zu werden. Ich stelle mir vor, daß die praktizierte Präzision in den mehreren Sekunden auftaucht, die die Sechseck-Wettbewerbe und die Fehlerkorrektur brauchen, um eine weitverbreitete Version der erfolgreichsten Präzisions-Variante zu stabilisieren.

Der CD-Wechsler oder die Musikbox sind elaboriertere (als Glockenspiele) Beispiele für eine Zustands-Maschine für spatiotemporale Muster: Eine Platte nach der anderen ziehen sie sich ein und spielen sie. Wie das Glockenspiel zur Viertelstunde haben wir es mit separaten Durchgängen zu tun, die sich zeitlich nicht überlappen, so als würden in der *Einführung für junge Konzertbesucher* die verschiedenen Instrumentengruppen eines Orchesters eine nach der anderen aufspielen.

Anhand solcher auf Schaltkreisen reitenden Zustands-Maschinen-Analogien kann man sich leicht vorstellen, wie bei den weinenden Kleinkindern das zwanghafte Verlangen aufkommt, die Liedzeile zu vervollständigen. Was da angeschürt wird, ist jene zentrale Zustands-Maschine mit Verbindungen zu den Komponenten. Wenn diese nach und nach aktiviert werden, verstärkt das Feedback von ihnen die Vorwärtsbewegung des Zustands-Maschinen-Attraktors. Auch die die Zeile vorgebende Stimme bringt ihn voran, und das Weglassen des letzten Wortes spielt dann keine Rolle mehr, wenn der endogene Attraktor erst einmal genügend Vorwärtsschwung generiert hat.

Ähnlich funktioniert ein (wahrscheinlich zu stark vereinfachtes) Modell von Schemata für Sequenzen. Ein Sechseck-Code für die Abruf-

Sequenz selbst ist wahrscheinlich ein vielflügeliger Attraktor, der zyklisch seine verschiedenen Attraktionsbassins durchläuft und wie ein Orchesterdirigent eine Verbindung zu außenliegenden Sechseck-Territorien nach der anderen aktiviert, die alle ihr eigenes spatiotemporales Muster generieren. Typischere Sequenzierer sind vermutlich eher wie Orchesterkompositionen, bei denen der Dirigent eine neue Gruppe von Instrumenten zum Einsatz bringt, die die fortdauernden Beiträge der früheren Gruppen überlagern. Bei einem Kanon fallen mit einer zeitlichen Verzögerung weitere Stimmen mit derselben Melodie ein, so daß diese sich überlappt (wie beispielsweise in »Row, Row, Row Your Boat«). Natürlich ist ein Dirigent eigentlich nicht nötig; Streichquartette kommen gut ohne einen aus, und komplexe Muster können aus einfachen Regeln hervorgehen.

Ein ernsthafteres Problem für die neurologische Vorstellungskraft ist die Frage, wie die fehlenden Substantive in jenem Satz mit *geben* gefunden werden. Auch Sätze sind auf der Arbeitsebene Sequenzen (wenn auch nicht in den zugrundeliegenden Strukturen, wo Bäume und Schachteln innerhalb von Schachteln bessere Analogien wären als Bahnen). Stellen Sie sich vor, *geben* startet einen Attraktor mit drei Flügeln, die alle verstärkendes Feedback von ihren mit ihnen verbundenen Attraktorbassins in einiger Entfernung bekommen. Es könnte sein, daß das spatiotemporale Muster dieses zentralen Attraktors einem charakteristischen Wandel unterliegt, wenn alle seitlichen Bassins volles Feedback liefern: Er wechselt von *unerfüllt* zu *erfüllt*, und das ist eine der notwendigen Bedingungen für sie, den Satz als sinnmachend zu beurteilen. Solange er im Zustand *unerfüllt* bleibt, testen sie verschiedene Kandidaten für die Substantive Akteur–Empfänger–Objekt. Eigentlich nehme ich sogar an, daß viele Varianten parallel existieren und daß sie um Territorium konkurrieren, bis eine das besonders leistungsfähige spatiotemporale Muster *erfüllt* erreicht – was darauf hinausläuft, daß eben diese Variante »Bingo!« ruft, weil all ihre Schlitze korrekt

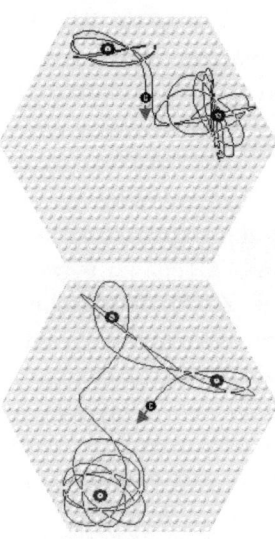

Bahn eines Pendels, das von zwei Magneten angezogen wird, einem Sechseck überlagert: Bifurkation zu einem zweiten Attraktor.

Ein dritter Attraktor wird hinzugefügt

gefüllt sind (eine *lingua ex machina* diskutiere ich ausführlicher im 5. Kapitel
von *Wie das Gehirn denkt*).

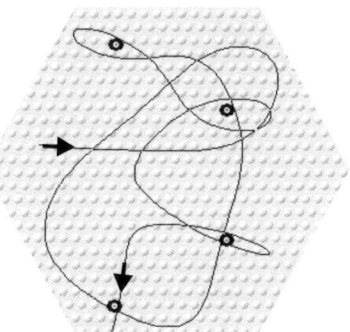

Brian Eno merkt auch an, daß etwas
gut zu tun (»ein Profi zu werden«)
dazu führen kann, daß interessanten
Variationen weniger Beachtung ge-
schenkt wird – als hätte (meine Wort-
wahl) ein Attraktor eine unentrinnbare
Furche geschaffen. Glücklicherweise

Eine »große Rundreise« durch vier
Attraktionsbassins

verspricht die neokortikale Darwin-Maschine für die Orchestrierung von
Bewegungen, nicht nur schneller (Sekunden im Vergleich zu Lebensspannen) Profis zu produzieren, sondern auch rücksetzbar zu sein, so daß auf
interessante Varianten achtende Laien auch noch ein bißchen später im
selben Arbeitsraum auftauchen können.

Ein internes Modell erlaubt es einem System, vorauszuschauen und die zukünftigen Konsequenzen gegenwärtiger Aktionen zu bedenken, ohne sich tatsächlich mit diesen Aktionen zu beschäftigen. Insbesondere kann das System Aktionen vermeiden, die es unwiederbringlich auf eine Bahn in zukünftiges Unglück bringen würden (»auf einer Klippe einen Schritt nach vorn machen«). Weniger dramatisch, aber genauso wichtig ist, daß das Modell den Agenten in die Lage versetzt, momentane »den Boden bereitende« Züge zu machen, die spätere Züge in Gang setzen, welche offensichtlich vorteilhaft sind. Der eigentliche Kern eines Wettbewerbsvorteils, sei es im Schach oder in der Wirtschaft, ist das Herausfinden und Durchführen von vorbereitenden Zügen. John Holland, 1992

10 | Die Metaphern-Manufaktur

> *Wenn Menschen ernsthaft denken, denken sie abstrakt; sie zaubern vereinfachte Bilder der Realität hervor, die wir Konzepte, Theorien, Modelle, Paradigmen nennen. Ohne solche intellektuellen Konstrukte gäbe es, sagte William James, nur »blühende, brummende Konfusion«.* Samuel P. Huntington, 1993

Metaphern stellten die begriffliche Brille dar, durch die wir die Welt betrachten, meinte Kant. Teils ist das sicherlich eine Sache unserer allgemeinen Tendenz, Konzepte und Vokabeln aus unseren leichter zugänglichen physischen und sozialen Welten herauszulösen und zu versuchen, sie auf Denken und Fühlen anzuwenden. Manchmal gelingt uns das gut, doch zu anderen Zeiten sind wir in unangemessenen Metaphern gefangen, etwa wenn wir versuchen, uns das Wetter genehm zu machen, als wäre es eine für Bestechung oder Schmeicheleien anfällige Person.

Wie wir uns unsere Welt zurechtmeißeln, hängt davon ab, was da draußen ist – und von den Analogien, die wir zur Anwendung bringen. Oft reden wir, als wären Ideen und Gedanken Objekte, als wären Wörter und Wortfolgen Behälter für diese Objekte und als drehte sich die Kommunikation einfach nur darum, das richtige Objekt zu finden, es einzupacken und es an einen Empfänger zu schicken, der es auspackt. Vom rationalen Denken reden wir oft so, als wäre es bloß eine algorithmische Manipulation solcher Symbole. Wir suchen nach Kalkulationselementen im Gehirn, die solche logischen Operationen mit virtuellen Objekten durchführen könnten. Leider läßt dies keinen Raum für das Raten oder für die Phantasie. Unsere unangemessenen Behälter-Schemata haben uns eingesperrt.

Ohne Phantasie haben wir keine Mechanismen, um mittels Reflektion die Erfahrung zu gestalten, aus Altem etwas Neues hervorzubringen oder uns mitfühlend in einen anderen gedanklich hineinzuversetzen. Auch die traditionellen Kategorien der Mengenlehre lassen keinen Raum,

181

denn sie kasteln uns mit notwendigen und hinreichenden Konditionen ein, statt unscharfe Ränder zuzulassen.

Die meisten von uns funktionieren normalerweise auf einer Beschreibungsebene, auf der ein Stuhl als Objekt betrachtet wird und nicht als eine Ansammlung von Holzfasern oder Molekülen oder Atomen. Wir reden ganz einfach von einem Stuhl, auch wenn wir Physiker sind. Genauso einfach reden wir über eine schematische Repräsentationsebene wie etwa Möbel. Wir gebrauchen solche Abstraktionen, um mit den gemeinsamen Merkmalen diverser Erfahrungen umgehen zu können. Unsere Anleihen aus den physischen und sozialen Welten helfen uns oft, auf einer anderen Organisationsebene unseren Weg zu erfühlen.

Wenn wir sinnvolle, zusammenhängende Erfahrung haben wollen – die wir verstehen und über die wir nachdenken können –, müssen wir in der Lage sein, in unseren Aktionen, Wahrnehmungen und Konzeptionen Muster zu unterscheiden. Unserem riesigen Netz von miteinander verbundenen wörtlichen Bedeutungen (all die Wörter, die Objekte und Aktionen bezeichnen) liegen phantasievolle Strukturen des Verstehens zugrunde wie etwa das Schema und die Metapher, all die mentalen Bilder, die uns erlauben, einen Weg zu extrapolieren oder auf ein Teil des Ganzen heranzuzoomen oder zurückzuzoomen, bis die Bäume zu einem Wald verschmelzen. Können solche Eigenschaften von den geschilderten zerebralen Codes und darwinistischen Prozessen repräsentiert werden?

Denken ist ein Prozeß, bei dem irgendein Muster aus der intentionalen Struktur zu etwas Sinnvollem aktualisiert und in die Welt entlassen wird. Gedanken unterscheiden sich von Bedeutungen dahingehend, daß sie fließende, unstabile, dynamische Operanden sind, von denen Bedeutungen konstruiert und getragen werden. Sie veranlassen die Emergenz von Bedeutung als Set von Bezügen an einem Ort in einer intentionalen Struktur, und in Übereinstimmung damit werden Repräsentationen durch Handeln zur Welt

Jeden schematischen Entwurf könnte man »Schema« nennen, doch der letztere Begriff wird hier typischerweise für besonders weit verbreitete Repräsentationen verwendet, und zwar nicht nur für sensorische, sondern auch für motorische. Obwohl ein Schema abstrakter ist als die detailliertere mentale Vorstellung eines Objekts, gründet es in unseren Alltagserfahrungen, wobei oft darauf Bezug genommen wird, wie sich unser eigener Körper durch unsere Alltagswelt bewegt, während eine visuelle Szenerie an unserem Kopf vorbeiströmt. Ein Schema ist beispielsweise *oben-unten*, eine Generalisierung zahlreicher Erfahrungen, und genauso verhält es sich mit dem Begriff des *Wegs*.

Schemata behandeln oft eine Sache in Relation zu einer anderen. Sie schließen auch kleine Grammatikbegriffe ein – nur wenige Dutzend –, die Dinge oder Ereignisse auf einer mentalen Karte zueinander in Beziehung setzen: Die relative Lokalisierung (*oben, unten, innen, auf, bei, neben*), relative Richtung (*zu, von, durch, links, rechts, hoch, runter*), die relative Zeit (*vor, nach, während* und die diversen das Tempus signalisierenden Verb-Endungen), relative Zahl (*viele, wenige, einige* und die Plural-Endungen), relative Wahrscheinlichkeit (*kann, mag, könnte*), relative Abhängigkeit (*sofern nicht, obwohl, wenn, weil*), Besitz (*von, das Possessiv-s, haben*), Mittel (*durch*), Zweck (*für, um zu*), Notwendigkeit (*muß, hat zu*), Pflicht (*sollte*), Existenz (*sein*), Nichtexistenz (*nein, kein, nicht, un-*) und mancherlei anderes mehr.

Andere weit verbreitete Schemata sind *Blockade, Zentrum–Peripherie, voll–leer, mehr–weniger, nah–fern, Teilung, Attraktion, Balance, zueinander passen, Hindernis beseitigen, mißfallen, zieht an, Kreise, Teil-Ganzes* und das leicht zu mißbrauchende *in Schach halten*. Man beachte, daß sich Schemata häufig auf Bewegungen beziehen, nicht auf statische Eigenschaften (sie sind oft *Strukturen* einer Aktivität, nicht *Attribute* eines Objekts wie naß oder kalt). Noch mehr als Abstraktionen sind Schemata flexibel genug, um auf viele vergleichbare Situationen mit differierenden Details zu passen. Ihre Anzahl ist klein genug, um sie als Sonderfälle behandeln zu können, genau wie die unregelmäßigen Verben als Ausnahmen von den regelmäßigen Formen betrachtet werden.

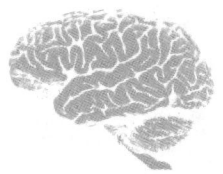Wie in Kapitel 7 diskutiert, erlauben es zerebrale Sechseck-Codes, daß sich aus mehreren unterschiedlichen Quellen neue spatiotemporale Muster bilden. Man beachte, daß Überlagerungen nicht alle Komponenten-Attraktoren umfassen müssen; die Kategorie *Obst* kann mit einigen der Attraktoren von *Apfel* und *Orange* zu einem neuen seltsamen Attraktor amalgamieren. Dasselbe kann passieren, wenn man von Merkmalen wie etwa *rund* und *rot* zu einer Beschreibung auf Objektebene wie etwa *Apfel* fortschreitet. Wir müssen nicht all die Komponentenmerkmale zur Kategorie verschmelzen. Prüfstein ist, ob man selektiv die Objektebenen-Codes von der höheren Kategorie aus reaktivieren kann, ob man von *Apfel* zu *rot* zurückgehen kann.

Hauptsächlich sind es zwei Möglichkeiten, wie es zu Kategorien kommen kann: durch aktive Überlagerungen von Sechseck-Codes und durch Verknüpfungen von ihnen (etwa wenn die U-Fasern ein Muster in ein anderes kortikales Areal mit unterschiedlichen Attraktoren kopieren oder wenn nur dem Wiedererkennen dienende Hash-Codes oder gerade so eben passende Abstraktionen zu spatiotemporalen Volltext-Mustern ausgebaut werden). Beide Ergebnisse sind in der Lage, dynamische Aspekte zu repräsentieren (spatiotemporale Muster können sowohl für statische als auch für dynamische Dinge stehen), und beide können über formbare Ränder verfügen. Sie scheinen für die unscharfen Typen von Kategorien geeignet, die wir aus Prototypen bilden, wobei es in unterschiedlichen Abständen vom Zentrum der Kategorie weniger prototypische Mitglieder gibt.

Prototypen (der Vokal [i] beispielsweise) können eine Menge Varianten einfangen – von den schrillen i-Lauten kleiner Kinder bis hin zu den gekrächzten von Menschen mit Laryngitis. In den Sprachwissenschaften nennt man dies den »Magneteffekt« des Prototyps. Vorausgesetzt, daß es sich bei seiner Repräsentation um ein spatiotemporales Muster im Kortex handelt, kann man sich dies einfach als den Einfang-Effekt des Attraktors in der kortikalen Konnektivität vorstellen, welche jenes charakteristische spatiotemporale Feuermuster produziert.

Schemata sind eine Art unscharfer Kategorie. Metaphern sind eine weitere, und sie bauen auf Schemata als Grundlage auf.

Sowohl die Autoren [vom Iowa Writers Workshop] als auch die Kranken [manisch-depressive Patienten] tendieren dazu, in große Gruppen zu sortie-

ren, während des Prozesses des Sortierens die Dimensionen zu wechseln,
beliebig die Ausgangspunkte zu ändern oder vage, nur entfernt verwandte
Konzepte als Prinzipien der Kategorisierung zu verwenden.

Nancy Andreasen und Pauline Powers, 1975

Metaphern und Analogieschlüsse sind die zentralen Mittel, mit denen wir eine Struktur quer über die Ebenen projizieren. Wir verwenden Schemata als Quellen, um eine Metapher zu konstruieren, etwa wenn wir *mehr–weniger* und *oben–unten* zur Metapher *mehr ist Spitze* verwenden. Wenn wir sagen, die Börsenkurse seien oben, beziehen wir uns auf unsere Kindheitserfahrung des Stapelns von Bauklötzen, wobei mehr Klötze einen höheren Stapel ergaben.

Wenn wir versuchen, ein Wissensgebiet im Sinn von Strukturen aus einem anderen Bereich zu verstehen, streifen wir in der Regel dabei einige Details ab. Wenn wir metaphorisch davon sprechen, daß die Elektronen den Atomkern umkreisen wie Planeten die Sonne, implizieren wir damit nicht, daß der Kern heiß und gelb ist, sondern daß die Geometrie einige Ähnlichkeit aufweist. Wir verwenden Schemata wir *massiv, Anziehungskraft, dreht sich um* und *Kreise,* um etwas beschreiben zu helfen, was zu klein ist, als daß man es sehen könnte. Wiederum werden eher Strukturen übertragen als bloße Attribute.

Der Vorteil von Metaphern, poetischen Vergleichen, Äsops Fabeln, Analogien, Karten und ökonomischen Modellen ist, daß sie es uns ermöglichen, in einem vertrauten Bereich zu denken und anschließend unsere Ergebnisse zurück auf das eigentlich interessierende Gebiet zu übertragen. Die Macintosh-Benutzeroberfläche erlaubte es dem Benutzer, im vertrauten Rahmen von Ordnern, Dokumenten und Papierkörben zu operieren und nicht mit vertrackten Verzeichnissen, Dateien und Löschungen umgehen zu müssen.

Wenn es bei Analogien genügend korrespondierende Punkte gibt, kann man ziemlich genau nachdenken. Elektrische Probleme beispielsweise kann man mit der Analogie strömenden Wassers lösen (oder, wenn Ihnen das lieber ist, mit Menschenmassen in Bewegung). Ein Gegenstand wie etwa ein *Draht* entspricht einem Wasserrohr (oder einem Gehsteig). Auch bei den Eigenschaften gibt es Übereinstimmungen: Der elektrische *Strom* entspricht dem Durchfluß (oder der Rate, mit der Menschen einen Kontrollpunkt passieren); die *Spannung* entspricht dem Wasserdruck (oder dem Druck der Menschenmasse); *Widerstand* könnte ein enges Rohr darstellen (oder ein Straßencafé, das den Menschenstrom behindert). Sogar Beziehungen lassen sich importieren: Wir können Drähte genauso miteinander *verbinden* wie Wasserrohre (oder Wege).

Um als Quelle einer Metapher dienen zu können, muß ein Schema unsere Erfahrung durchdringen, einfach strukturiert und leicht verständlich sein. Wer andere Menschen unterrichtet, ist ständig auf der Suche nach sinnvollen Metaphern, doch die meisten Kandidaten müssen verworfen werden, weil ihr Ursprung nicht einfach strukturiert oder nicht vertraut genug ist. Mit der Menschenmassen-Analogie fällt es mehr Leuten leichter, Probleme mit elektrischen Schaltungen zu lösen, weil nur wenige genug von der Dynamik der Flüssigkeiten verstehen, so daß diese keinen guten Ausgangspunkt darstellt. Mit einer passenden Analogie aber kann man oft die Lösung für Probleme mit Parallelwiderständen oder der Quellimpedanz erraten.

Schemata schränken aber auch unser Verständnis ein. Wenn wir *Kreis* bei unseren Versuchen, die Elektronenbahnen zu verstehen, zu wörtlichen nehmen, entgehen uns die elliptischen Bahnen. Ähnlich engen Metaphern unser Denken ein: Die *Baumkrone* kann uns blind machen für das enorme unterirdische Wurzelwerk. Mark Johnson betont in seiner Untersuchung von Hans Selyes Streßforschung, wie die Metapher vom *Körper als Maschine* in der Medizin (zu Zusammenbrüchen kommt es an spezifischen Punkten im System, zur Reparatur müssen Teile ersetzt oder zusammengeflickt werden und so weiter) die Physiologen lange Zeit blind machte, weil in einer Maschine kein Platz für einen Zweck war. Zur *Homöostase*-Metapher zu wechseln (innerhalb von Komponenten hoch- oder runterregulieren) erlaubte Selye, sich ein weit verteiltes System vorzustellen, das mit Streßreaktionen zu tun hatte, und dann einige seiner Fehlfunktionen vorherzusagen.

Doch Einschränkungen sind auch gerade die Stärke von Schemata und Metaphern, da sie ähnlich wie ein Kanal wirken, in den die Entsprechung »gerade mal eben hineinpassen« muß und beweglich bleibt. Man kann mehr oder weniger »in der Rille« fahren. Dies erinnert an Attraktionsbassins, in denen Wege von den unterschiedlichsten Ausgangspunkten schließlich »konvergieren«, was es uns erlaubt, uns ein relativ standardisiertes spatiotemporales Muster als Unterbau eines Schemas vorzustellen.

Abermals scheint es kein Problem zu sein, eine Metapher (sogar ein Gedankenexperiment) als spatiotemporales Sechseck-Muster zu kopieren, wie das auch bei anderen Kategorien der Fall war. Es würde dahin tendieren, bloß eine Rekombination von Schema-Codes zu sein und nicht von jenen konkreteren mentalen Bildern, die man braucht, um einen Schema-Code zu bekommen. Die Verknüpfung wäre sogar noch wichtiger, um die Metapher zu implementieren, Denken in Handeln zu konvertieren, doch die einheitliche Sechseck-Repräsentation wäre genau das, was mit Alternativen konkurriert.

Bevor wir Analogieschlüsse angehen, wollen wir festhalten, daß Konzepte hoher Ebene, die von Beziehungen handeln, nicht mehr Raum einnehmen müssen als solche von niederer Ebene für Objekte. Genau wie kurze Wörter und lange Wörter sich gleichermaßen gut auf komplexe Konzepte beziehen können, besetzen sie vermutlich alle im zerebralen Kortex ein einziges Paar aneinanderliegender Sechsecke. Den Verbindungen muß nachgegangen werden, ehe man die Aktion in Gang bekommt, und sie sind auf den abstrakteren Ebenen vielleicht noch ausgedehnter.

> *Das Problem ist, daß unsere Zustände des Geistes in der Regel Veränderungen unterworfen sind. Die Eigenschaften physischer Objekte tendieren dazu bestehen zu bleiben, wenn sich ihre Kontexte verändern – aber die »Signifikanz« eines Gedankens, einer Vorstellung oder eines partiellen mentalen Zustandes hängt davon ab, welche anderen Gedanken zugleich aktiv sind und was schließlich bei den Konflikten und Verhandlungen zwischen anderen Agenturen herauskommt. Es ist illusionär, einen klaren und wirklich bestehenden Unterschied zwischen »ausdrücken« und »denken« anzunehmen, weil das Ausdrücken selbst ein aktiver Prozeß ist, der die Vereinfachung und Wiederherstellung eines mentalen Zustandes impliziert, indem er ihn von den undeutlicheren und veränderlichen Teilen seines Kontextes trennt.* *Marvin Minsky, 1990*

Jetzt können wir Analogieschlüsse (*A* verhält sich zu *B* wie *C* zu ...?) hinsichtlich einiger mechanistischer Details untersuchen, zumindest als Gedankenexperiment. Nehmen wir an, daß die Möglichkeiten *D, E, F* entweder gegeben sind oder generiert werden (wie die Kandidaten für das mehrdeutige runde Objekt, das in Kapitel 6 vorbeihuschte). Welche sind die Schritte, um zu einer Antwort zu kommen – selbst wenn sie falsch sein sollte –, wenn wir von Sechseck-Klonwettbewerben ausgehen?

Zunächst einmal gibt es das Problem der Beziehung: Welche Attribute sind *A* und *B* gemeinsam? Größe, belebt oder unbelebt, Bewegung, Farbe oder vielleicht eines jener Exemplar-Schemata? Nehmen wir an, daß unter den *AB*-Assoziationen *zieht an* und *in-Schach-halten* besonders auffallen, daß zu denen von *CD blau* und *Blockade* zählen und zu denen von *CE in Schach halten* und *Kreise*, während es für *CF* keine Schema-Assoziationen gibt, nur seltenere. Auf dieser Basis ist nur die *CE*-Assoziation *in Schach halten* zugleich auch *AB* zu eigen.

Dies scheint zwar eine abgestufte Reihe von Sechseck-Wettbewerben zu erfordern, doch man denke an die Lektion, daß Reihen von infektiösem Material gebildet werden müssen und Kolumnen der unterschiedlichen Antibiotika, um in der Matrix Passendes zu finden – und hoffentlich ein Antibiotikum, das alle beteiligten Organismen attackiert. Seltene, höherdimensionale Kombinationen in den Molekularbiologie-Experimenten der »gerichteten Evolution« zu finden, kann man heute dadurch erreichen, daß DNS-Fragmente mit RNS-Kandidaten abgeglichen werden. Alles, was wir eigentlich brauchen, nachdem sich *CD*-, *CE*- und *CF*-Territorien gebildet haben, ist, daß sie ein *AB*-Territorium überrennen, in dem sich verblassende Attraktoren in den Kurzzeiterinnerungen für *zieht an* und *in Schach halten* befinden. Dann reduziert man die Exzitabilität, bis nur die besseren Resonanzen aktiv bleiben; der verblassende *In-Schach-halten*-Attraktor von *AB* hilft, daß sich *CE* besser durchsetzt als seine Konkurrenten.

Simultan könnte man mehrere gemeinsame Attraktoren ohne weitere Zwischenschritte miteinander abgleichen, weil die Kurzzeiterinnerungen von *AB* dem Konkurrenzkampf eine bestimmte Richtung geben. Und man kann immer abgestufte, aufeinanderfolgende Schichten – wie beim Sashimi-Beispiel – nutzen, die alle mit der Zeit verblassen. Dies eröffnet ein paar zusätzliche Möglichkeiten, was Generationen analog wäre, die daraus hervorgehen, daß Hybriden mit der Elternpopulation rückgekreuzt werden.

Manchmal beginne ich zu zeichnen, ohne mir vorher eine Problemstellung ausgedacht zu haben; ich verspüre einfach nur das Verlangen, einen Bleistift über das Papier zu führen und Linien, Töne und Umrisse ohne bewußtes Ziel zu gestalten; doch wenn dann mein Geist aufnimmt, was so produziert wird, kommt ein Punkt, an dem irgendeine Idee sich kristallisiert und bewußt wird, und dann beginnt das kontrollierte und geordnete Arbeiten.

Henry Moore

Hegemonie-Erfordernisse abzukürzen könnte natürlich ziemlich üblich sein, besonders wenn wir rasch auf etwas Vertrautes reagieren. Ja, solch eine Abkürzung könnte so subkortikal wie ein Reflex sein; viele davon gibt es sicherlich in den Basalganglien. Einige Abkürzungen sind wahrscheinlich aber Nachkommen wiederholter kortikaler Klonwettbewerbe. Könnten sie immer noch Kennzeichen eines Sechseck-Ursprungs tragen? Würde uns das Verstehen von Abkürzungen erlauben, zu erkennen, wie schließlich eine algorithmische Prozedur einen Klonwettbewerb ersetzen könnte?

Um das Denken an das Handeln zu koppeln, müssen wahrscheinlich spatiotemporale Muster am Werk sein, ein verarbeiteter sensorischer Stimulus wie etwa *Apfel* und ein Bewegungsprogramm wie beispielsweise *Sag »Apfel«*. Wieder nehme ich den Schmetterlingsattraktor als ein leicht zu visualisierendes Beispiel, wie eine Assoziation dadurch gebildet werden kann, daß zwei separate Attraktoren zu einem einzigen seltsamen Attraktor für *Apfel*, *Sag »Apfel«* werden.

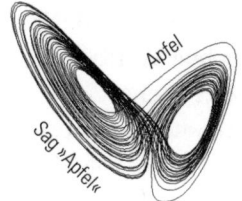

Das Minimum von Attraktoren für klonende Dreiecksanordnungen beträgt zwei aneinandergrenzende Sechsecke. Hier will ich den Duettfall ergründen und formuliere die Frage anders: Wie können ein multiples, spatial extensives Territorium eines sensorischen Schemas und eine Bewegungsschema-Assoziation so voreingestellt werden, daß sie bei einer zukünftigen Präsentation zusammenarbeiten? Agieren, ehe sich ein substantielles Territorium bildet? Das hängt davon ab, was die Steuermechanismen der Output-Bahnen als »gut genug« interpretieren.

Für gewöhnlich könnten ziemlich viele Sechseck-Kandidaten sich zugleich melden, ohne daß sich eine bestimmte Gruppe von Stimmen eindeutig so von der Menge abheben würde, wie Brian Eno vom »gewandten Spielen« sprach. Wenn genügend Zeit bleibt, ließe sich eine Gewichtung aller Faktoren wie in der Ökonomie durchführen. Manchmal muß man aber sehr rasch funktionieren. Denken Sie nur an das Tempo, mit dem Sie die Sätze auf dieser Seite begreifen; sicherlich werden für die vertrauten Wörter Abkürzungen genommen, und darwinistische Wettbewerbe finden nur statt, wenn wir ins Stocken geraten – und vielleicht auch dies nur für die höchsten Ebenen der Satzbedeutung. Doch selbst dann könnte sich eine gerade ausreichende Hegemonie eher so einstellen, wie informelle Entscheidungen eines Komitees fallen: Ohne förmliche

Abstimmung, aber mit Zustimmung aller Seiten geht man einfach zum nächsten Tagesordnungspunkt über. Nur bei seltenen Gelegenheiten wird es wahrscheinlich nötig, nach einem ganzen Tag von Abstimmungen endlich die erforderliche Stimmenmehrheit zu haben.

Angesichts irgendeines »Beeil-dich«-Faktors würden einige kräftige Stimmen in einem kleinen Chor in den Anfangsphasen des Wettbewerbs reichen, damit im *Beeil-dich-Modus* ein Handlungsablauf angesteuert wird. Wie könnte das auf der Grundlage des Sechseck-Klonens vonstatten gehen? Unter der Voraussetzung, daß sich Abkürzungen ursprünglich aufgrund der Geschichte großer synchroner Chöre ausbildeten, können wir fragen, wie diese Geschichte bestimmte kortikale Sechsecke innerhalb eines typischen Territoriums dahingehend modifizieren könnte, daß sie sich in »Beeil-dich«-Zeiten von allein erfolgreicher durchsetzen.

Ein Charakteristikum eines erfolgreichen Territoriums ist bei gewöhnlichen Wettbewerben die Größe des rekrutierten Chors, wobei keine einzige sechseckige *Apfel-Sag-»Apfel«*-Platte des Kortex weiß, wie groß das gesamte Territorium ist. Es gibt aber Kernbereiche, die stets für *Apfel, Sag »Apfel«* aktiviert werden, genau wie es periphere Flecken gibt, die nur bei einigen Durchgängen aktiviert werden, bei anderen nicht. Die Kernbereiche haben mit größerer Wahrscheinlichkeit komplette Sets von Dreiecksanordnungen. Und in diesen Kernbereichen sind die Knoten der Dreiecksanordnungen vielleicht besonders gut definiert, weil die Fehlerkorrektur der Kristallisierungstendenzen vermutlich hier am besten ist. Diese zentral lokalisierten Sechsecke arbeiten möglicherweise gut zusammen und behindern ihre Nachbarn nur selten mit »falschen« Noten.

Ein perfekt synchrones Duett könnte leicht mit einem genügend fein abgestimmten, NMDA-ähnlichen, synaptischen Arrangement in einem Neuron entdeckt werden, dessen Schwellenwert aufgrund automatischer Aussteuerung hoch ist. Obwohl alle Dreiecksanordnungen ungefähr synchron sind und annähernd dreieckig, sind diejenigen, die wiederholt den Kern eines wiederholt großen Territoriums bilden, vielleicht schärfer definiert und wahrhaftig synchron – sogar schon zu Anfang, ehe sich ein größeres Territorium bildet.

Vermutlich ist eine kurze, aber detaillierte *Sag-»Apfel«*-Melodie für eine rasche Entscheidung nötig. Man kann sich also das musikalische Äquivalent einer charakteristischen Eröffnungsphrase denken – beispielsweise Beethovens *Dit-dit-dit-dah* –, das in eine kurze Zeitspanne hineingepackt ist. Ein Arpeggio könnte eine schnellere *Sag-»Apfel«*-Signatur sein, weil sie mit einem halben Dutzend Paaren von Zellen korrespondieren würde, die alle nacheinander feuern, statt daß dieselben Zellen wieder feuern müssen wie im Beethoven-Beispiel. Am schnellsten wäre ein idiosynkratischer Akkord, der simultan aus zwei aneinandergrenzenden Sechsecken kommt. Als solcher wäre er vermutlich eher wie ein Hash-Code gut genug, um die *Sag-»Apfel«*-Bewegungsfolge zu starten, auch wenn er in Wirklichkeit nicht das gesamte Bewegungsprogramm konstituiert; Details einer Bewegung könnten jedoch noch nachgereicht werden, nachdem die »Los-gehts!«-Entscheidung gefallen ist.

Ein solches voreingestelltes Schema ist jedoch nicht ungefährlich. Im *Beeil-dich*-Modus wäre der Organismus stets auf Gedeih und Verderb millimetergroßen Fleckchen von zerebralem Kortex ausgeliefert und müßte darauf vertrauen, daß sie ihre gemeinsame Aktion nicht zu früh starten, nicht eher in das spatiotemporale *Apfel-Sag-»Apfel«*-Muster verfallen, bis tatsächlich ein Apfel da und die Situation angemessen ist. Wenn *Apfel* ein bißchen zweifelhaft ist, sollte man sich wünschen, daß die *Apfel-Sag-»Apfel«*-Verknüpfung lange genug von Konkurrenten für andere solche seltsamen Attraktoren verzögert wird, die dann die Chance erhalten, dort eher anzukommen.

Als solches ist das ein Problem der Reaktionszeit; es ist äußerst wünschenswert, kurze Latenzen für sichere Tips zu haben und längere für die anderen. In der Sechseck-Theorie resultieren längere Latenzen daraus, daß mehr Territorium geklont werden muß, ehe es zur Synchronität kommt, sowie aus Kristallisations-Tendenzen, die die Dinge schärfer machen, und aus Verknüpfungs-Erfordernissen.

Eine gemeinsame neurale Maschinerie für viele Aufgaben, die mit trickreich strukturierten Sequenzen zu tun haben, habe ich anderenorts bereits diskutiert. Viele der ballistischen Arm- und Beinbewegungen (nicht das einfache Schmeißen, sondern die akkurateren Formen wie Hämmern, mit einem Knüppel zuschlagen, Treten und vor allem zielgerichtetes Werfen) bedürfen der gründlichen Planung, weil, wie weiter oben angemerkt, die Feedback-Schleife so lange braucht, daß die Bewegung schon fast beendet ist, ehe das erste Feedback beginnen kann, die Bewegung zu korrigieren. Das Timing der schnelleren Teile solcher Bewegungen zu korrigieren ist sicherlich Aufgabe eines anschließenden

Durchgangs, nicht des momentanen. Um die Streubreite bei den Versuchen einzugrenzen, wäre es möglich, eine Menge Klone des richtigen Bewegungskommandos zu nutzen, wobei sich das Zittern mit jeder Vervierfachung der Chorgröße halbiert.

Wenn einen die Evolution mit der neuralen Maschinerie für eine solche Aufgabe ausgestattet hat, dann kann sie vielleicht zu anderen Zeiten dazu genutzt werden, die Strukturen zu konstruieren, die wir für die Sprache und die Vorausplanung brauchen. Bei der Evolution vom Affen zum Menschen ist es im Verlauf der letzten sechs Millionen Jahre möglicherweise mehrmals zu unterschiedlichen Zeiten zu einer positiven natürlichen Auslese all dieser Fähigkeiten gekommen. Ein gemeinsames neurales Substrat weist eine interessante Implikation auf. Die eine Fähigkeit durch Vergrößerung zu verbessern, könnte die anderen mit verbessern; beispielsweise könnte eine positive Selektion der Sprachfähigkeiten die Wurfgenauigkeit verbessern (und umgekehrt, was ich sogar für noch wahrscheinlicher halte). Einige Verwendungszwecke dieser gemeinsamen neuralen Maschinerie für trickreich strukturierte Sequenzen, beispielsweise Musik und Tanz und Spiel, haben hinsichtlich ihrer eigenen Zweckhaftigkeit vermutlich nur unter geringem Auslesedruck durch die Umwelt gestanden.

Sechseck-Klonwettbewerbe scheinen für viele kortikale Areale möglich; sie haben schließlich alle, soweit bekannt, die eine oder andere Version der spatial verteilten intrinsischen horizontalen Verbindungen in den Oberflächenschichten, die, zusammen mit den Mitzieh-Tendenzen, den synchronisierten Dreiecksanordnungen den Boden bereiten. Die Sprache ist individuell höchst unterschiedlich im Kortex lokalisiert, was auf ein weitverbreitetes Substrat von kortikalen Arealen schließen läßt, die in der Lage sind, die besonderen Attraktoren zu behausen, die sich im Verlauf der Vorschuljahre bilden, um die Sprache zu implementieren. Also haben vielleicht auch die Vorausplanung und die ballistischen Fähigkeiten eine variable Lokalisierung – und gelegentlich können nicht spezialisierte Bereiche sie sich ausborgen.

Schichten von Mittlern sind uns aus der Alltagsökonomie vertraut, und wir erwarten, daß zwischen unserem Bewußtsein und der realen Welt viele Repräsentationsebenen zu finden sein werden. Derek Bickerton schrieb dazu:

192

»Je mehr Bewußtsein man hat, desto mehr Verarbeitungsebenen trennen einen von der Welt ... Die progressive Distanzierung von der äußeren Welt ist einfach der Preis, der dafür bezahlt werden muß, daß man überhaupt etwas über die Welt wissen kann. Je tiefer und breiter [unser] Bewußtsein von der Welt wird, desto komplexer sind die Verarbeitungsebenen, die nötig sind, um eben jenes Bewußtsein zu erlangen.«

Genauso kennen wir aber auch Fälle, wo die Vermittlungsinstanzen entfallen (etwa wenn Produzenten oder Großhandelsmärkte direkt an das Publikum verkaufen).

Vermittlungsinstanzen wegzulassen ist eine nützliche mentale Abkürzung. Manchmal verschmelzen dabei mehrere unterschiedliche Erklärungsebenen (das Ergebnis einer solchen Vermischung der Ebenen kann gut oder schlecht sein). Noch wichtiger als Abkürzungen ist vielleicht die Konsolidierung, die für eine feste Basis sorgt, von der aus neue Komplexitäten erforscht werden können. Dieser Jean-Tinguely-Turm des Quasi-Stabilen ist genau das, was Jacob Bronowski gern stratifizierte Stabilität nannte.

Den Boden bereitende Schritte und Aufwärmübungen sind vermutlich ein wichtiges Vorspiel für das Operieren im Reich der Metaphern. Mit besonders guten metaphorischen Stellvertretern für die reale Welt können wir sogar ganze Handlungsverläufe simulieren, ehe wir zu einem Entschluß kommen und dann real agieren. Eine Entscheidung ist in der Regel ein »Gerade-gut-genug«-Urteil, aber das variiert je nach Umständen: »Bingo!« bei perfekt passenden Gelegenheiten und »Versuchen wir's halt damit ...«, wenn die Vergleichsmöglichkeiten sich erschöpft haben.

Zu wissen, daß die Außentemperatur 26 °C beträgt, nützt einem vielleicht nicht viel, solange man den Wert nicht mit der Raumtemperatur vergleicht oder mit dem eigenen Kriterium, ab wann kurzärmlige Hemden getragen werden können. Vergleiche schützen einen auch vor impulsiven Entscheidungen, etwa eine Schachtel mit Frühstücksflocken zu wählen, die pro Portion doppelt soviel kosten wie ein Beefsteak. Das Statement eines Politikers hört sich vielleicht prima an, solange man es nicht damit vergleicht, was er bei früheren Gelegenheiten vor anderen Menschen gesagt hat. James Thurbers Aphorismus »Man kann zu viele Leute zu oft zum Narren halten« zielt genau darauf ab, daß im allgemeinen zu wenig verglichen wird – und wie andere das dann für Wählerstimmen oder Profite ausnutzen.

Die Hälfte der Erziehung scheint gelegentlich darin zu bestehen, eine Geisteshaltung zu kultivieren, die einen vorzeitigen Schluß vermeidet – erst einmal ein bißchen nach Vergleichen zu suchen, wenigstens lang genug, bis ein paar Standardschemata wie beispielsweise *vorher-hinterher* ins Spiel kommen. Wenn wir am Flughafenschalter einen Mietwagen auswählen, ziehen wir vielleicht *größer-kleiner* heran und machen uns so ein paar Komfortüberlegungen klar – und erinnern uns auch daran, daß der Parkraum auf den Straßen immer knapper wird, was heißt, daß man mit einem kleinen Auto eher einen freien Parkplatz findet, während man mit einem großen vielleicht an der Hälfte aller Kandidaten vorüberfahren muß.

Dann bringt das *Mehr-weniger*-Schema die Mietwagenkosten ins Spiel, und *besser-schlechter* bringt uns auf Abwägungen wie beispielsweise die Crashsicherheit oder konstruktive Mängel. Weil es nur eine begrenzte Anzahl von Schemata gibt, wird ihr Heranziehen letzten Endes vielleicht so »fest verdrahtet«, wie dies bei trickreicheren Vergleichen nicht der Fall ist. Ja, für Schemata braucht es vielleicht gar keine Sechseck-Klonwettbewerbe, weil sie so sehr Routine geworden sind, daß gewöhnliche Gewichtungskriterien ausreichen (und folglich wählen wir, weil uns die Zeit davonläuft, wieder einmal den mittelgroßen Mietwagen).

Das Kriterium hoher Qualität zu erfüllen macht letzten Endes eine Entscheidung zu etwas emotional Befriedigendem, gleich ob es um das Entdecken komplizierter Muster oder das Erfinden phantasievoller Manöver geht. In einigen Bereichen wird die Qualität anhand von elaborierten Kriterien beurteilt, nicht nur anhand von Routineschemata. Woraus immer die Rationalität bestehen mag, ihre erstklassige Reputation ist sicherlich eng mit der narrativen Struktur verknüpft, mit unserer Suche nach der narrativen Einheit – und wie gut wir sie bewältigen.

Offensichtlich sind wir unter allen Arten einzigartig, was unsere symboli-
sche Fähigkeit angeht, und wir sind sicherlich einzigartig in unserer beschei-
denen Fähigkeit, die Bedingungen unserer Existenz mittels dieser Symbole
zu kontrollieren. Unsere Fähigkeit, die Realität zu repräsentieren und zu
simulieren, impliziert, daß wir uns der Ordnung der Existenz annähern und
sie dazu bringen können, menschlichen Zwecken zu dienen. Eine gute Simu-
lation, sei es nun ein religiöser Mythos oder eine wissenschaftliche Theorie,
verleiht uns das Gefühl, daß wir die Herren unserer Erfahrung sind. Etwas
symbolisch zu repräsentieren, wie wir es etwa tun, wenn wir sprechen oder
schreiben, heißt, es irgendwie einzufangen und es sich somit zu eigen zu
machen. Doch mit dieser Annäherung geht die Erkenntnis einher, daß wir
die Unmittelbarkeit der Realität verleugnet haben und daß wir dadurch, daß
wir einen Ersatz erschaffen, nur einen weiteren Faden in das Netz unserer
großartigen Illusion eingesponnen haben.   *Heinz Pagels, 1988*

»Haltet diese Metapher fest!«

11 | Wie in mentalen Mosaiken Gedanken entstehen

Wir selbst befinden uns im Gegensatz zu den Zellen, aus denen wir bestehen, nicht auf einer ballistischen Flugbahn; wir sind lenkbare Geschosse, die ihren Kurs jederzeit ändern können, um Ziele aufzugeben, Bindungen zu wechseln, Cliquen zu bilden und zu betrügen, und so weiter. Für uns ist immer die Zeit der Entscheidung, und da wir in einer Welt der Meme leben, ist uns keine Überlegung fremd oder vorbestimmt. Daniel C. Dennett, 1997

Wenn Sie erst einmal mit so grundlegenden Dingen wie Wahrnehmungstransformationen und Gedächtnisphänomenen fertig sind, müssen Theorien der Gehirnfunktion Abstraktionen und Assoziationen erklären, die so vielfältig sind wie Kategorien, Abstrakta, Schemata, Skripts, Syntax und Metapher. Doch auch sie sind nur Zwischenziele für eine Theorie der höheren intellektuellen Funktionen. Alles, was den Namen verdient, muß auch danach trachten, wie umrißhaft auch immer die Einheit des bewußten Erlebens zu erklären – und auch, wie dieses zwischen Gegenständen wechselt (was sogar gesteuert werden kann), die vor kurzem noch unterbewußt heranreiften. Wie ich sowohl in *Die Symphonie des Denkens* als auch in *Wie das Gehirn denkt* diskutiert habe, verfügt der Begriff des Bewußtseins über so viele unterschiedliche, weitverbreitete Konnotationen, daß Debatten darüber oft konfus werden, weil alle aneinander vorbeireden. Selbst innerhalb der Medizin und der Neurowissenschaft bezeichnet man mit dem Wort ein paar ganz verschiedene Dinge, und es gibt keinen Grund zu der Annahme, daß sie einen gemeinsamen Mechanismus haben.

Viele folgen einer langen neurologischen Tradition und definieren Bewußtsein ziemlich eng als bloße Bewußtheit (im klassischen psychologischen Sinn), ich glaube aber, daß wir jetzt über die konzeptuellen Werkzeuge verfügen, um es besser zu machen, um Piagets Problem anzugehen, wessen man sich bedient, wenn man nicht weiß, was man tun soll. Karl Popper hat Bewußtsein so formuliert:

»Ein Großteil unseres zweckgerichteten Verhaltens und vermutlich auch des zweckgerichteten Verhaltens von Tieren vollzieht sich ohne Einmischung des Bewußtseins. Welche biologischen Leistungen werden dann aber vom Bewußtsein unterstützt? Ich schlage als eine erste Antwort vor: die Lösung von *Problemen nicht-routinemäßiger Art.* Probleme, die durch Routine gelöst werden, erfordern kein Bewußtsein ... Aber die Rolle des Bewußtseins ist vielleicht da am klarsten, wo ein Ziel oder Zweck ... durch *alternative Mittel* erreicht werden kann und wenn zwei oder mehrere Mittel nach reiflicher Überlegung ausprobiert werden.«

Der meisten Dinge, die da in unserem Kopf vor sich gehen, sind wir uns nicht bewußt, und manchmal ist dies, wie beim Zen-Bogenschießen, auch besser so. Wenn wir eine neue Bewegungssequenz erlernen, wird sie zu einer Subroutine, die nicht länger bewußte Aufmerksamkeit erfordert: Eine Krawatte oder ein Haarband zu knoten erfordert anfangs viel bewußte Aufmerksamkeit, doch wenn es erst einmal etabliert ist (vielleicht auf einer subkortikalen Ebene), gelingt uns dies besser, wenn wir nicht darüber nachzudenken versuchen. Was anfänglich bewußt vermittelt wird, kann mit einiger Übung unterbewußt werden.

Doch unsere unterbewußten Aufgaben umfassen ein ganzes Spektrum, das sich vom Experten- bis zum Laienhaften, sogar Zufälligen erstreckt. Hier müssen wir uns der Experten-Subroutine zuwenden, die nicht länger die bewußte Aufmerksamkeit erfordert, und damit auch den unterbewußten Kandidaten, deren Qualität gesteigert wird – bis einer davon schließlich erfolgreich den gegenwärtigen und damit verblassenden Bewußtseinsinhalt ersetzt.

Dieses letzte Kapitel zielt auf ein Gedankenexperiment für das Bewußtsein in diesem breiteren Sinn ab, doch lassen Sie uns zunächst prüfen, wie sicher die Basis ist, die dieser darwinistische Flickenteppich für solch eine notwendigerweise anspruchsvolle Extrapolierung bietet.

Schon ehe der Leser zu diesem Teil meines Werkes gelangte, wird ihm eine große Anzahl von Schwierigkeiten aufgefallen sein, und einige von ihnen sind so groß, daß ich bis heute nicht an sie denken kann, ohne daß ernste Zweifel in mir aufsteigen. Indessen sind die meisten nur scheinbar vorhanden, und die anderen können, wie ich glaube, meiner Theorie nicht gefährlich werden.   *Charles Darwin, 1859*

Die vornehmste Aufgabe jeder Theorie besteht darin, mit sparsamen Beschreibungen eine bestimmte Gruppe von Fakten abzudecken. Das Ausmaß, in dem eine Theorie dies leistet, wird leicht überschätzt, wenn die Grundlagen nicht spezifiziert sind. Einige Theorien erinnern an Horoskope: Sicherlich treffen sie irgendwann, irgendwo in irgendeinem Sinn zu. Mangelnde Spezifizierung der Details des Wann, Wo und Warum macht Horoskope nicht sonderlich nützlich. Wir brauchen Details, um die theoretische Falle des vorzeitigen Schlusses zu vermeiden, welche uns mit einer Horoskop-Erklärung abspeist, die wenig spezifiziert.

Im Fall einer Theorie des Gehirns ist eine sparsame Beschreibung eine besondere Herausforderung, denn sie muß multiple Ebenen von Mechanismen umfassen – von Synapsen zu Zellen zu Schaltkreisen zu Modulen und so weiter. Und sie muß auch multiple Ebenen phänomenologischer Erklärung umfassen – beispielsweise Attribute, Objekte, Kategorien, Analogien und Metaphern.

Jenseits dieses deskriptiven Aspekts versucht eine Theorie, wann immer möglich, bislang noch nicht Beobachtetes vorherzusagen. Bei historischen Theorien wie etwa der Evolutionslehre ist die Vorhersage ein weniger wichtiger Aspekt, doch sie gilt immer als wertvolle Abkürzung, denn ihr Versagen stellt eine Warnung dar, daß es vielleicht an der Zeit ist, es mit einer anderen Formulierung zu versuchen. Da die Biologie aber voller Ausnahmen von den Regeln ist, sind theoretische Vorhersagen mit höherer Wahrscheinlichkeit für die experimentellen Strategien von Wert, die sie nahelegen, als für strategische Tests im Falsifikations-Modus.

Eine Reihe von Vorhersagen haben sich aus den neokortikalen Sechsecken ergeben, was mehrere experimentelle Ansatzpunkte nahelegt. Wenn der Leser mir gestattet, abermals das bislang Erreichte feiernd zu rekapitulieren, gehe ich eine Auswahl von Vorhersagen der Theorie und einige damit zusammenhängende deskriptive Erfolge durch.

Als deskriptive Theorie können neokortikale Sechsecke explizit Hebbs zweispuriges Gedächtnis begründen, und zwar mit charakteristischen spatiotemporalen Mustern für das unmittelbare Gedächtnis und in die synaptische Konnektivität eingebetteten Attraktoren für die Erinnerungen, die von Minuten bis zu Lebensspannen Bestand haben. Die Theorie beschreibt auch einen Aspekt der weitverbreiteten Synchronität, die man im Kortex beobachtet hat. Als prädiktive Theorie bietet sie sich ausbreitende synchronisierte Dreiecksanordnungen als die Schlüsselvorhersage, die schon mit heutigen Meßtechniken zu überprüfen wäre.

Die Sechseck-Theorie beschreibt, warum so viele Kurzzeiterinnerungen vielleicht nicht erfolgreich als Langzeiterinnerungen gespeichert werden. Sie stimmt mit den senilen Demenzen überein, bei denen offensichtlich längst vergangene Erinnerungen wieder aufgedeckt werden, wenn keine neuen Kurzzeiterinnerungen mehr produziert werden. Sie sagt Strategien vorher, wie das Speichern und das Wiederabrufen verbessert werden können – wie bei der Sashimi-Schichtung verblassender Attraktoren.

Sie beschreibt die Redundanz von Gedächtnisstellen und den langsamen Verlust oder die Modifikation von Erinnerungen während des Alterns dadurch, daß die Redundanz von sich darüberlegenden Attraktoren reduziert wird. Sie sagt verlangsamte Zugriffszeiten voraus, wenn weniger Paare von aneinandergrenzenden Sechsecken übrig bleiben, die denselben Attraktor in ihrem Repertoire haben.

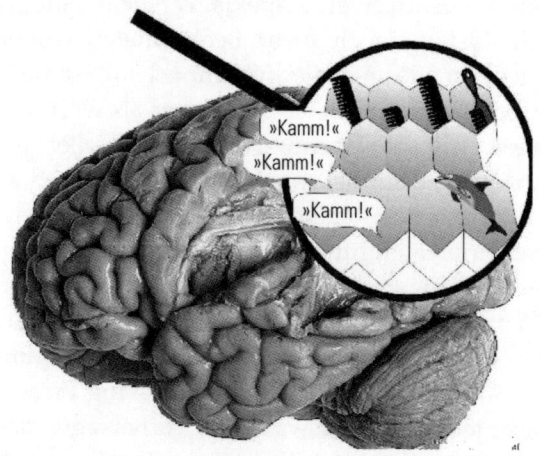

Sie beschreibt einfache Assoziationen von sensorischen Schemata mit solchen für Bewegungsprogramme. Sie sagt voraus, daß es zu solchen Assoziationen dadurch kommen könnte, daß in Konvergenzzonen aktive Feuermuster sich überlagern oder daß Attraktoren sich vermischen – doch dank des *faux* Fax könnte die Verknüpfung sogar in sensorischen oder motorischen Kortizes passieren.

Sie beschreibt einen Aspekt der kortikalen Plastizität nach einem Schlaganfall mittels der Multifunktionalität, die es neben der Spezialisierung kortikaler Areale gibt. Sie sagt voraus, daß eine Expertenregion einfach durch Änderung der Ausrichtung von Dreiecksanordnungen die permanenten Spezialisierungen der lokalen Konnektivität umgehen könnte – und damit zeitweilig als ein eher generellen Zwecken dienender Arbeitsraum fungiert. Sie sagt vorher, daß ein gegebenes kortikales Areal multiple »Persönlichkeiten« haben kann, die den unterschiedlichen Ausrichtungen der Dreiecksanordnungen entsprechen.

Sie beschreibt einige funktionelle Rollen von Minikolumnen und Makrokolumnen. Sie sagt einen neuen Typ sechseckiger, funktioneller Strukturen von Makrokolumnen-Größe im assoziativen Kortex vorher, die sich im Gegensatz zu anderen Makrokolumnen überlappen können.

Sie beschreibt die generellen Eigenschaften der spontanen Aktivität, die wir mit Mikroelektroden-Techniken im assoziativen Kortex beobachten: relativ beliebig im Timing und langsam, was die durchschnittliche Feuerrate angeht, wobei Stille die Norm ist. Sie sagt vorher, daß in einem gegebenen kortikalen Areal Zentimeter voneinander entfernte Quellen mittels miteinander verflochtener Dreiecksanordnungen einheitliche spatiotemporale Muster von ungefähr 0,5 mm Größe generieren können, die sich wie ein Tapetenmuster wiederholen. Sie sagt vorher, daß die für die Wiedererschaffung der spatiotemporalen Muster beim Erinnern entscheidende Attraktor-Verdrahtung von ihrer ursprünglichen Ausdehnung zu Strukturen von Makrokolumnen-Größe kompaktiert werden kann, wobei zugleich noch viel Redundanz erlangt werden kann.

Sie beschreibt, warum wiederholte Exzitation zwischen Oberflächen-Pyramidenneuronen mit NMDA-Synapsen, Langzeitpotenzierung und Lücken von Standardabstand in den intrinsischen horizontalen Verbindungen assoziiert sein sollten. Sie schlägt automatische Aussteuerungskontrollen vor, die verhindern, daß die Rekrutierung durchgeht, und, was noch einzigartiger ist, sie sagt voraus, daß die Knoten der Dreiecksanordnungen mit der Zeit schrumpfen sollten. Und sie sagt vorher, daß Zentralregionen zu engeren Annäherungen an gleichseitige Dreiecke kristallisieren sollten, wenn Territorien größer werden (wobei man natürlich den Vorbehalt des »gerade gut genug« im Kopf behalten muß, S. 50).

Sie beschreibt die retrograde Inhibition von Erinnerungen mittels chaotischen Einfangens – beispielsweise wenn eine neue Telefonnummer den Zugang zu der alten behindert. Sie sagt voraus, daß regionale Reduktionen der Exzitabilität unmittelbare Erinnerungen auslöschen können, wobei zugleich verblassende Attraktionsbassins zurückbleiben, von denen aus aktive Muster wiederbelebt werden können.

Sie beschreibt, wie Anfälle jüngere Erinnerungen vernebeln können – und zwar etwa so, wie bei einer Erneuerung der Straßendecke die Löcher in der Straße, die das Waschbrettmuster konstituieren, wieder aufgefüllt werden, oder wie Ödeme charakteristische Gesichtsrunzeln verschwinden lassen. Sie sagt vorher, daß die Beibehaltung eines weitverbreiteten, unsinnigen »Mantra«-Musters für die Dauer der neokortikalen Langzeitpotenzierung durch Minimierung sinnvoller Assoziationen dazu dienen könnte, zu verhindern, daß sich andere temporäre Attraktoren bilden.

Sie beschreibt sowohl Déjà-vu-Erlebnisse wie auch das vorzeitige Beenden; sie sagt voraus, daß ein ähnlicher Mechanismus des Zu-schnell-Klonens, der verhindert, daß langsamere Verbindungen das Ergebnis beeinflussen, eine Agnosie hervorrufen könnte.

Sie beschreibt die langen Reaktionszeiten der kognitiven Verarbeitung (durch Übertragungsverzögerung wahrscheinlich kaum zu erklären) mittels der Zeit, die die Synchronisierung, das lokale Rekrutieren und transmodale Verbindungen via Konvergenzzonen brauchen. Sie sagt vorher, daß diese Reaktionszeiten mittels transmodaler Bereitstellung verkürzt werden können.

Sie beschreibt neurale Äquivalente einfacher Mutationen und Auslöschungen (die »Fähigkeit, kleine Schnitzer zu machen«) und sagt einige Äquivalente der Rekombination mittels aktiver Überlagerungen durch die Verflechtung von Dreiecksanordnungen voraus. Sie sagt passive Überlagerungen mittels sukzessiv übereinandergelegter Attraktoren vorher. Sie sagt geometrische Arrangements von Barrieren und Schlachtfronten voraus, wodurch anderenfalls sterile Hybriden sich reproduzieren können. Sie beschreibt die Konstruktion und Dekonstruktion von Attributen, Objekten, Schemata und sogar Analogien; wie Hebbs Zellensemble-Theorie auf stabilisierte Bildfragmentierung angewandt, weist sie Merkmale sowohl der holistischen als auch der Spezialisierungssicht der mentalen Funktion auf. Sie sagt multiple Ebenen stratifizierter Stabilität voraus, die alle in der Lage sind, mittels darwinistischer Prozesse die Qualität zu verbessern und Neues zu kreieren, wovon einiges eine höhere Form von Bewußtsein konstituieren könnte.

Die unterschiedlichen Niveaus von Erklärungen und Mechanismen sind zur Differenzierung wichtig, wenn wir die Vermischung der Ebenen vermeiden wollen (damit wir nicht aneinander vorbeiargumentieren), wie es in der Evolutionsbiologie mehrere Jahrzehnte nach der Wiederentdeckung von Mendels Genetik im Jahr 1900 der Fall war. Am Ende waren die meisten bereit, Mutationen und Selektionismus als zwei Seiten derselben Münze und nicht als konkurrierende Erklärungen zu betrachten, doch das dauerte ein paar Dekaden. Jonathan Weiner schrieb in seinem Buch *Der Schnabel des Finken*:

»Nach Darwins Tod fiel es zwar vielen Biologen leicht, den Gedanken der Evolution zu akzeptieren, doch sträubten sie sich dagegen, Darwins Haupterklärung dafür zuzustimmen: Evolution ja; Selektion nein. Der Begründer der modernen Genetik, William Bateson, schrieb im Jahre 1913 einen Abgesang auf den Darwinismus: ›Er läßt sich mit den Tatsachen so wenig in Übereinstimmung bringen, daß wir uns ... über den Aufwand an Scharfsinn nur wundern können, den jene an den Tag legen, die eine solche Aussage verteidigen.‹«

Unter anderem davon ließ sich J. B. S. Haldane zu seiner geistreichen Bemerkung über »die vier Akzeptanzstadien einer wissenschaftlichen Theorie« inspirieren: »(I) Das ist wertloser Unsinn; (II) das ist ein interessanter, aber verdrehter Standpunkt; (III) das ist wahr, aber ganz unwichtig; (IV) das habe ich schon immer gesagt.« Heutzutage kommt eine Verwechslung von Variation und Selektion einer Verwechselung von Genotyp und Phänotyp gleich, was Biologen zu vermeiden wissen (aber nur wenige andere Leute).

Drei Jahrzehnte dauerte es, bis die neodarwinistische Evolutionssynthese unser Nachdenken über die Beziehung zwischen Genetik und Darwinismus, zwischen Individuen und Populationen zurechtrückte; hoffentlich müssen wir das nicht noch einmal durchmachen, wenn wir über einen Darwinismus im Bereich von Millisekunden bis Minuten sprechen. Denn die Ignoranz hinsichtlich der Erklärungsebenen ist groß, vor allem in jüngeren Arbeiten über die Quantenmechanik als Basis des Bewußtseins, was zeigt, wie attraktiv solche Vermischungen der Ebenen sein können. In *Wie das Gehirn denkt* bezeichne ich die grandioseste dieser Konfusionen als den »Traum des Hausmeisters«. (Dieser hofft, aus dem Unterkeller der Quantenmechanik mit einem einzigen Satz ins Penthouse des Bewußtseins zu springen!)

Beim Darwinismus im Bereich von Millisekunden bis Minuten ist die verständlichste Verwechslung sicherlich die mit dem Selektionismus im Bereich von Tagen bis Jahren, dem Changeux und Edelman die Verdrahtung des Nervensystems in der Ontogenese und das Selektieren sinnvoller Modifikationen eben dieser Verdrahtung durch die Erfahrungen des Lebens zuschreibe. Wenn ich diese Ebene beschreibe, spreche ich von der Modifikation der Attraktoren; andere mit diesen rein spatialen Langzeitmustern assoziierte Begriffe sind die Buckel und Rillen der Waschbrett-Straße, synaptische Gewichtungen und Konnektionismus.

Differentielle Änderungen von synaptischen Stärken laufen mit Sicherheit ziemlich genau so ab wie beschrieben, und Edelmans Wiedereinspeisungs-Interaktionen mit »kortikalen Anhängen« sind wahrscheinlich wichtige Mechanismen der Bearbeitung und Gewichtung, und ganz ähnlich hat William James schon ein Jahrhundert früher den skulptierenden Selektionismus beschrieben:

»Der Geist ist in jedem Augenblick eine Bühne simultaner Möglichkeiten. Bewußtsein besteht aus dem Vergleich dieser miteinander, der Auswahl einiger und der Unterdrückung des Restes durch die verstärkende und hemmende Agentur der Aufmerksamkeit. Die höchsten und ausgefeiltesten geistigen Hervorbringungen werden aus den Gegebenheiten gefiltert, die die nächste Fakultät darunter aus der Masse auswählte, welche die Fakultät unter jener anbot und die wiederum aus einer noch größeren Menge noch einfacheren Materials herausgesiebt wurde und so weiter. Der Geist bearbeitet, kurz gesagt, die Gegebenheiten, die er geliefert bekommt, ganz ähnlich, wie ein Bildhauer seinen Marmorblock bearbeitet.«

Man beachte, daß meine Theorie nicht mit solchen Formen neuralen Selektionismus konkurriert (ausgenommen insofern, als sie für sich in Anspruch nehmen, den James-Piaget-Popper-Aspekt des Bewußtseins auszuweiten). Vielmehr bauen die ephemeren Kopierwettbewerbe, auf die ich so großen Wert lege, auf den breiteren Grundlagen eines solchen längerfristigen Selektionismus auf, der einen Teil der Umwelt darstellt, welche die Klonwettbewerbe (und *faux* Faxe) auf meiner Zeitskala von Millisekunden bis Minuten in die eine oder andere Richtung drängt. Als solche spielen sich meine ephemeren Kopierwettbewerbe eine Ebene höher ab als die konnektionistische Schicht, auch wenn sie mittels Feedback hier die synaptischen Stärken verändern, genau wie Edelmans Wiedereinspeisung ebenfalls die Konnektivität abwandelt.

Der hier vorgestellten Theorie nach ist es die Hegemonie, die unserem momentanen bewußten Erleben das Thema vorgibt; die verbleibenden

Mosaiken anderer Muster konstituieren unser Unterbewußtsein. In den kortikalen Territorien dominiert ein bestimmter Geisteszustand, genau wie eine Nation die Führerschaft einer Gruppe von Staaten übernimmt. Wenn kein

sensorischer Input unsere Aufmerksamkeit fordert, wird irgendwann eines der nicht dominanten Muster die Stelle des momentanen Siegers einnehmen, vielleicht ein neuartiges Muster ohne Basis in den existierenden Erinnerungen, vielleicht aber auch eines, das eine altvertraute Sorge repräsentiert.

Passive Bewußtheit (und ihre neuralen Korrelate) ist vielleicht viel einfacher als die kreativen Konstruktionen, die die James-Piaget-Popper-Ebenen von Bewußtsein implizieren; das plötzlich aufblitzende Erkennen eines vertrauten Objekts braucht vielleicht gar keinen Klonwettbewerb, wie er für eine mehrdeutige Wahrnehmung oder eine neuartige Bewegungsfolge nötig ist. Sechseck-Mosaiken sind sicherlich nicht das einzige, womit sich das Gehirn beschäftigt; ja, sie sind vermutlich bloß *ein* Operationsmodus in einigen Arealen des Neokortex, und sie werden von anderen Gehirnregionen wie etwa dem Hippocampus oder dem Thalamus reguliert. Doch Mosaiken, die in diesem Augenblick da und im nächsten schon wieder verschwunden sind, scheinen gut geeignet, viele Aspekte des Geistes zu erklären – Aspekte, von denen man sich nur schwer vorstellen kann, daß sie aus der Quantenmechanik, der Chemie, den Neurotransmittern, einzelnen Neuronen, einfachen Schaltkreisen oder auch den kleinen neokortikalen Modulen wie etwa den Minikolumnen emergieren. In bestimmten Arealen sind zu gewissen Zeiten Sechseckwettbewerbe vielleicht die Hauptsache. Sie stellen eine Erklärungsebene dar, die den Anschein macht, daß sie angemessen ist; wir müssen einfach probieren, wie weit sie als Erklärung für das Selbstgespräche führende Bewußtsein tragen.

Edelman versagt sich vernünftigerweise an einer Stelle, das Denken selbst zu behandeln (das mag überraschen, da das Buch behauptet, vom Bewußtsein zu handeln, doch man denke an jene selbstauferlegten Scheuklappen der neurologischen Tradition). Und dann geht er daran, Denken als die Konstruktion konzeptueller Theorien über die Welt zu definieren. Auch ich würde den Prozeß über das Produkt stellen, allerdings würde ich auch jene Vorgänge am unteren Ende der Qualitätsskala mit einschließen – den Prozeß während der vier Stunden des Umwälzens jede

Nacht (während der Hälfte allen Schlafs), bei dem es kaum zu einem Fortschritt kommt, sondern nur zu den phantastischen Paradoxien unseres Traumschlafs. Am oberen Ende würde ich die progressive Steigerung der Qualität betonen, die Entdeckung von Ordnung inmitten anscheinender Unordnung, und die Erschaffung neuer Abstraktionsebenen für Beziehungen.

Das eigentliche, einzigartige und beständige Objekt des Denkens: das, was nicht existiert, das, was nicht vor mir liegt, das, was war, das, was sein wird, das, was möglich ist, das, was unmöglich ist. Paul Valéry

Auf der Grundlage von Sechseck-Kopierwettbewerben kann man umreißen, was zum Denkprozeß alles gehören mag, und zwar mit neokortikalen Aspekten von (1) spatiotemporalen Mustern aktiven Feuerns und (2) den in die Konnektivität eingebetteten Attraktoren (zum Denken gehören natürlich wohl auch die thalamokortikalen Schleifen und jene kortikalen Anhängsel, welche ich vielleicht zu kurz unter die extrinsischen Einflußfaktoren der Attraktionsbassins subsumiert habe). Denken muß sich im Prinzip nicht sonderlich von dem unterscheiden, was ich beim Beispiel der Klassifizierung eines mehrdeutigen Objekts umrissen habe (S. 108), wobei die Aufgabe lautet, Kandidaten zu finden und dann sich für einen von ihnen zu entscheiden. Stellen Sie sich einfach vor, daß Ideen um Raum konkurrieren und nicht die zerebralen Codes für Objekt-Kandidaten. Ein wichtiger Unterschied ist jedoch, daß das Denken viele Erklärungsebenen durchmessen und eine angemessene lokalisieren muß. Wenn wir versuchen, sinnvoll über ein Thema zu sprechen, sind wir oft zwischen dem Schwelgen in grundsoliden Details und dem Schwafeln über vielleicht zu abstrakte Allgemeinheiten hin- und hergerissen. In einer Arbeit vom Umfang eines Buches kann man vielleicht das gesamte Spektrum abdecken – auch wenn die Leser vielleicht nicht immer synchron ihre Präferenzen für Details und Übersichten variieren!

Theorien über den Geist müssen nicht nur dessen Fähigkeiten erklären, sondern auch mit dem übereinstimmen, was wir über pathologische Prozesse wissen. In diesem Buch ist kein Platz für einen ausgedehnten Diskurs über jene Aspekte von neurologischen und psychiatrischen Erkrankungen, an denen vielleicht Klonwettbewerbe beteiligt sind. Schiefgehen könnte einiges mit dem Tempo des Klonens, der Rate von Unterbrechungen, der Größenordnung solcher »Klimawechsel«, der Pluralität, die man für einen Sieger braucht, der Dauerhaftigkeit des ephemeren Mosaiks, dem mehr oder weniger langsamen Verblassen der Kurzzeit-Attraktoren, dem lokalen Verhältnis der Neuromodulatoren zueinander, und all das Ganze noch einmal via die inhärent verrauschten *Faux*-Fax-Verbindungen. Ein paar Beispiele mögen dazu dienen, anzudeuten, wo die Planung von Experimenten ansetzen könnte.

Der Mensch muß wissen, daß in nichts anderem als dem Gehirn Freude und Vergnügen, Lachen und Kurzweil und Sorgen, Trauer, Wehklagen und Verzweiflung ihren Ursprung haben ... Und durch eben dasselbe Organ werden wir irre.

Hippokrates

Obwohl der »Traum des Hausmeisters« als unwahrscheinlich erscheinen mag, sind ein paar Sprünge zwischen nicht aneinandergrenzenden Ebenen der neokortikalen Repräsentation sicherlich möglich, das ist einfach im Wesen der zerebralen Codes der Sechseck-Theorie begründet. Es gibt wirklich nichts, was den zerebralen Code für *Apfel* davon abhalten kann, mit dem für *Obst* zu konkurrieren. Wir alle machen bei der Kategorienbildung Fehler, und dann versuchen wir sie auszumerzen. Ein simpler pathologischer Be-

Das Anormale zu studieren ist der beste Weg, das Normale zu verstehen.　*William James*

fund könnte einfach der sein, daß dieses Ausmerzen unterbleibt, ehe gesprochen wird, und so käme es zu der Unlogik und den Trugschlüssen bei der positiven formalen Denkstörung.

Wenn der Neokortex zu exzitabel wäre, würden sich zu wenige Klonier-Barrieren bilden. Das würde bedeuten, daß aufgrund wenigerer Tore nicht so viele Varianten der Fehlerkorrektur entkommen würden, und so würde der Lösungsraum nur verkürzt erforscht. Man wäre in der Lage, weite Bereiche zu kolonisieren, ohne daß es dabei zu einer Konkurrenz kommt. Das würde nicht nur zu Resultaten von schlechter Qualität führen, das erfolgreiche spatiotemporale Muster hätte auch den großen homogenen »Chor«, der normalerweise mit erfolgreichen Erinnerungs-Abrufen assoziiert ist. Selbst unvertraute Situationen würden deswegen vertraut erscheinen. Déjà-vu-Erfahrungen wären ein mögliches Ergebnis.

Wenn der Kortex nicht genügend exzitierbar wäre, würden Routineoperationen noch immer erledigt, aber Aufgaben, die Konzentration oder das Sichten von Möglichkeiten erfordern, wären erheblich verlangsamt. Nur wenige neue episodische Erinnerungen würden sich bilden, »Amnesie« könnte ein typischer Befund lauten.

Eine uneinheitliche Verteilung von zu viel hier, zu wenig dort könnte zu Dissoziationen und Fugue-Zuständen führen. Ein Patient, der sich in San Francisco wiederfindet, sich aber nicht daran erinnern kann, warum er dort hingereist ist, hat in seinem Kortex vielleicht eine massive Straßenblockade (eine ausgedehnte Barrieren-Region, die nicht U-förmig umgangen werden kann) oder Umleitungen, die in Sackgassen enden (Attraktorbassins, die Versuche, auf diese Erinnerungen Zugriff zu nehmen, ablenken).

Auch zu spärliche Veränderungen wären pathologisch interessant, selbst wenn die Durchschnittswerte dabei normal blieben. Zu einer Unfähigkeit, einen großen Chor zu bilden, könnte es kommen, wenn Fluktuationen der Exzitabilität minimiert sind, so daß es zu Pattsituationen kommt, und dies würde andere Typen von pathologischem Denken entstehen lassen wie beispielsweise Unentschlossenheit oder Fehleinschätzungen der Vertrautheit (Jamais-vu-Erlebnisse). Wenn »Klimawechsel« für die Schnelligkeit des Wiedererkennens oder der Entscheidungsfindung wichtig sind, könnten einige subkortikale pathologische Befunde sich dahingehend auf den Kortex auswirken, daß sie zu ungenügenden Fluktuationen führen und nicht etwa zu ungenügenden Durchschnittswerten kortikalen Inputs. Oder die Fluktuationen finden zu langsam statt.

Zu häufige Veränderungen würden natürlich zu beschleunigter Variation und damit zu vorzeitiger Entscheidungsfindung führen – und dabei fällt einem eine klassische Form von Geistesstörung ein: die Schnelligkeit des Denkens, die mit manisch-depressiven Erkrankungen assoziiert ist.

Diese Spielart des Wahnsinns hat mit ganz bestimmten Qualen, ganz bestimmten Hochstimmungen, Einsamkeits- und Angstgefühlen zu tun. Im Zustand der Euphorie fühlt man sich phantastisch. Ideen und Wahrnehmungen tauchen so schnell und häufig auf wie Sternschnuppen, und man verfolgt sie, bis man auf noch bessere, glänzendere stößt. Man verliert seine Scheu, hat plötzlich im richtigen Augenblick die richtigen Worte und Gesten parat, lebt in der Überzeugung, andere in seinen Bann ziehen zu können. Uninteressante Menschen kommen einem interessant vor. Überall herrscht Sinnlichkeit; das Verlangen, zu verführen und verführt zu werden, ist unwiderstehlich. Gefühle von Leichtigkeit, Intensität, Kraft, Wohlbefinden, finanzielle Allmacht und Euphorie durchdringen einen bis ins Mark. Aber an irgendeinem Punkt schlägt alles um. Die schnellen Ideen sind plötzlich zu schnell – und es sind viel zu viele; eine überwältigende Verwirrung verdrängt

die Hellsicht. Das Erinnerungsvermögen schwindet. Der heitere, entzückte
Gesichtsausdruck der Freunde verwandelt sich in Angst und Besorgnis.
Während einem zuvor alles entgegenkam, geht einem nun alles gegen den
Strich: Man ist reizbar, wütend, verängstigt, unbeherrscht und in den dunkel-
sten Verliesen der Seele gefangen. In Verliesen, von deren Existenz man vor-
her nichts ahnte.   *Kay Redfield Jamison, 1997*

Bei den meisten von uns variiert die Schnelligkeit des Denkens erheblich.
Als psychiatrisches Phänomen hat diese Aussage allerdings besondere
Bedeutung. Ein Experte (der all die üblichen Fehler kennt und weiß, wie
man sie vermeidet) kann auf eine Weise rasch agieren, wie das dem Laien
nicht gelingt. Doch die Tempowechsel bei einem Patienten mit manisch-
depressiver Erkrankung (oder der damit verwandten, aber weniger
extremen Zyklothymie) haben vielleicht nichts damit zu tun, wie gut die
Verbindungen etabliert sind. Selbst ein Experte, der mit vertrautem Material umgeht, wechselt von der Behendigkeit, mit der er bei Hypomanie
Verbindungen herstellt und Entscheidungen trifft, bei Depression in
einen langsamen, mühseligen Fluß der Gedanken, zögert und schafft es
nicht, die naheliegenden Verbindungen zwischen dem herzustellen, was
ganz offensichtlich da ist (wie das verzögerte Wiedererinnern schließlich
beweist).

Die Wirksamkeit der Antidepressiva legt natürlich nahe, daß der
depressive Zustand vielleicht auf ein gestörtes Gleichgewicht der Neuromodulatoren zurückzuführen ist, wovon vor allem die Norepinephrin-
und Serotonin-Systeme betroffen sind. Doch daß es gemischte Depressionen gibt, hält uns davon ab, das retardierte Denken einfach mit der Stimmung gleichzusetzen: Bei vielen bipolaren und zyklothymischen Patienten kann es sowohl im Zustand des Hochgefühls als auch in dem der
Niedergeschlagenheit zu einem rasenden Gedankenfluß und einer
gehetzten Sprechweise kommen. Bei der Hypomanie scheint jeder neue
Einfall vielversprechend zu sein; bei der gemischten Depression werden
gleich häufige Gedanken systematisch negativ bewertet, und so denkt
man sich schnell in eine finstere Höhle hinein.

Während die kortikale Sechseck-Theorie gegenwärtig noch nichts
über globale Einflüsse auf die Stimmung oder Aufgewecktheit nach Art
von Hobsons Theorie sagen kann, bietet sie doch eine Reihe von Kandidaten für die Schnelligkeit des Denkens (all jene Analogien zu Klimawechsel und Insel-Biogeographie) und das Fällen von Entscheidungen

(mittels der *Faux*-Fax-Mechanismen und jener $N_k < N_a$-Verbindungs-Erfordernisse). Leicht kann man sich noch weitere vorstellen, Äquivalente der Langeweile oder der Suche nach Neuem, die mit der Anzahl der simultanen Konkurrenten oder der »Generationszeit« assoziiert sind.

Die isolierte Versuchsperson sah unter anderem primitive Tiere in einem prähistorischen Urwald und moderne Eichhörnchen, die Schneeschuhe trugen ... Charles Lindbergh war sich auf seinem einsamen Flug über den Atlantik »geisterhafter Präsenzen in meinem Flugzeug« bewußt und sah »nebelgleiche Gestalten, die den Rumpf bevölkerten, mit menschlichen Stimmen sprachen, mir Ratschläge erteilten und wichtige Botschaften zukommen ließen«. Einsame Einhandsegler und Schiffbrüchige in Rettungsbooten berichten von Visionen. Selbst an Land kann unter offensichtlich normalen Umständen die Monotonie einer Langstreckenfahrt durch die weiten Ebenen des nordamerikanischen Westens dazu führen, daß der Fahrer Dinge sieht – riesige Eselhasen, die mit einem Satz über das Auto springen –, und Fernfahrer, die nachts dem endlosen weißen Strich den Highway hinab folgen, können ihre Lastwagen zu Bruch fahren, wenn sie versuchen, einem gar nicht vorhandenen Objekt auf der Straße vor ihnen auszuweichen. Donald O. Hebb, 1980

An den Psychosen ohne begleitende Stimmungsschwankungen sind ebenfalls Denkstörungen beteiligt. Zwei typische Kennzeichen dieser Psychosen sind Halluzinationen (nicht solche wie die von Lindbergh, die eine erkennbare Ursache haben) und Wahnvorstellungen. Bei Halluzinationen werden vorgestellte Ereignisse oder Gedächtnisinhalte irrtümlicherweise für momentanen sensorischen Input gehalten: Die Betroffenen hören vielleicht Stimmen, spüren brennenden Schmerz, sehen Objekte oder Leute. Es gibt Menschen, die sich für so etwas begeistern können, und sie versuchen Halluzinationen absichtlich mittels Dehydratation, Schwitzbädern, Drogen oder sensorischer Deprivation herbeizuführen.

Einst war die Tuberkulose eine bekannte halluzinogene Krankheit, Auslöser waren Tuberkulome des Temporallappens; die Stimmen, die Jeanne d'Arc hörte, waren wahrscheinlich auch darauf zurückzuführen. Heute sind Schizophrenie, manisch-depressive Erkrankungen und Epilepsie diejenigen Gehirnstörungen, die die meisten der spontanen Halluzinationen produzieren (allerdings erleben wir natürlich alle psychotische Symptome bei jedem Traum des REM-Schlafs). Die mechanistischen Grundlagen des Denkens zu verstehen wird hoffentlich einen Weg eröffnen, die bei Schizophrenie sich aufdrängenden Gedanken richtig einschätzen und modifizieren zu können. Der Theorie der Sechseck-Klone zufolge ist der Gehalt einer Halluzination bloß der Stoff unterbewußter Wettstreite, und der pathologische Befund könnte darauf zurückzuführen sein, daß sie ernst genommen werden, daß der Prozeß vorzeitig beendet wird, ehe die nötige Qualität ausgebildet ist.

Bei Wahnvorstellungen handelt es sich um subtilere, langfristigere Fehlfunktionen in der Realitätsüberprüfung, als es bei Halluzinationen der Fall ist. Zu den häufigsten Wahnvorstellungen zählen Paranoia, Eifersucht, Selbstüberschätzung, die Empfindung von Sünde und Schuld – wie die Halluzinationen in den Träumen haben wir so etwas alle schon einmal erlebt; pathologisch daran ist eher ihre Persistenz. Bei Schizophrenie können Wahnvorstellungen bizarre Ausmaße annehmen, die keinerlei Basis in der Alltagserfahrung haben – beispielsweise von Marsmenschen ferngesteuert zu werden. Und warum wird die Wahnvorstellung nicht von Korrekturen überschrieben, all jenen Dingen, die in der Regel unsere Fehleinschätzungen mittels weiterer Erfahrung modifizieren? Oder verwerfen, wie wir regelmäßig unsere nächtlichen Träume ignorieren? Warum verblaßt eine fixe Idee nicht wie meine unbenutzten Formeln der höheren Analysis? Eine Wahnvorstellung kann oft so hartnäckig sein wie ein konnatales Verhalten, mit dem wir geboren werden – es ist schwierig, es zu ignorieren oder es zu verlernen.

Wahnvorstellungen (oder auch Obsessionen und Zwangshandlungen) könnten auf ein besonders sicheres Attraktionsbassin zurückzuführen sein. Ein besonders großes Einzugsgebiet, so daß viele Situationen verzerrt werden, bis sie ins Schema passen, so daß ihre zerebralen Codes eingefangen und standardisiert werden wie ein schwarzes Loch Nachbarn einfängt und sie unsichtbar macht, das würde zu Eigenschaften führen, die an Wahnvorstellungen erinnern. Sind an der Aufwärmphase einer Wahnvorstellung vielleicht ungewöhnlich weit verbreitete Klone des Attraktors beteiligt, so daß viele Hunderte über die Konnektivität eines ganzen Areals verstreut sind, eventuell aufgrund eines lange zurückliegenden Erfolgs, der einen großen Chor hervorrief, welcher zu regelmäßig übte? Von einem besonders häufigen Erinnerungsabruf, der dazu diente, die Erinnerung noch gründlicher einzubetten, oder von verdeckten Zugangsrouten zu anderen Attraktionsbassins?

Die Meta-Theorie für Sechseck-Klonwettbewerbe ist gegenwärtig etwa so, als würde man über das Wetter sprechen. Subkortikale Supervisoren des Flickenteppichs scheinen wahrscheinlich, doch einige neokortikale Regionen könnten auch dazu tendieren, die Klonwettbewerbe in anderen zu überwachen, ihre Habituation zu regulieren und so weiter.

Doch es braucht keinen großen Supervisor mit noch mehr Intelligenz. Solange nichts auf etwas Komplexeres hindeutet, sollten wir von der Annahme ausgehen, daß jeder Regulierungsprozeß im Grunde dumm ist und vielleicht nur aus chaotischen Phänomenen im größeren oder kleineren Maßstab besteht. In manchen Weltgegenden sagt man: »Wenn Ihnen das Wetter nicht paßt, warten Sie einfach eine Stunde.« Die stark unterschiedlichen Jahreszeiten der gemäßigten Zonen haben wahrscheinlich bei der Evolution der Arten eine wichtige Rolle gespielt, und vielleicht sagen wir eines Tages noch: »Wenn Ihnen das Klima nicht paßt, warten Sie einfach eine Dekade.« Wie ich in *Der Schritt aus der Kälte* argumentiere, haben abrupte, den Eiszeiten überlagerte Klimawechsel vielleicht geholfen, eine ineffiziente Affenvariante zu konservieren, die sich zufällig als ein Hans Dampf in allen Gassen erwies und in der Lage war, sich binnen einer Generation an neue Ernährungsweisen anzupassen. Im Kortex könnten sich die Spielregeln im Zeitrahmen von Millisekunden bis Minuten verändern.

Als solches könnte das Elektroenzephalogramm nützliche Hinweise liefern. Wir sind daran gewöhnt, daß wir uns scheuen, den unterschiedlichen EEG-Rhythmen Funktionen zuzuschreiben, das Sechseck-Klonen könnte uns aber helfen, die EEG-Kurven in neuem Licht zu betrachten – als Triebkräfte der territorialen Expansion und der Demen-Auslöschung.

Wenn so viele Dinge gleichzeitig im Neokortex vor sich gehen, warum erleben wir dann die Welt bewußt als Einheit? Wir sprechen mit nur einer Stimme, selbst wenn wir mit uns selbst reden. Wir haben das Gefühl, das Zentrum einer Konvergenz von verschiedenen Geschichten zu sein, mit denen wir die Vergangenheit erklären, während wir gleichzeitig versuchen, uns zwischen verschiedenen spekulativen Szenarien der Zukunft zu entscheiden.

Auf die Frage nach der Einheit gibt es ein paar triviale Antworten, beispielsweise daß einige Dinge – etwa der eigene Blutdruck – den Mechanismen der verbalen Vermittlung völlig unzugänglich sind, so daß die

Einheit vielleicht eine Illusion ist, einfach eine Frage dessen, was der Verbalisierung zugänglich ist.

Im Kontext von Klonwettbewerben würde eine verlockendere Antwort lauten, daß wir ein einheitliches Bewußtsein haben, weil es beim Konkurrenzkampf immer nur einen Sieger geben kann – und das ist einfach der größte Flicken von den Dutzenden, die sich gegenwärtig irgendwo auf dem dynamisch sich reformierenden Flickenteppich finden lassen (oder zumindest ist es der größte von denen, die einen momentanen Zugriff auf die Output-Bahnen haben). Wenn Pattsituationen durch die Perturbationen eines launischen Klimas verhindert werden, gibt es immer einen Sieger, und dann kommt es nur noch auf den Schwellenwert für die Konvertierung von Gedanken in Handeln an, auf das Qualitätskriterium. Das Zentrum des Bewußtseins verlagert sich also ständig von einem kortikalen Areal zu einem anderen, während die Gedanken weiterwandern. Zugleich ist dies eine passende Erklärung, warum neokortikale Läsionen nicht in der Lage zu sein scheinen, das Bewußtsein zu zerstören, oder nur bestimmte Typen von Bewußtseinsinhalten wie etwa Farbattribute zerstören können.

> Die Phantasie ist das Wetter des Geistes.
>
> Wallace Stevens, 1957

Wenn man die Frage nach dem Bewußtsein also als Wettbewerb formuliert, dann bekommt man eine Einheitsantwort. Vielleicht sollten wir sie anders fassen: Können wir möglicherweise zwei Aufgaben auf Bewußtseinsebene gleichzeitig lösen? Mit einer Theorie wie spatial verteilten Klonwettbewerben lautet die Antwort mit Sicherheit: »Warum nicht?«

Der Grund ist, daß der Theorie zufolge unterschiedliche qualitätssteigernde Wettbewerbe parallel vorangetrieben werden. Wenn man simultane Viertel- und Halbfinale hat, die zu dem gehirnweiten Endspiel hinführen, das wir unseren momentanen Bewußtseinsinhalt nennen, warum sollten dann nicht einfach sowohl der globale Sieger wie der Zweitbeste aus einem anderen Bereich simultan Output liefern, wobei jeder auf einem unterschiedlichen Gedankenstrom operiert?

Man könnte uns nicht leicht davon überzeugen, daß irgend jemand ein »zweispuriges Bewußtsein« hat, wenn er bloß behauptete, daß er zwei Wachheit erfordernde Aufgaben simultan erledigen könnte. Oder zwei Schemata sich gleichzeitig merken könnte, ein visuelles und ein verbales.

Wir bräuchten Aufgaben, die Sentenzen gleichen. Zwei simultane Geschichten wären am überzeugendsten. Wenn Bewußtsein involviert, Neues zu generieren und zwischen alternativen Handlungsverläufen zu wählen (Bewußtsein also nicht als bloße Bewußtheit verstanden wird), müßte demonstriert werden, daß zwei solche Aufgaben parallel erledigt werden können.

Verstehensaufgaben sind aber in der Regel leichter zu bewältigen als Produktionsaufgaben: Die meisten von uns können ein Buch lesen und gleichzeitig Radio hören. Wir brauchen also zwei simultane Produktions-*Outputs* von Bewußtsein erfordernden Prozessen.

Denken Sie beispielsweise an einen Taubstummen-Dolmetscher, der, wenn er nicht gesprochene Sprache in Zeichensprache übersetzt, es vielleicht durchaus möglich findet, zwei Unterhaltungen gleichzeitig zu führen, indem er zu der einen Person spricht und der anderen in Zeichensprache signalisiert. Oder an jemanden, der mittels Blindenschrift über das Internet mit jemandem auf einem anderen Kontinent einen Dialog hat, während er gleichzeitig mit einem Dritten bei sich im Raum spricht.

Es wäre nicht sonderlich interessant zu erfahren, ob sich das Phänomen als bloß eine Frage cleveren Time-Sharings erweisen sollte oder ob es auf Routine-Wiederholungen erinnerten Materials zurückzuführen ist. Wenn wir aber solche weniger interessanten Erklärungen ausschließen können, würde ein solcher Zweibahn-Erfolg eine faszinierende Interpretation nahelegen: daß unsere scheinbare Einheit des Bewußtseins einfach nur darauf zurückzuführen ist, daß die meisten von uns bloß eine einzige Output-Bahn für singuläre Repräsentationen (beispielsweise die gegenwärtigen Gedanken mitteilen) zur Verfügung haben – und daß besagte Bahn einen seriell geordneten Flaschenhals hat, die immer nur einen komplettierten Gedanken gleichzeitig zuläßt.

Keine zwei unabhängigen Output-Bahnen zu haben bedeutet, daß die meisten von uns nur wenig Erfahrung darin haben, mit zwei Gedankenströmen simultan umzugehen; wir können nur die Taktik »einerseits-andererseits« anwenden. Doch wenn wir geübt darin sind, mit zwei semi-unabhängigen Bahnen zu arbeiten, die mit unterschiedlichem Output gefüttert werden, dann könnten zwei interne Stimmen vielleicht auch in der Lage sein, miteinander zu sprechen.

Während unabhängige simultane Outputs vielleicht selten sind, könnten simultane Wettbewerbe, die sich gegenseitig beeinflussen, ziemlich üblich sein; regelmäßig entwickeln wir unsere Sätze zu »guten Geschichten« auf der Ebene der Absätze oder Seiten weiter, indem wir narrative und epische Qualitätskriterien anlegen, die unsere Produktion so leiten, daß sie zu befriedigenden Ergebnissen führt. (Im Moment tue ich das hier gerade und werde es mit Sicherheit im kommenden Finale tun.) Warum also sollten wir sie nicht nach einigen ungewöhnlichen Kriterien weiterentwickeln, die in einem langsameren Zeitmaßstab selbst evolvieren? Mittels eines darwinistischen Kopierwettbewerbs, bei dem Kurzzeiterinnerungen wesentlich langsamer verblassen?

In der Tat gibt es Kandidaten, die sich für solch eine interaktive Evolution auf zwei Ebenen qualifizieren könnten, beispielsweise der orbitale frontale Kortex, der beim Prozeß des Überwachens einer Agenda eine Rolle spielt, eine Meta-Sequenz, die in einem anderen Zeitmaßstab zu ticken scheint als die individuellen Gedanken und Sätze. Es ist nicht erforderlich, daß darwinistische Variationen zufällig sein müssen; ein langsamer darwinistischer Prozeß könnte den Varianten eines schnelleren darwinistischen Prozesses die allgemeine Richtung vorgeben. Es könnte eine Kaskade oder ein Netzwerk solcher darwinistischer Prozesse geben.

Einen Gedanken zu denken ist dieser Theorie zufolge mehr als bloß ein momentaner Wettbewerb zwischen den zerebralen Codes, die geklonte Mosaikterritorien haben. Dazu gehört auch die jüngere Geschichte solcher Wettbewerbe, welche die verschiedenen Arbeitsräume mit Attraktoren auslegen, die dann verblassen. Dazu gehören Richtungsvorgaben von Stimmungen und von Agenden, die sich anderenorts entwickeln. Und dazu gehören die Attraktoren der Langzeiterinnerungen, die in verschiedenen Bereichen auch unterschiedlich sind.

Habituationsprozesse in dominanten Bereichen lassen es möglicherweise zu, daß zweitbeste Bereiche sie einen Moment später übernehmen. Genau wie Neuromodulatoren dazu dienen, einen motorischen Schaltkreis aus einem Netzwerk mit vielen möglichen motorischen Schaltkreisen herauszuskulpturieren und so eine Aktion vorzubereiten, helfen die schneller agierenden synaptischen Modifikationen vielleicht auch, unsere Aufmerksamkeit von einem momentanen Thema von einer Sekunde zur nächsten auf ein neues zu lenken.

Wegen der Sashimi-Schichtung verblassender Attraktoren gewinnen wir vielleicht den Eindruck, innerlich eine Person mit einem einzigen Geist zu sein, der den Gedankenstrom steuert und unserem zweckgerichteten Verhalten den Boden bereitet. Unser momentaner Geisteszustand ist immer einzigartig, denn selbst wenn wir genau denselben Gedanken denken, den wir schon gestern hatten, differieren jene verblassenden Muster, die unter seinen spatiotemporalen Mustern liegen, hinsichtlich ihrer Stärke und räumlichen Verteilung vom gestrigen Sashimi. Das lenkt den Gedankenstrom in eine andere Richtung.

Während ich glaube, daß in unserem Gehirn eine Darwin-Maschine am Werk ist und sehr wohl für viele höhere intellektuelle Funktionen verantwortlich sein kann, bin ich nicht gleichermaßen sicher, daß eine häufige Anwendung des darwinistischen Algorithmus das ist, was uns vom Affenniveau mentaler Fähigkeiten weiterentwickelt hat – oder wenigstens, daß dies allein das ist, was es uns erlaubt, schnell genug zu funktionieren, um dem *esprit de l'escalier* zu entkommen. Es könnte sein, daß einige kortikale oder subkortikale Abkürzungen absolut unentbehrlich sind, damit der darwinistische Prozeß schnell genug ablaufen kann, um innerhalb der Zeitspanne des Kurzzeitgedächtnisses sinnvolle Resultate zu produzieren. Bei jenen Abkürzungen könnte es sich um Struktur-Agenden und die aufsteigenden Ebenen der Abstraktion handeln, oder sie halten uns davon ab, ständig in ein hoffnungsloses Durcheinander zurückzurutschen. Ich denke, zu einer substantiellen Ausgestaltung dieser Theorie wird auch die theoretische, experimentelle und neurologische Identifikation von Abkürzungen gehören – und ihre Anwendung in der erziehungswissenschaftlichen Praxis wird mit sich bringen, daß man lernt, wie man diese erweitert oder vermeidet.

Ein Beispiel für eine Abkürzung wären die eingrenzenden Regeln für die Wortfolge, die wir Syntax nennen. Ich denke hier nicht so sehr an Dinge wie Plural oder Imperfekt, sondern an die Satzstruktur. Sehr oft werden Sätze in andere eingebettet, wie beispielsweise in »Was du siehst, ist das, was du bekommst«, wobei sowohl das Subjekt als auch das Objekt selbst wieder Sätze sind. Dieses Einbetten ist ein entscheidender Schritt über die Sprachfähigkeiten von Affen hinaus.

Eine Protosprache ist eine einfache Form von Sprache, der es an der Struktur mangelt, die die Syntax liefert. Es ist die Sprache von entsprechend trainierten Affen, Kindern unter zwei Jahren, Pidgin-Sprechern, Broca-Aphasikern und amerikanischen Professoren, die versuchen, sich mit griechischen Ladenbesitzern zu unterhalten. Der Unterschied liegt nicht nur allein im Vokabular: Mit einer unstrukturierten Protosprache ist es sehr zeitaufwendig, Beziehungen auszudrücken wie etwa, wer wem was getan hat, selbst wenn man das mit Gesten unterstützt.

Der Linguist Derek Bickerton vermutet, daß es zwischen Protosprachen und unseren voll ausgebildeten syntaktischen Sprachen keine echten Zwischenstufen gibt. Dies wirft die Frage auf, welche verbesserten neuralen Mechanismen einen so großen Unterschied erklären könnten – und ich hätte da einen Vorschlag. Für seriöse Linguistik oder Paläoanthropologie ist hier nicht der Ort, doch angesichts von elf Kapiteln voller Sechsecke, durch die der Leser sich warmgelaufen hat, ist es möglich, auf einigen wenigen Seiten einen mechanistischen Abriß einer Universalgrammatik zu skizzieren (darunter versteht man Merkmale, die allen bekannten Sprachen außer Pidgin und ähnlichen zu eigen sind).

Ein Substantiv und seine Modifikatoren, beispielsweise *schwarzer Schuh*, könnten einfach durch Grenzüberlagerungen von Sechsecken implementiert werden. Überlagert man nun dieses modifizierte Substantiv dem Code für *mit*, bekommt man eine Präpositionalkonstruktion. Macht man weiter, erhält man vielleicht ein Territorium von Klonen, die alle *Der große Blonde mit dem schwarzen Schuh* repräsentieren, was sich noch zu *Der große blonde Mann mit dem einen schwarzen Schuh* ausbauen läßt. Jetzt jedoch ist man schon weit über den Punkt hinaus, wo man noch all die Assoziationen mittels Überlagerungen an einer Grenze zwischen Territorien bewältigen kann; in diesem Fall würden die Wörter nur beliebig durchmischt und man bekäme nur einen allgemeinen Eindruck der beabsichtigten Aussage, der auch noch immer unspezifischer wird, je mehr Assoziationen hinzugefügt werden.

Bei einem *faux* Fax würde auf den ersten Blick scheinbar eine noch vieldeutigere Überlagerung erzeugt. Doch bidirektionale kortikokortikale Verbindungen erlauben, daß man den Pelz gewaschen bekommt und dabei nicht naß wird. Rückprojektionen (sechs von sieben neokortikalen Arealen sind reziprok miteinander verbunden) können sich desselben Codes bedienen und so unmittelbar dazu beitragen, einen Chor von ungefähr der kritischen Größe aufrechtzuerhalten (sie passen sich vermutlich ständig an und verstummen dadurch).

Es wäre, als würde man die Chorstunde verpassen, aber über eine Telefon-Konferenzschaltung daran teilnehmen. Der Zentralchor von »Was du siehst, ist das, was du bekommst« könnte zwei subsidiäre Chöre für *sehen* und *bekommen* haben, die beide für ihr Verb angemessene Rollen implementieren; zögert einer der beiden Subchöre, gerät der übergeordnete ins Stocken.

Ein rückprojiziertes spatiotemporales Muster müßte nicht notwendigerweise voll ausgebaut und auch nicht voll synchronisiert sein, um mit dem peripheren Chor aushelfen zu können. Es wäre eher wie die Mitsing-Technik, bei der eine einzelne Stimme den nächsten Vers vorgibt und dann der Chor ihn wiederholt und dabei melodisch ausbaut; einige Stimmen würden eine Quinte oder Oktave über den anderen singen, andere mit einer gewissen Verzögerung und so weiter. Die Rückbahn könnte mehr Code umfassen als der Subchor, genau wie Chordirigenten oder Volkssänger es schaffen, Ermahnungen in den gewünschten Text einzubauen.

Rückprojektionen stellen eine Möglichkeit dar, Mehrdeutigkeiten aufzulösen, die mit der rekursiven Einbettung assoziiert sind, indem sie einen Revisionskanal aufrechterhalten. (»Wer erwähnte *X*? Sing es noch einmal, das Ganze!«) Bei solch einer Struktur besteht nicht länger eine Gefahr, daß das mentale Modell der Neun-Wort-Amalgamierung *Der große blonde Mann mit dem einen schwarzen Schuh* durcheinandergerät und daraus *Ein blonder schwarzer Mann mit dem einen großen Schuh* wird.

Verbindungen könnten auch die Verknüpfungen herstellen, die man für Wörter wie beispielsweise *er, sich* und *einander* braucht, deren Referenten vielleicht in vorangegangenen Sätzen zu suchen sind. So etwas zählt zu den Desiderata der Linguisten, genau wie ein neuraler Mechanismus für die Langstrecken-Abhängigkeiten der *W*-Fragen. Ganz oben auf der Wunschliste der Universalgrammatiker steht aber die rekursive Einbettung, die man braucht, um Sätze ineinander zu verschachteln. (*Ich glaube, ich sah, wie er ging, um rechtzeitig nach Hause zu kommen.*)

Was bringt das Sechseck des Verbs *glaube* auf der obersten Ebene dazu, sich in einem Kopierwettbewerb mit anderen, variierenden Interpretationen effizient zu reproduzieren? Vermutlich versammeln sich ein paar Alternativen parallel, bis eine die kräftigen »Beine« erlangt, die sie braucht, um robust genug zu werden, so daß sie eine Hegemonie etablieren kann. Wenn die *ging*-Verbindung ins Stocken gerät, konkurrieren die *sah*-Sechsecke vielleicht nicht sonderlich effizient, und dann hängt die oberste Ebene in der Luft.

Da ist stratifizierte Stabilität am Werk, und genau das könnte es sein, was es einer Reihe einfacher Regeln ermöglicht, auf der Ebene der Argument-Struktur eine richtige Syntax zu generieren. Jedes Verb hat ein charakteristisches Set von Verbindungen: Einige sind nötig, andere optional, wieder andere verboten. Die Konglomeration wird als Satz erkannt, wenn alle obligatorischen Verbindungen befriedigt sind und keine Wörter mehr herumhängen, die von keiner strukturellen Rolle gestützt werden.

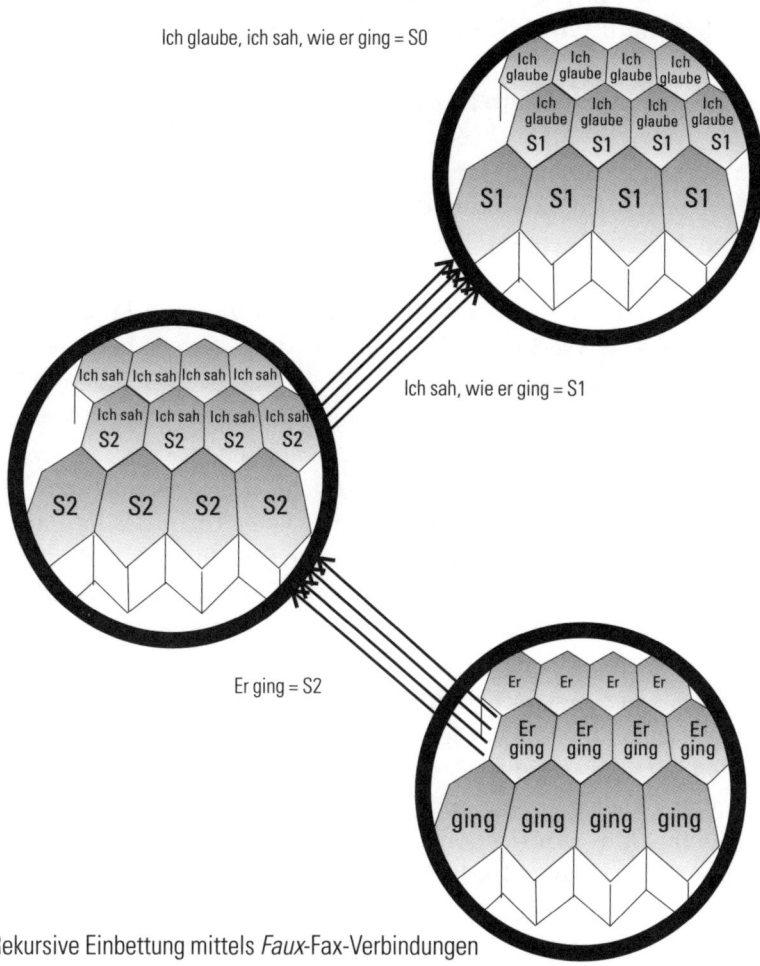

Rekursive Einbettung mittels *Faux*-Fax-Verbindungen

219

Ein Satz erzählt eine kleine Geschichte mit einer charakteristischen Rollenverteilung. Die meisten Verben brauchen ein Subjekt, einen Akteur oder Agenten, und das kann auch eine substantivische Phrase sein wie beispielsweise *Der große blonde Mann mit dem einen schwarzen Schuh* oder sogar ein Satz wie etwa *Was du siehst*. Abgesehen von dieser fast allgemeingültigen Regel gibt es Sonderfälle zuhauf. Das intransitive Verb *schlafen* beispielsweise toleriert kein Objekt, keinen, dem etwas getan wird (*Er schläft es* macht keinen Sinn). Das Verb *geben* besteht hingegen darauf, daß sowohl ein Empfänger als auch ein Gegenstand, der gegeben wird, existiert. Ausführlicher diskutiere ich solche notwendigen und optionalen Rollen in *Wie das Gehirn denkt*, wo ich auch eine mechanistische Analogie dafür vorschlage, wie solch eine Argumentstruktur funktioniert.

Die »Bedeutung des Satzes« ist in diesem Modell also ein abstrakter zerebraler Code, dessen Sechsecke um Territorium mit jenen konkurrieren, die alternative Interpretationen anbieten. Bei der Phrasenstruktur kommt es vermutlich darauf an, daß es kohärente kortikokortikale Verbindungen zu beitragenden Territorien gibt, die ihre eigenen Wettbewerbe und Tendenzen zum Aussterben haben, wenn sie nicht von rückprojizierenden Codes verstärkt werden. Vermutlich kommt es zu netzwerkähnlichen Wechselwirkungen zwischen den Subchören, und das könnte auch ganz nützlich sein, solange diese schwach genug bleiben, daß sie nicht auf dem Revisionskanal auftauchen. Die Argumentstruktur läßt auf vielflügelige Attraktoren schließen (S. 177).

Die Oberflächenstruktur, die man braucht, um tatsächlich ein Wort nach dem anderen aussprechen zu können, ist eine Frage des Entpackens der Beiträger in einer Reihenfolge, die mit den Oberflächenstruktur-Konventionen einer spezifischen Sprache im Einklang steht. 18 bis 36 Monate alte Kinder scheinen die Schaltungen für die Muster einer bestimmten Sprache ohne zuviel Versuch und Irrtum fein abstimmen zu können, einfach indem sie der gesprochenen Rede anderer zuhören. Im Englischen beispielsweise gehört dazu die Wortstellung Subjekt-Verb-Objekt für deklarative Sätze, welcher man die Beugungen für Plural oder Tempus hinzufügt und vielleicht noch die [in dieser Sprache raren] Hinweise auf den Kasus (he/him, who/whom), um dem Zuhörer weitere Marker zu bieten, ob das Wort in der Geschichte des Verbs nun die Rolle des Subjekts oder die des Objekts spielt.

Kohärente kortikokortikale Verbindungen bringen uns also mittels eines kolonisierenden Chors einige wesentliche Aspekte der Phrasenstruktur ein. Was könnte solch ein ausgefuchstes System zu einer Protosprache degradieren? Inkohärenz. Wenn die kortikokortikale Fehlerkorrektur nicht sehr gut abgestimmt ist, werden Verbindungen auf bestens eingeübte Sonderfälle beschränkt: vielleicht nur die spatiotemporalen Feuermuster für eine begrenzte Anzahl von Vokabeln, vielleicht ein paar Schemata und Skripts.

Das liegt daran, daß der zerebrale Code für irgend etwas hier und dort nicht mehr derselbe ist. Vertauschungen und Verschleierungen bringen es mit sich, daß eine durcheinandergeratene Version vom Zielkortex nach und nach gelernt werden muß; wird sie zurückgeschickt, muß eine zweifach verzerrte Version gelernt und ein Äquivalent des Originals konstruiert werden. Die zurückführende Bahn ist langsam und riskant, und das läßt einen Subchor zu, der einen Revisionskanal ermöglicht, um Mehrdeutigkeiten aufzulösen. Ohne eine solche Struktur wären die Ausdrucksmöglichkeiten sehr eingeschränkt – etwa wie bei den Signalflaggen auf Segelschiffen, die einem nur ein kleines gemeinsames Vokabular mit geringen Möglichkeiten für neuartige Assoziationen an die Hand gaben. Einbettungen wären wahrscheinlich nur bei festgefügten Standard-Redewendungen möglich. Zueinander in Beziehung zu setzen, wer wem was tat, würde lange dauern, eben wie bei einer Protosprache.

Das *Faux-faxen* einer Basis hinzuzufügen, zu der auch regionale darwinistische Kopierwettbewerbe gehörten, von denen jeder erinnerte Beziehungen benutzt, um die Qualität hochzutreiben, ist daher ein Kandidat dafür, was die Protosprache zur eigentlichen Sprache machte. Kortikokortikale Kohärenz, die gut genug wurde, um selbst beliebige spatiotemporale Muster zu transportieren, hätte das rekursive Einbetten und die Fernverbindungs-Aspekte der Universalgrammatik implementieren können – und dies in einem einzigen Schritt ohne semistrukturierte Zwischenformen.

Obwohl die Linguisten und Archäologen noch einiges zu klären haben, sind heute einige davon überzeugt, daß ein großer Schritt in der Sprachentwicklung die Evolution des *Homo erectus* zum frühen *Homo sapiens* vor rund einer Viertelmillion Jahren begleitete. Die hier beschriebenen zerebralen Code-Verknüpfungen im Kontext einer Darwin-Maschine an beiden Enden zur Steigerung der Qualität könnten genau die verbesserten Fähigkeiten darstellen, die nötig waren, um die nur gelegentlich innovative Kultur des *Homo erectus* (eine Million Jahre Stillstand) in unsere überaus reiche und innovativ produktive Kultur zu verwandeln, die sogar in der Lage ist, ab und an einen strahlenden Geist wie den Platos oder Shakespeares hervorzubringen.

Aus dieser Sicht unseres Gehirns, das unbeirrbar von einem Moment zum nächsten umarrangiert wird, emergieren ein paar kurze Einblicke in die neuralen Grundlagen, auf denen wir unsere Äußerungen konstruieren und unsere Gedanken denken, einige Hinweise darauf, wie Gedanken in die Irre gehen können, und einige Möglichkeiten zur Implementierung der Abkürzungsregeln, die unsere Art von Sprache und rationalem Denken möglich machen.

Nachdem Darwin erkannt hatte, wie die Natur sich aus eigener Kraft durch natürliche Auslese unter erblichen Variationen immer höher entwickelte, wurde auch klar, daß die Immunreaktion mehr ist als bloß ein analoger Vorgang: Sie ist vielmehr *derselbe Prozeß*, der in einem mittleren Zeitrahmen von Tagen bis Wochen funktioniert (auch wenn ihm das Benzin ausgeht, wenn das Antigen eliminiert wird). Mittlerweile, glaube ich, können wir auch einen darwinistischen Prozeß per se ausmachen, eine Darwin-Maschine, wie ich das genannt habe, die in der Lage ist, in verschiedenen Zeitrahmen und in verschiedenen Medien abzulaufen, die sich mit erblichen Variationen reproduzieren können; und dies ist eines der Schlüsselprinzipien in der Organisation des Universums. Gerade im Gehirn ist solch ein Prozeß vor ständig neue Herausforderungen gestellt, denn die Meme eines an Vielfalt reichen kulturellen Lebens stellen stets komplexe Muster bereit, die nach möglichen verborgenen Strukturen analysiert werden, so daß sich der Prozeß wiederholt, den wir als Zweijährige nutzten, um die Syntax der Äußerungen, die wir hörten, herauszufinden.

Die vielen Parallelen zwischen Darwins Formulierung der Prinzipien von 1859 und denjenigen, die jetzt für Sechseck-Klonwettbewerbe in Zeitrahmen von Millisekunden bis Minuten vorgeschlagen werden, sind leicht zu erkennen, wenn Darwins letzter Absatz aus *Die Entstehung der Arten* umgeschrieben wird, um die Kraft herauszustreichen, die dieser möglicherweise im zerebralen Kortex manifestierte Prozeß besitzt. Und sich Darwins furioses Finale auszuleihen, scheint nur adäquat: Schließlich ist es *sein* Prozeß.

Wie anziehend ist es, einen von verschiedenen Erinnerungen durchzogenen Geist zu betrachten, mit singenden Prototyp-Vögeln in den halluzinierten Büschen, mit zahlreichen Gedanken, die umherschwirren, mit wurmgleichen Obsessionen, die durch den feuchten Kortex kriechen, und sich dabei zu überlegen, daß alle diese so kunstvoll gebauten, so sehr verschiedenen und doch in so verzwickter Weise voneinander abhängigen Dinge durch Gesetze erzeugt worden sind, die rings um uns wirken. Diese Gesetze, im weitesten Sinne genommen, heißen: Reproduktion mittels Klonen von zerebralen Codes; Veränderlichkeit infolge ihrer Verflechtung und Umgehung der Fehlerkorrektur und des Gebrauchs oder Nichtgebrauchs; Vererbung infolge der Oberfläche-zu-Volumen-Prinzipien am Rand geklonter Territorien; so rasche Vermehrung, daß sie zum Kampf um kortikalen Raum führt und infolgedessen zur natürlichen Zuchtwahl im Rahmen gegenwärtiger und erinnerter Umwelten, die ihrerseits wieder die Divergenz der Charaktere und das Aussterben der minder verbesserten Formen veranlaßt. Aus dem Kampf beliebiger Gedanken, die anfangs nicht besser sind als diejenigen unserer nächtlichen Träume, geht also unmittelbar der höchste Prozeß hervor, den wir uns vorstellen können: die Erzeugung immer höherer und vollkommenerer Gedanken. Es ist wahrlich etwas Erhabenes um diese Auffassung des Geisteslebens mit seiner in die Höhe strebenden Kraft. Aus diesem darwinistischen Mechanismus zur Erschaffung und Verfeinerung immer komplexerer Ebenen der Abstraktion ging unaufgefordert unser eigenes Gehirn mit seinem unbegrenzten Potential hervor, das in der Lage ist, die syntaktischen Regeln zu entdecken, nach denen Sätze in andere Sätze eingebettet werden, das neue Regeln erfinden kann, die kleine Geschichten zu langen Ketten rationaler Gedanken ausbauen. Seine Ursprünge im Werkzeuggebrauch und Sozialleben transzendierend, kann unser umorganisiertes Gehirn jetzt eine stratifizierte Stabilität benutzen, um das unendliche Reich der Meme zu erforschen. Blind gegenüber unseren Grundlagen, erschaffen wir nichtsdestotrotz Poesie und Vernunft, und von einer klareren Position aus können wir vielleicht darüber nachsinnen, wie unser erhöhtes Bewußtsein entstand und noch weiter entsteht.

Wie anziehend ist es, ein mit verschiedenen Pflanzen bedecktes Stückchen Land zu betrachten, mit singenden Vögeln in den Büschen, mit zahlreichen Insekten, die durch die Luft schwirren, mit Würmern, die über den feuchten Erdboden kriechen, und sich dabei zu überlegen, daß alle diese so kunstvoll gebauten, so sehr verschiedenen und doch in so verzwickter Weise voneinander abhängigen Geschöpfe durch Gesetze erzeugt worden sind, die noch rings um uns wirken. Diese Gesetze, im weitesten Sinne genommen, heißen: Wachstum mit Fortpflanzung; Vererbung (die eigentlich schon in der Fortpflanzung enthalten ist); Veränderlichkeit infolge indirekter und direkter Einflüsse der Lebensbedingungen und des Gebrauchs oder Nichtgebrauchs; so rasche Vermehrung, daß sie zum Kampf ums Dasein führt und infolgedessen auch zur natürlichen Zuchtwahl, die ihrerseits wieder die Divergenz der Charaktere und das Aussterben der minder verbesserten Formen veranlaßt. Aus dem Kampf der Natur, aus Hunger und Tod geht also unmittelbar das Höchste hervor, das wir uns vorstellen können: die Erzeugung immer höherer und vollkommenerer Wesen. Es ist wahrlich etwas Erhabenes um die Auffassung, daß der Schöpfer den Keim alles Lebens, das uns umgibt, nur wenigen oder gar nur einer einzigen Form eingehaucht hat und das, während sich unsere Erde nach den Gesetzen der Schwerkraft im Kreise bewegt, aus einem so schlichten Anfang eine unendliche Zahl der schönsten und wunderbarsten Formen entstand und noch weiter entsteht.   Charles Darwin, 1859

Postskriptum

Ich danke Jennifer S. Lund dafür, daß sie mich mit den Eigenschaften der intrinsischen horizontalen Verbindungen des Neokortex bekannt gemacht hat und regelmäßig versuchte, meine falschen Vorstellungen davon auszubügeln. David G. King verbesserte heroisch zwei Versionen des Manuskripts unter seinem einzigartigen Gesichtspunkt, sowohl was die Populationsbiologie angeht als auch die Neurobiologie neuraler Schaltkreise, und er schlug vor, daß ich betonen sollte, daß die Variationen nicht wirklich zufallsbedingt sein müssen. Stephen Jay Gould sah freundlicherweise die sechs darwinistischen Grundzutaten durch und schlug vor, daß ich Darwins Erblichkeitsprinzip hervorheben sollte. Theodore H. Bullock, Walter J. Freeman und Dan Downs halfen in höchsten Maße mit ihren Kommentaren zum abgeschlossenen Manuskript, wie das auch Katherine Graubard in den vergangenen vier Jahren getan hat. Mac Wells schaffte es, meine wilden Ideen für die Illustrationen und Comics umzusetzen, und Mark Meyer ist für das wunderschöne Gemälde »Hexacode« auf dem Umschlag der Originalausgabe verantwortlich. Doug van der Hoof und Mark Crawford strengten sich mächtig an, ein gutes Autorenporträt zu bekommen. Ihnen allen danke ich, und genauso Fiona Stevens, Amy Pierce und Michael Rutter von der MIT Press.

Viele Neurowissenschaftler können ihre wissenschaftlichen Wurzeln über nur wenige Generationen von Mentoren direkt auf die Pioniere zurückführen. In meinem Fall sind das Donald Hebb, via Steve Glickman, jetzt Professor für Psychologie in Berkeley; als ich Ende der fünfziger Jahre an der Northwestern University Physik studierte und er diejenige Person auf dem Campus war, die einem Neurowissenschaftler am nächsten kam, erzählte er mir davon, daß Hebb die entscheidenden Probleme formuliert hatte, und arrangierte für mich einen Besuch in Montreal. Meine relevanten Wurzeln gehen auch zurück auf Keffer Hartline und das Problem der lateralen Inhibition, vermittelt durch seinen Studenten Chuck Stevens, mit dem ich anschließend ein paar Jahre später in Seattle meine Doktorarbeit schrieb.

Also verfügte ich schon über die meisten für das Problem entscheidenden Komponenten, ehe sie schließlich im Jahr 1991 zu einer Lösung verschmolzen, und all das verdanke ich der Art und Weise, wie andere die von ihnen untersuchten Probleme formulierten, selbst wenn sie sie nicht lösen konnten. Das fehlende Glied in der Kette war der »Hund, der nachts nicht bellte«, jene stummen seitwärts greifenden Lücken, die der wiederholten Exzitation ihr Muster geben und von denen mir Jenny Lund um 1991 erzählte. Kein Wunder, daß so kurz danach sich alles rasch zusammenfügte.

Glossar und kurze Einführungen

Allele Alternativformen eines Gens. Vielleicht 20 Prozent unserer Gene haben auf dem anderen Chromosom ein unterschiedliches Allel, das heißt, man ist für dieses Gen *heterozygot* und kann unter bestimmten Bedingungen dazu übergehen, dieses zu verwenden. Ein Grund, warum Hybriden sich nicht artgemäß vermehren, ist, daß die Eltern oft ihre weniger benutzten Allele weitergeben. Bei Inzucht-Nachkommen besteht geringere Heterozygotie.

Attraktionsbassins Stellt man sich den Attraktor als den tiefsten Punkt einer Waschschüssel vor, dann liegen Ausgangspunkte auf dem äußeren Schüsselrand außerhalb des Attraktionsbassins. Ein Ausgangspunkt irgendwo innerhalb des Bassins führt zu einer Bahn, die den Attraktor umkreist. Bassins können diskontinuierlich sein, wie man das von Flippern her kennt. Eine *Bifurkation* ist ein Wechsel von einem Attraktionsbassin zu einem anderen, etwa wenn man die Gangart wechselt.

Attraktor Bei graphischen Darstellungen chaotischer Trajektorien, die durch wiederholte Iteration erzeugt werden, scheinen die erzeugten Punkte auf einer bestimmten Bahn zu liegen, oft einer zyklischen. Dieses *Phasenporträt* sieht meist wie ein seltsam geformter Orbit um ein imaginäres Schwerkraftzentrum herum aus, daher der Name »Attraktor«. All meine chaotischen Illustrationen befinden sich in einem solchen *Phasenraum*. Es gibt vier Hauptklassen von Attraktoren: punktförmige (sagen wir, der Ruhezustand des Neurons), periodische (wie bei Schrittmacher-Zellen), quasi-periodische und chaotische. Die Magneten in meinen Schleifen-Illustrationen dienen als Stellvertreter für einen quasi-periodischen Attraktor, Orgelpfeifen hätten dies auch getan. Während Orgelpfeifen über eine wohldefinierte Harmonie verfügen, haben chaotische Attraktoren überall Obertöne im Sinn eines weißen Rauschens. Chaotische Systeme sind gegenüber den Ausgangsbedingungen höchst empfindlich; auf kurze Sicht sind sie irgendwie vorhersagbar, doch langfristig tun sie oft überraschende Dinge.

Automatische Aussteuerung Ein Prozeß, der ein System selbsttätig an Schwankungen des Inputs anpaßt (ein typisches Beispiel wäre bei Audio-Geräten die Lautstärke). Das führt dazu, daß der Output für leise wie für laute Eingangssignale ungefähr auf demselben Pegel liegt – solange der leise nicht kurz nach einem lauten folgt, denn es braucht Zeit, die Empfindlichkeit wieder zu steigern. Die selbsttätigen Drehzahlregler von Maschinen des 19. Jahrhunderts sind ein Beispiel für eine automatische Aussteuerung, am bekanntesten ist sie aber vermutlich von modernen Kassettenrecordern her.

Axon Der Fortsatz eines Neurons, ein langer (0,1 bis 2,0 mm), spinnfadendünner Teil des Neurons, der die Potentiale (Erregung) vom Zellkörper zu den zahlreich sich verzweigenden Axonenden überträgt, die an nachgeschalteten Neuronen Synapsen bilden. Typischerweise handelt es sich um eine Einbahnstraße, bei der Botschaften von den Dendriten über den Zellkörper an die axonalen Verzweigungen und schließlich die Synapsen weitergeleitet werden.

Bindung In der Linguistik bezeichnet man mit dem Begriff die grammatische Funktion, die Wörter wie *er, sich, einander* zu einem bestimmten Referenten in Beziehung setzt. In der kognitiven Neurowissenschaft versteht man unter Bindung die Vorstellung, daß während der kognitiven Verarbeitung Verbindungen zwischen den unterschiedlichen Merkmalen eines wahrgenommenen Objekts hergestellt werden müssen; so sind etwa für einige Objektmerkmale *Was*-Spezialisten im Temporallappen zuständig, für andere die *Wo*-Spezialisten in parietalen Bereichen. Eine simple Hypothese lautet, daß die beteiligten Neuronen in diesen unterschiedlichen Bereichen sich synchronisieren und daß es das ist, was *rot* an die Vorstellung des obersten Lichts der Verkehrsampel koppelt (andere Objektmerkmale – beispielsweise die, die den sich nähernden Fußgänger charakterisieren – synchronisieren sich zu anderen Zeiten). Die hier gemeinte Art von Synchronität spielt sich natürlich in einem viel größeren Maßstab ab als demjenigen, den ich für die Dreiecksanordnungen vorgeschlagen habe, die vielleicht nur wenige Millimeter überbrücken. Außer für sehr komplexe sensorische Szenerien – etwa wenn man Auto fährt oder sich an den Armen durch die Bäume hangelt – sind Bindungen vielleicht nicht unbedingt nötig; einige Kollegen vermuten, daß das weitverbreitete Gefühl, eine Bindung sei nötig, um die Spezialisten zusammenzubringen, ein

Überbleibsel der Vorstellung vom kartesianischen Theater ist, die Dennett kritisiert.

Chaos Komplizierte Muster, die nicht wirklich zufällig sind. Chaos ist eine kryptische Form der Ordnung, die nur auf den ersten Blick wie das erscheint, was ein Zufallsgenerator produziert. Das Chaos weist, wie man so sagt, »eine Sensibilität gegenüber den Ausgangsbedingungen« auf. Weil Chaos paradox definiert wurde (es sieht zwar zufällig aus, aber es ist bloß *chaotisch!*), wird der Ausdruck oft falsch gebraucht oder falsch verstanden. Siehe *Attraktor, Attraktionsbassin*.

Code In der Kryptographie versteht man darunter eine verschlüsselnde Umwandlung, die oft die Botschaft zugleich bündelt und damit verkürzt, etwa wenn eine Zahl für einen Standardsatz von fünf Worten steht. Im allgemeinen Sinn – wie beim genetischen Code – bezieht sich der Begriff auf die Umwandlung der Kurzform einer Repräsentation in die Implementierung der Langform. Als solcher ist der Code einer Matrix analog. Der Ausdruck kann sich auch einfach auf die Kurzform selbst beziehen, beispielsweise eine DNS-Basenpaar-Sequenz, die ein bestimmtes Protein erzeugen kann.

Darwin-Maschine Ein von mir 1987 in Analogie zur Turing-Maschine geprägter Ausdruck für jede Art von voll ausgebildetem darwinistischen Prozeß, der auf den sechs Grundelementen des darwinistischen Algorithmus beruht. Die Evolution der Arten, die Immunreaktion, bestimmte genetische Algorithmen und die Sechseck-Wettbewerbe um den Arbeitsraum sind alles Beispiele dafür.

Deme Eine geographische Subpopulation, die sich größtenteils untereinander vermehrt, wobei nur gelegentlich durch Migranten Gene der größeren Metapopulation einfließen.

Dendrit Neuronen verzweigen sich. Da gibt es zum einen das dünne *Axon*, das Impulse initiiert und an entfernte Zielorte weiterleitet. Sodann gibt es die etwas dickeren dendritischen Verzweigungen, die über Synapsen Signale von den Axonenden anderer Neuronen empfangen. Pyramidenneuronen haben einen großen, baumähnlichen *Apikaldendriten* plus einige wurzelähnliche *Basaldendriten*. Zumindest im Neokortex sind die Dendriten die empfangenden Verzweigungen des Neurons, die Axone die sendenden. An anderen Stellen können einige Dendriten auch wie Axonenden fungieren und als Reaktion auf

Impulse oder lokale Spannungsschwankungen Neurotransmitter freisetzen.

Dorn, dendritischer   Eine kleine, dornähnliche Vorwölbung am Schaft eines *Dendriten*, die mit einem oder mehreren präsynaptischen *Axonen* in Kontakt steht. S. Abbildung auf S. 38.

EPSP   s. *postsynaptische Reaktionen*.

Erblichkeitsprinzip   Darwins großartige, aber oft mißverstandene Erkenntnis, daß die Variabilität nicht wirklich zufällig ist. Statt einen Ideal- oder Durchschnittstyp zu variieren, werden vorzugsweise von den erfolgreicheren Individuen der gegenwärtigen Generation kleine, ungerichtete Variationen angefertigt und so in der nächsten Generation der nahegelegene Lösungsraum erforscht (statt beliebig zu irgendetwas völlig unzusammenhängendem zu springen).

Faux **Fax**   Mein Ausdruck für einen faxähnlichen Telekopier-Prozeß, der in einiger Entfernung vom Ursprung ein spatiotemporales Muster reproduziert.

Fehlerkorrektur   Schemata (etwa in Form eine Prüfsumme), die Übertragungsfehler entdecken und mittels einer Art von Redundanz auch korrigieren können; in der Datensicherungsmethodik weit verbreitet.

Flaschenhals   Ein evolutionäres Ereignis, das die Variabilität in einer Population stark einschränkt.

Gedächtnis, episodisches   Nur ausgeprägte Episoden lassen sich ohne wiederholte Durchgänge im Gedächtnis behalten, etwa wenn man Augenzeuge eines Unfalls wird. Solche Erinnerungen sind dafür berüchtigt, daß sie veränderbar sind: Sie werden durch nachfolgende Ereignisse und die Fehler, die sich beim wiederholten Abrufen einschleichen, verändert.

Gedächtnis, zweispuriges   Hebbs Ausdruck von 1949 für separate Systeme, welche die Kurz- und Langzeiterinnerungen implementieren: aktive (spatiotemporale) und passive (rein spatiale) Gedächtnisspuren.

Gehirnareal   Im engeren Sinn bezieht sich der Begriff auf definierte anatomische Strukturen des Gehirns wie das Wernicke-Zentrum oder das Brodmann-Areal, eine Unterteilung des zerebralen Kortex, die auf der relativen Dicke der sechs Schichten basiert. Areal 17 ist besser unter dem Namen »primärer visueller Kortex« bekannt; es scheint sich um eine funktionelle Einheit zu handeln; Areal 19 aber umfasst sogar mindestens sechs wichtige funktionelle Einheiten. Ein *Territorium* oder *Arbeitsraum* ist ein Bereich, der zeitweilig von aktiven Mustern geklonter Sechsecke okkupiert wird.

Gen Die Einheit des Erbguts, im Grunde dasjenige Segment eines DNS-Moleküls, das den Code für ein bestimmtes Peptid oder Protein darstellt. Wir sprechen zwar auch locker von einem »Gen für blaue Augen« und so weiter, doch viele DNS-Gene sind pleiotrop: Sie wirken sich in vielfacher (und manchmal sehr unterschiedlicher) Weise auf den jeweiligen Körper aus. Und was eine Einheit ist, beantwortet Helena Cronin folgendermaßen: »Die Antwort muß lauten: Wenn es sich um eine Einheit handelt, an der die Selektion arbeiten kann ... Ein Gen und der sich verzweigende Baum all seiner phänotypischen Effekte (im Vergleich zu Alternativformen des Gens, den Allelen). Sollte sich herausstellen, daß der Knochen eines Zehs und die Form einer Augenbraue pleiotrope Effekte ein und desselben Gens sind, dann ist diese bizarre Kombination eine solide adaptive Einheit. Die natürliche Auslese arbeitet mit genetischen Differenzen in Populationen. Wenn eine genetische Veränderung, die den Knochen verlängert, zugleich auch die Braue krümmt, dann sollte unsere adaptive Erklärung dies anerkennen; wir sollten uns für die genetischen Differenzen interessieren, die nicht bloß zu Unterschieden in der Zehenlänge führen, sondern die zu Unterschieden in der Zehenlänge-plus-Augenbrauen-Form führen, selbst wenn sich herausstellen sollte, daß die Augenbrauenform selektiv neutral ist. Diese Antwort wäre in der auf den Organismus konzentrierten Sicht des klassischen Darwinismus nicht offensichtlich gewesen, fällt aber leicht, wenn man die Theorie auf die Gene konzentriert.«

Genetischer Code Eine Tabelle mit 4^3 (64) Einträgen, die besagt, welche der 20 Aminosäuren aus einem bestimmten Triplett der vier Typen von RNS-Nukleotiden resultiert, so liefert CAU beispielsweise Histidin (und auch CAC).

Genotyp Die Gesamtheit der Gene eines Individuums, seien sie nun ausgedrückt oder stumme Allele. Ähnlich *Genom*. Vgl. *Phänotyp*. Was Lebewesen so sehr von anderen selbstorganisierenden Systemen unterscheidet, ist, daß eine Zelle ein Informationszentrum hat – die Gene –, das sich darum kümmert, die vielen unterschiedlichen, in der

Zelle ablaufenden Prozesse zu orchestrieren, und zwar so, daß Kopien eben dieser Zelle möglichst überleben.

Genrepertoires Wenn alternative Formen eines Gens zu unterschiedlichen Entwicklungsstadien ausgedrückt werden, beispielsweise wenn das fötale Hämoglobin durch die Erwachsenenversion ersetzt wird.

Grenzzyklus Dynamisches Verhalten eines nichtlinearen Oszillators, beispielsweise ein Schwellenwert-Mechanismus mit Rückstellung (Zisternen, die sich automatisch entleeren, wenn sie vollgelaufen sind).

Hash-Code Eine Art von spezifischer, kurzer Signatur, ein »Fingerabdruck« von etwas Komplizierterem. Eine simple Anwendung wäre, einen Dateinamen zu kreieren, der noch nicht in Gebrauch ist – und auch nicht unnötig lang, da man einen niederdimensionalen Suchraum haben will, der rasch gescannt werden kann. Die Sekunden- und Minuten-Felder der Zeitangabe der letzten Dateiveränderung reichen oft für einen Hash-Code aus. Auch die am wenigsten signifikanten Bits einer Prüfsumme können als Hash-Code für ein Dokument verwendet werden.

Hebbsche Synapse Hebb stellte die Hypothese auf, daß eine erfolgreiche Synapse verstärkt wird: »Wenn ein Axon der Zelle A nahe genug ist [der synaptische Spalt war im Jahr 1949 noch nicht entdeckt], um die Zelle B zu exzitieren und sie wiederholt oder ständig zur Entladung zu bringen, findet eine Art Wachstumsprozeß oder metabolische Veränderung in einer oder in beiden Zellen statt, so daß die Effizienz von A – als eine der Zellen, die B erregen – erhöht wird.«

Immunreaktion Nach der Infektion mit einem Antigen beginnt ein Prozeß, der nach und nach die Fremdmoleküle zerstört – doch in diesem Tage bis Wochen dauernden Prozeß entwickeln sich die anfänglich ineffizienten Antikörper weiter, so daß sie immer besser zum Antigen passen. Weil sie danach noch eine Zeitlang im Körper verbleiben, wird eine Immunität gegen eine weitere Infektion erreicht.

Impuls *Aktionspotential* und *Spike* (= Entladung) sind Synonyme; es handelt sich um die regenerative Veränderung in der Spannung über die Membran des Neurons hinweg, die für die Langstreckenübertragung (mehr als 1 mm) von Signalen im Nervensystem benutzt wird. Der Impuls ist kurz ($\frac{1}{1000}$ s, schneller als alle anderen Signale im Gehirn, doch einemillionmal langsamer als die elektrische Leitung in

Drähten) und stark (nur $\frac{1}{10}$ V, was aber mehr ist als jede andere Spannung im Gehirn). Seine Schwellenwert-Eigenschaft kann auch als einfacher Mechanismus der Entscheidungsfindung betrachtet werden. S. a. *Axon, Myelin, Natriumkanal.*

In situ Wörtlich »an Ort und Stelle«, was (genau wie *in vivo*) das Gegenteil von *in vitro* ist.

In vitro Wörtlich »im Glas«; Fachausdruck für Experimente, die man im Labor in Glasschalen an Zellen durchführt, die nicht mehr in ihrem natürlichen Kontext eingebettet sind.

Insel-Biogeographie Die Besonderheiten von Tier- und Pflanzenarten, die größtenteils isoliert sind und sich nur noch gelegentlich mit der Hauptpopulation kreuzen. Bei der »Insel« kann es sich auch um ein tiefes Ozeanbecken, ein hochgelegenes Bergtal oder, bei ungleicher Ressourcenverteilung, um eben einen solchen ressourcenreichen Flecken handeln – alles, was die Migration verhindert. Auf Inseln ist die Anzahl der Spezies oft reduziert, es fehlt also möglicherweise an traditionellen Räubern oder Parasiten. Von einer Art kommen oft nur wenige Vertreter auf einer Insel an, also sind Flaschenhälse (s. dort) ein Standardmerkmal von Inselpopulationen.

Interneuron Ein »Zwischen-Neuron«. Die meisten Neuronen des Zentralnervensystems sind Interneuronen; nur die sensorischen Neuronen und die Motorneuronen, die die Muskeln antreiben, sind keine. Ein Interneuron bekommt von etwa 2000 bis 10 000 »vorgeschalteten« Neuronen Input und übermittelt seinen Output an eine ähnliche Zahl »nachgeschalteter« Neuronen – gelegentlich sogar an eines seiner eigenen Input-Neuronen, wodurch es zu einer Schleife kommt (s. Abbildung S. 45).

Ion Ein Atom oder freies Molekül mit einer elektrischen Ladung. Wenn NaCl sich in Wasser auflöst, brechen die meisten seiner schwachen chemischen Bindungen auf, doch das Cl nimmt ein Elektron des Na mit, und so werden daraus die Ionen Cl^- und Na^+. Die Hauptrollen in dem extrazellulären Raum außerhalb der Neuronenmembran spielen Ca^{++}, Cl^- und Na^+, während K^+ größtenteils im Innern der Zelle konzentriert ist. Das Ca^{++} innerhalb der Zellen wird meist von verschiedenen Mechanismen genauestens reguliert (»gepuffert«), weil es auch als Signalfunktion (ein »zweiter Bote«, der erste ist der Neurotransmitter) für die langsameren Prozesse dienen kann, die der synaptischen Übertragung folgen.

IPSP s. *postsynaptische Reaktionen.*

Knoten Der theoretische Ausdruck für einen Abschnitt von meinen Dreiecksanordnungen. In der Anatomie entspricht ihm ein einziges Oberflächen-Pyramidenneuron (oder vielleicht eine Minikolumne von Neuronen, die dieselbe Funktion hat).

Kolumnen Eine Minikolumne ist eine zylindrische Gruppe von rund 100 Neuronen, die sich durch alle Schichten des Neokortex erstreckt und rund 0,03 mm im Durchmesser mißt; in der Regel ist sie um ein dendritisches Bündel herum organisiert. Makrokolumnen nehmen einen hundertmal größeren Raum ein (ihr Durchmesser beträgt rund 0,5 mm) und gleichen oft eher Vorhangfalten als Zylindern; typischerweise werden sie durch einen gemeinsamen Input identifiziert, so zum Beispiel bei den okularen Dominanz-Kolumnen des visuellen Kortex.

Kortikokortikale Verbindungen Ein Axon oder ein Axonbündel, das eine Stelle des zerebralen Kortex mit einer anderen verbindet. Einige verlaufen nur lokal innerhalb der Oberflächenschichten des Kortex, während andere durch die weiße Substanz hindurch weit entfernte Ziele ansteuern: Einige verbinden über das Corpus callosum die beiden Gehirnhälften miteinander. S. Foto S. 151.

Langzeitpotenzierung (LTP) Eine Minuten bis Tage anhaltende Veränderung der synaptischen Verbindungsstärke, die einem vorbereitenden Ereignis folgt, etwa einer starken Erregung, wobei die prä- und postsynaptische Aktivität korreliert sein muß. Ursprünglich nur mittels Konditionierung und Testen in derselben Bahn beobachtet. Heute weiß man, daß sie auch von der einen Bahn auf die andere überspringen kann. Man glaubt, die LTP bildet das physiologische Gerüst für die allmählichen (während der Erinnerungskonsolidierung) anatomischen Veränderungen, die die synaptische Stärke permanent erhöhen.

Leere Nische Eine erwiesene ökologische Nische, die vorübergehend von keiner Spezies besetzt ist.

Meiose Die Art von Zellteilung, die zur Ausbildung von Spermien und Eiern führt (im Gegensatz zur gewöhnlichen *Mitose*); dabei wird die Diploidie auf die Haploidie reduziert, und es werden Chromosomen über Kreuz ausgetauscht, was dazu führt, daß die Gene der Großeltern sich durchmischen.

Mem   Ein von Richard Dawkins im Jahr 1976 analog zu »Gen« geprägter Ausdruck (der darüber hinaus mit den englischen Ausdrücken *mime* und *mimic* spielt) für eine kulturelle Kopiereinheit wie beispielsweise ein Wort oder eine Melodie, die von anderen übernommen werden.

Membran   Alle Zellen sind aus verschiedenen Komponenten zusammengesetzt und von der extrazellularen Flüssigkeit sowie anderen Zellen durch eine sich eingrenzende Membran getrennt. Innerhalb dieser Membran gibt es Transportsysteme, kleine Pumpen, die Natriumionen aus der Zelle hinauslassen und Kaliumionen in die Zelle hineinbringen. Durch die Membran hindurch führen Ionenkanäle, Poren, die nur Ionen einer bestimmten Größe (und insofern nur bestimmte Typen) hindurchlassen. Diese Kanäle werden von Rezeptoren an der externen Oberfläche kontrolliert (die typische, von Neurotransmittern aktivierte Möglichkeit, momentan Strom fließen zu lassen) oder vom elektrischen Feld quer über die Membrane hinweg (die typischen spannungsabhängigen Kanäle, die den Impuls produzieren) oder manchmal von beidem (s. NMDA).

Message Digest   Das signaturähnliche Resultat eines Rechenvorgangs (s. Hash-Code), das ein langes Dokument auf eine Zahl reduziert, die dazu dient, es zweifelsfrei zu identifizieren; wenn an dem Dokument irgendwelche Veränderungen vorgenommen werden – und sei es nur, daß eine zusätzliche Leerstelle eingefügt wird –, resultiert ein anderer Message Digest daraus. Obwohl man das Dokument selbst nicht aus dem Message Digest rekonstruieren kann und letzterer auch nicht als Abstraktion dient, läßt er sich zum Wiedererkennen verwenden (»Genau das habe ich schon einmal gesehen!«).

Metapopulation   Eine Population mit verteilten Demen, die sich über Migranten miteinander austauschen.

Myelin   Alle längeren Axone sind mit Myelin isoliert (dessen Fettgehalt das ist, was der weißen Substanz ihre charakteristische Farbe gibt); flache Schichten davon sind wie eine Bandage um das Axon gewickelt. Dies reduziert die elektrische Kapazität, die der Impuls aufladen muß, und dadurch wird die Impulsausbreitung beschleunigt. Die Natriumkanäle, die sich während der ansteigenden Flanke eines Impulses öffnen, sind auf nicht isolierte Axonbereiche beschränkt: kleine blankliegende Lücken, die Ranvier-Schnürringe heißen. Ohne

Myelin breitet sich der Impuls nur langsam wie eine brennende Zünd-
schnur aus; mit Myelin scheint der Impuls förmlich von einem
Schnürring zum nächsten zu springen: Es kommt zur sogenannten
saltatorischen Leitung, und die dadurch erzielten Übertragungsgeschwindigkeiten sind hundertmal größer als im anderen Fall; die Spit-
zengeschwindigkeit liegt bei rund 50 m/s.

Natriumkanal Eine Pore durch die Zellmembran von einer Größe, daß
gerade Na^+ durchpaßt, nicht aber die meisten anderen Ionen; sie wird
von Gattermechanismen nahe der äußeren Oberfläche gesteuert, die
sie öffnen, wenn die Membranspannung weniger negativ wird. Dies
läßt noch mehr Na^+ herein, was das Innere noch weniger negativ
macht. Wenn diese Ströme größer werden als die das Gegengewicht
bildenden Kaliumströme nach außen (dies passiert bei einer Spannung, die *Schwellenwert* heißt), bekommt man einen regenerativen,
sich bis zu 100 mV fortsetzenden Zyklus, der als *Impuls* bekannt ist.
Langsamere Mechanismen auf der inneren Oberfläche tendieren
dazu, den sich öffnenden Kanal zu schließen, und helfen damit
(zusammen mit dem Kaliumeintritt durch andere spannungssensitive
Kanäle), den Impuls zu beenden und eine *refraktorische Periode* von
mehreren Millisekunden herbeizuführen, während derer es schwieriger ist, einen weiteren Impuls zu initiieren.

Neokortex Der gesamte zerebrale Kortex mit Ausnahme des *Archikortex*
(olfaktorischer Kortex, Hippocampus), jener einfach geschichteten
Struktur, die nicht das Muster von rückgekoppelten exzitativen Verbindungen und nicht die Kolumnenstrukturen aufweist, die den Neokortex mit seinen sechs Schichten so interessant machen.

Nervensystem Oberbegriff für das Zentralnervensystem (ZNS, Gehirn,
Rückenmark und Retinae) *und* das periphere Nervensystem (die sensorischen und muskulären Verbindungen plus die Gruppen von Neuronen, die Ganglien genannt werden).

Neuromodulator Ein Molekül, das den synaptischen Spalt überquert,
um sich an einen postsynaptischen Rezeptor zu binden, agiert als ein
Neurotransmitter, kann aber auch als Neuromodulator agieren (was
die Reaktion auf andere Neurotransmitter verändert), und zwar typischerweise durch längerfristige Einwirkung auf die internen Prozesse
im stromab gelegenen Neuron; es muß sich nicht durch den synaptischen Spalt bewegen, sondern kann auch diffus wie ein lokales Hor-

mon von gewissen Stellen in der Umgebung freigesetzt werden. Die wichtigeren diffus verteilenden Systeme für Norepinephrin, Acetylcholin, Dopamin und Serotonin von den subkortikalen Regionen beeinflussen mit Sicherheit die neuromodulatorischen Aktionen im Neokortex in profunder Weise, und zwar zusätzlich zu ihren eher unmittelbaren Neurotransmitter-Effekten.

Neuron Die Nervenzelle, sei es nun ein sensorisches Neuron, ein Interneuron oder ein motorisches Neuron. Es gibt etwa 10^{12} Neuronen im menschlichen Gehirn und Rückenmark; allein der Neokortex soll 10^{11} umfassen. Der *Zellkörper* des Neurons ist der größte Teil (s. Abbildung S. 38); er enthält den Zellkern, und hier spielen sich mannigfaltige Prozesse ab, es wird Input empfangen und Output verteilt. S. *Dendrit*, *Axon*.

Neurotransmitter Ein Molekül wie beispielsweise Glutamat oder Acetylcholin, das von einem Axonende freigesetzt wird (typischerweise durch das Eintreffen eines *Impulses*), verteilt sich über einen eng umschriebenen extrazellulären Bereich und bindet sich an einen Rezeptor auf der Oberfläche der *postsynaptischen* Zelle. Im Verlauf der Jahre wurden viele Dutzende von Neurotransmittern identifiziert, und ein gegebenes Axonende kann durchaus mehr als nur eine Sorte davon freisetzen.

Nische Die »Außenprojektion der Bedürfnisse eines Organismus« wie etwa Nahrungsressourcen, Schutzmöglichkeiten vor Räubern, Nistmöglichkeiten und Gelegenheiten für die effektive Reproduktion.

NMDA Der NMDA-Kanal an den Glutamat-Synapsen wurde ursprünglich unglücklicherweise nach dem N-Methyl-D-Aspartat benannt, weil dieses Molekül – und nicht etwa Glutamat – dasjenige ist, was in geringsten Dosierungen den postsynaptischen Kanal öffnet. Doch Glutamat öffnet ihn fast genauso gut, und dieses wird in der Regel als Neurotransmitter freigesetzt. Die Bedeutung der NMDA-Synapse liegt darin, daß der gegenwärtige Spannungszustand des Dendriten zum Zeitpunkt, da der Neurotransmitter eintrifft, ebenfalls wichtig ist: Mg^{++} tendiert dazu, die Kanäle durch die Membran zu verstopfen, so daß kein Na^+ und kein Ca^{++} mehr hineinströmen kann, doch eine vorangehende Spannungssteigerung im Dendriten (verursacht durch dieselbe Synapse oder ihren Nachbarn) wird einige dieser Kanäle freimachen und damit eine viel stärkere Reaktion ermöglichen. Dies ist eine Hauptquelle der dendritischen Verstärkung synaptischer Ströme (neben den Natriumkanälen in den Apikaldendriten) und ein Beispiel dafür, was Hebb vorhersagte (s. *Hebbsche Synapse*).

Parzellierung Auch Fragmentierung: das Aufteilen einer Population in kleinere, isolierte Einheiten. Steigender Meeresspiegel verwandelt eine gebirgige Insel in einen Archipel.

Phänotyp In der Regel der »Körper«, in Wirklichkeit aber die Gesamtkonstitution eines Individuums (Anatomie, Physiologie, Verhalten), die aus der Interaktion der Gene mit der Umwelt resultiert. Wie Dawkins in *The Extended Phenotype* betont, können sogar Dinge wie Vogelnester darunter fallen.

Postsynaptische Reaktionen Der postsynaptische Dendrit eines Neurons erhält Neurotransmitter und verändert daraufhin die Durchlässigkeit seiner Membrane für bestimmte Ionen: in der Regel Na^+, K^+, Cl^- oder Ca^{++}, auch in Kombination. Die jene Membran durchdringenden Ionen produzieren die Spannungsveränderung, die als *postsynaptisches Potential* (PSP) bekannt ist. Wenn exzitativ, spricht man vom EPSP, wenn inhibitiv, vom IPSP.

Pyramidenneuronen Exzitative Neuronen des Neokortex (mit Ausnahme der Dornen tragenden, ebenfalls exzitativen Sternzellen). Typischerweise haben sie einen großen Apikaldendriten und einen dreieckigen Zellkörper, der ihnen den Namen gab und von dem das sich weiter verzweigende Axon ausgeht. Die Neuronen der Pyramidenbahn (benannt nach der Dreiecksform des Axonbündels, das die Medulla quert, auch *Tractus corticospinalis*) sind ebenfalls Pyramidenneuronen, doch die meisten Pyramidenneuronen schicken ihre Axone zu anderen Zielorten. Vgl. *Sternzellen*.

Reafferenz-Kopie Die Vorstellung, daß beim Erzeugen von Bewegungskommandos das Nervensystem zugleich auch den zu erwartenden sensorischen Input erzeugt, der aus der Bewegung resultieren wird; mit anderen Worten: die Reafferenz-Kopie antizipiert den Effekt der intendierten Bewegung auf die dadurch veränderten sensorischen Signale. Der Vergleich zwischen den erwarteten und den tatsächlich erhaltenen Signalen dient dazu, vor Problemen zu warnen.

Refraktorisch s. *Natriumkanal*.

Rekombination 1. Das Durchmischen genetischen Materials von den beiden Chromosomenpaaren eines Individuums bei der Produktion eines Eis oder Spermiums (die *Crossing-over*-Phase der Meiose). 2. Die Produktion eines neuen Individuums durch die Vereinigung eines Spermiums mit einer Eizelle von zwei Elternteilen während der Befruchtung.

Rekrutierung In der Neurophysiologie meint dieser Ausdruck, andere Neuronen dazu zu bekommen, sich den Aktivitäten anzuschließen, genau wie ein Chor von Experten beim *Halleluja* die Gemeinde »rekrutiert«.

Resonanz Eine Beziehung zwischen zwei sich periodisch bewegenden Körpern (beispielsweise zwei Pendeluhren auf einem Regal), die dazu führt, daß ihre Zyklen schließlich miteinander verknüpft werden (synchronisiert sind, auch wenn der eine Zyklus oft ein vielfaches des anderen beträgt). Abstrakter ausgedrückt kann ein Körper in Bewegung mit den stationären Buckeln und Rillen der Straße resonieren, oder zwei chemische Prozesse können miteinander resonieren und dadurch ihre Zyklen synchronisieren.

Rezeptives Feld Eine Karte des Inputs eines einzelnen Neurons – beispielsweise jene Bereiche der Hand, die die Exzitation oder Inhibition eines bestimmten kortikalen Neurons hervorrufen (antagonistische Umgebungen sind besonders weit verbreitet). Mithin: die »begrenzte Weltsicht« eines einzelnen Neurons.

Schema Eine Art mentaler »Skizze«, die abstrakter ist als eine vollständige mentale Vorstellung eines Objekts. In einigen kognitiven Kontexten wird der Begriff enger gefaßt und steht für Dinge wie *mehr, weniger, größer, innen* – Dinge, die in unserer Alltagserfahrung gründen und oft darauf Bezug nehmen, wie sich unser eigener Körper durch die Alltagswelt bewegt. Auch für Bewegungen braucht man etwas Ähnliches, und »Schema« wird oft auch auf Standard-Bewegungsprogramme bezogen.

Schwellenwert In der Neurophysiologie hat der Begriff zwei Bedeutungen, von denen die eine auch noch eine Menge unpräziser Entsprechungen hat. Im Zusammenhang mit dem *Natriumkanal* bezeichnet man mit Schwellenwert die transmembrane Spannung (beispielsweise –56 mV), bei der die Einwärts- und Auswärts-Ströme in einem unstabilen Gleichgewicht sind und oberhalb dessen der Einwärts-Strom regenerativ wird (die ansteigende Flanke des Impulses). Doch mit einem Ausdruck wie »hoher Schwellenwert« bezeichnet man auch Dinge wie etwa »niedrige Exzitabilität« und meint damit beispielsweise einen Sprung von –76 mV auf 20 mV, ehe ein Impuls ausgelöst wird. Der Ausdruck impliziert nicht, daß die Schwellenwert-Spannung auf beispielsweise –40mV gestiegen ist. Meine Meeresspiegel-Metapher für die automatische Aussteuerung basiert auf dieser zweiten Bedeutung: Der steigende Meeresspiegel ist eine Analogie für einen weniger ansteigenden Wert, was die Wahrscheinlichkeit verringert, daß der Schwellenwert überschritten wird.

Sternzellen Die nicht-pyramidalen Neuronen im Neokortex, anatomisch betrachtet. Physiologisch haben die meisten von ihnen inhibitive Funktion, und ihre Dendriten tragen keine Dornen; eine Ausnahme stellen die exzitativen, Dornen tragenden Sternzellen dar. Vgl. *Pyramidenneuronen*.

Synapse Die Verbindungsstelle zwischen Neuronen, über die die Kommunikation abgewickelt wird; das geschieht fast immer mittels *Neurotransmitter*-Molekülen, die vom *präsynaptischen* Axonende abgesondert werden, in den kleinen extrazellulären Zwischenraum (den *synaptischen Spalt*) diffundieren und so zum *postsynaptischen* Neuron gelangen, auf dessen Membran Rezeptor-Moleküle sitzen, an die sich die Neurotransmitter-Moleküle reversibel binden. Solange sie gebunden sind, öffnen sie einen Ionenkanal durch die postsynaptische Membran, was dazu führt, daß postsynaptisch ein Strom fließt. Die meisten auf das Zentralnervensystem einwirkenden Medikamente greifen in diese synaptische Übertragung ein. S. a. *Dendrit, Hebbsche Synapse, Neuromodulator, Neurotransmitter, NMDA, postsynaptische Reaktion, Dorn, dendritischer*.

Universalgrammatik Jede Sprache der Welt hat eine korrespondierende mentale Grammatik, die konstruiert wird, wenn wir diese Sprache erlernen. Obwohl Sprachen sich auf vielerlei Weise unterscheiden, scheint das menschliche Gehirn ein ganz spezifisches Menü von Möglichkeiten für die grammatische Organisation zu haben, eben die Universalgrammatik, die das Sprachenlernen strukturiert, selbst wenn es dem Input an Struktur mangelt (Pidgin, selbstgemachte Zeichensprachen und so weiter). S. Jackendoff (1993).

Verknüpfung In der Genetik eine Assoziation zwischen dem Ausdruck zweier Gen-Allele, die größer ist als die Zufallswahrscheinlichkeit.

Beispielsweise können bei der Meiose zwei aneinandergrenzende Gene dazu tendieren, sich gleich zu verhalten.

Zellensemble   Ein von Donald O. Hebb im Jahr 1949 geprägter Begriff für eine Gruppe von kortikalen Neuronen, die einer der Wahrnehmung folgende aktive Gedächtnisspur trägt und fördert.

Zentralnervensystem (ZNS)   Gehirn, Rückenmark und Retinae (alles andere gehört zum peripheren Nervensystem).

Zerebraler Kortex   Die äußeren 2 mm der Gehirnhemisphären, die eine geschichtete Struktur aufweisen. Für eine Menge simpler Aktionen ist er nicht erforderlich, scheint aber von entscheidender Bedeutung für die Bildung neuer episodischer Erinnerungen, trickreicherer Assoziationen und vieler neuer Bewegungsprogramme zu sein. Der *Paläokortex* wie etwa der Hippocampus besitzt eine einfachere Struktur und hat sich im Lauf der Evolution wesentlich früher gebildet als der *Neokortex* mit seinen sechs oder mehr Schichten.

Weiterführende Lektüre

Frederick David Abraham mit Ralph H. Abraham, Christopher D. Shaw, *A Visual Introduction to Dynamical Systems Theory for Psychology* (Aerial Press, Santa Cruz 1990).

Derek Bickerton, *Language and Human Behavior* (University of Washington Press 1995).

William H. Calvin, *Wie das Gehirn denkt. Die Evolution der Intelligenz* (Spektrum Akademischer Verlag 1998).

William H. Calvin, *Die Symphonie des Denkens. Wie aus Neuronen Bewußtsein entsteht* (Carl Hanser 1993).

William H. Calvin und George A. Ojemann, *Einsicht ins Gehirn. Wie Denken und Sprache entstehen* (Carl Hanser 1995).

William H. Calvin, *Der Schritt aus der Kälte. Klimakatastrophen und die Entwicklung der menschlichen Intelligenz* (Carl Hanser 1997).

Helena Cronin, *The Ant and the Peacock* (Cambridge University Press 1991).

Daniel C. Dennett, *Darwins gefährliches Erbe. Die Evolution und der Sinn des Lebens* (Hoffmann und Campe 1997).

Daniel C. Dennett, *Spielarten des Geistes. Wie erkennen wir die Welt* (Bertelsmann 1999).

Gerald M. Edelman, *The Remembered Present* (BasicBooks 1989).

Walter J. Freeman, *Societies of Brains* (Erlbaum 1995).

Leon Glass und Michael C. Mackey, *From Clocks to Chaos: The Rhythms of Life* (Princeton University Press 1988).

Donald O. Hebb, *Essay on Mind* (Erlbaum 1980).

J. Allan Hobson, *The Chemistry of Conscious States: How the Brain Changes its Mind* (Little, Brown 1994).

Ray Jackendoff, *Patterns in the Mind: Language and Human Nature* (BasicBooks 1993).

Mark Johnson, *The Body in the Mind* (University of Chicago Press 1987).

John Maynard Smith und Eörs Szathmáry, *The Mayor Transitions of Evolution* (Freeman 1995).

Marvin Minsky, *Mentopolis* (Klett-Cotta 1990).

Olaf Sporns und Guilio Tonini (Hgg.), *Selectionism and the Brain* (Academic Press 1994; erscheint auch als Band 37 des *International Review of Neurobiology*).

Ian Stewart, *Die Zahlen der Natur. Mathematik als Fenster zur Welt* (Spektrum Akademischer Verlag 1998).

Anmerkungen

Da gute medizinische Bibliotheken nicht sehr häufig sind, habe ich versucht, solche Bücher und Artikel zu zitieren, die leicht zugänglich sind (oft mußte ich aber leider auf spezielle Fachzeitschriften zurückgreifen). Kurzangaben wie Dennett (1997) beziehen sich entweder auf ein unter »Weiterführende Lektüre« aufgeführtes oder auf ein kurz zuvor ausführlich angegebenes Werk.

Prolog

Seite

9 Stephen Jay Gould, *Ontogeny and Phylogeny* (Harvard University Press 1977).

9 Vgl. das letzte Kapitel von Jean Piaget, *Le langage et la pensée chez l'enfant* (Neuchatel 1923).

11 Dieser Gebrauch von »Code« impliziert die allgemeinere Verwendung des Begriffs »neuraler Code«, die sich auf Feuerraten, das Timing von Spitzen und so weiter bezieht, was alles auf die Debatten über das auditive System in den fünfziger Jahren zurückgeht. »Code« bedeutet manchmal nur ganz einfach Repräsentation oder Abbildung. Eine aktuelle Diskussion findet sich in:
Terrence J. Sejnowski, »Time for a new neural code?«, *Nature* 376:21–22 (6. Juli 1995);
John J. Hopfield, »Pattern recognition computation using action potential timing for stimulus representation«, *Nature* 376:33–36 (6. Juli 1995);
Sam A. Deadwyler und Robert F. Hampson, »Ensemble activity and behavior: what's the code?«, *Science* 270:1316–1318 (24. November 1995);

A. P. Georgopoulos, A. Ashe, N. Smyrnis, M. Taira, »The motor cortex and the coding of force«, *Science* 256:1692–1695 (1992).

12 Kenneth J. W. Craik, *The Nature of Explanation* (Cambridge University Press 1943), S. 61.

13 Dennett (1997).

13 William H. Calvin, »The brain as a Darwin Machine«, *Nature* 330:33–34 (5. November 1987).

13 Zu William James' Entwicklung seiner darwinistischen Theorie des Geistes vgl. S. 433ff. von Robert J. Richards, *Darwin and the Emergence of Evolutionary Theories of Mind and Behavior* (University of Chicago Press 1987). Das moderne Kapitel des mentalen Darwinismus wurde 1965 mit Dan Dennetts Dissertation aufgeschlagen, die unter dem Titel *Content and Conciousness* (Routledge and Kegan Paul 1969) veröffentlicht wurde.

13 Weitere Beispiele für darwinistische Prozesse sind die sogenannten »genetischen Algorithmen« in der Computerwissenschaft und die Techniken der Molekularbiologen bei ihren RNS-Evolutionsexperimenten; vgl.:
John H. Holland, »Genetic algorithms«, *Scientific American* 267(1):66–72 (Juli 1992).
Gerald F. Joyce, »Directed molecular evolution«, *Scientific American* 267(6):90–97 (Dezember 1992).

13 Ludwig Wittgenstein, *Philosophische Untersuchungen* (Suhrkamp 1984).

14 J. Allan Hobson, *The Dreaming Brain* (BasicBooks 1988).

14 Charles Darwin, *Die Entstehung der Arten* (1859, dt. u. a. Reclam Stuttgart 1963).

14 Zu den »darwinistischen Diskussionen« s. die Beiträge in Sporns und Tonini (1994).

14 Der Hintergrund findet sich in William H. Calvin, »Islands in the mind: dynamic subdivisions of association cortex and the emergence of a Darwin Machine«, *Seminars in the Neurosciences* 3(5):423–433 (1991). William H. Calvin, »The emergence of intelligence«, *Scientific American* 271(4):100–107 (Oktober 1994, steht auch in dem *Scientific-American*-Buch *Life in the Universe*, 1995; man beachte, daß dort die Hexagon-Darstellung auf einem redaktionellen Irrtum beruht und zu ignorieren ist; die unverfälschte Version findet sich auf der Webseite *http://weber.u.washington.edu/~wcalvin/sciamer.html*).

14 Diese ein ganzes Buch füllende Diskussion der anstehenden Fragen wurde immer wieder durch andere Buchprojekte verzögert; allerdings sind mir ein paar kurze Abrisse gelungen, so beispielsweise im letzten Kapitel von *Einsicht ins Gehirn* oder in meinem *Scientific-American*-Artikel. Im 7. Kapitel von *Wie das Gehirn denkt* ist meine Theorie einer neokortikalen Darwin-Maschine zusammengefaßt, dies hier aber ist die erste vollständige Abhandlung.

16 Zu Charles Ives vgl. Joseph Machlis, *The Enjoyment of Music,* »5th ed. shorter« (W. W. Norton 1984), S. 366.

17 Mac Wells illustrierte auch mein archäoastronomisches Werk *Wie der Schamane den Mond stahl* (Carl Hanser 1996).

17 Meine halbe Doktorarbeit bestand aus Simulationen, mit denen herausgefunden werden sollte, ob bei spinalen motorischen Neuronen der Katze beobachtetes Rauschen für die Variabilität der stochastischen Intervalle zwischen den Spitzen verantwortlich sein könnte. Seither bin ich skeptisch, wenn es um freie Parameter geht, die sogar dem die Simulation Durchführenden unbekannt sind. Vgl. W. H. Calvin und C. F. Stevens, »Synaptic noise and other sources of randomness in motoneuron interspike intervals«, *Journal of Neurophysiology* 31:574–587 (1968).

19 Ernst Mayr, »Population thinking and neuronal selection: metaphors or concepts?«, in Sporns und Tonini (1994), S. 27–34, Zitat S. 29.

20 Niels K. Jerne, »Antibodies and learning: Selection versus instruction«, in G. C. Quarton, T. Melnechuk und O. F. Schmitt (Hgg.), *The Neurosciences: A Study Program* (Rockefeller University Press 1967), S. 200–205, Zitat S. 204.

1 Das Repräsentationsproblem und die Kopierlösung

21 Antonio R. Damasio, *Descartes' Irrtum: Fühlen, Denken und das menschliche Gehirn* (dtv ³1998), S. 36–37.

21 Wem die philosophischen Schlachten um den Begriff der Repräsentation bekannt sind, der sollte immer daran denken, daß ich ihn im Sinn eines zerebralen Codes benutze, nicht in dem eines externen Symbols oder Zeichens. Für eine ähnliche, auf neurophysiologischer Basis gegründete Perspektive, die vermeidbare Schwierigkeiten umgeht, vgl. Freeman (1955), S. 106–108.

22 Das Späßchen mit dem Weihnachtsessen stammt aus Freeman (1995), S. 55.

23 Codes für Geschmack: Robert P. Erickson, »On the neural bases of behavior«, *American Scientist* 72:233–241 (Mai/Juni 1984). In den Anmerkungen von *Die Symphonie des Denkens* diskutiere ich dasselbe für die orientierungssensiblen Neuronen des visuellen Kortex mit 18 Typen von elementaren Schablonen.

23 Irving Kupferman, Kenneth R. Weiss, »The command neuron concept«, *Behavioral and Brain Science* 1(1):3–39 (1978).

23 Zu Schemata s. Johnson (1987).

24 Donald O. Hebb, *The Organisation of Behavior* (Wiley 1949). S. auch Peter M. Milner, »The mind and Donald O. Hebb«, *Scientific American* 268(1):124–129 (Januar 1993).

24 Genauso wichtig ist, daß die anderen Lichter aus sind: man kann nicht oft genug daran erinnern, daß die Photorezeptoren der Wirbel-

tiere ihre maximale Neurotransmitter-Freisetzung in der Dunkelheit haben; das Bild eines Sterns vor schwarzem Nachthimmel bohrt sozusagen ein Loch in ein Meer von Photorezeptor-Aktivitäten. Daß dies nicht notwendigerweise bei späteren Stadien der visuellen Verarbeitung beobachtet wird, belegt nur das Ausmaß der spatialen und temporalen Differenzierung in anderen Schichten der Retina.

24 Zu Automaten s. William Poundstone, *The Recursive Universe* (Morrow 1985).

25 Hebb (1949), S. 62.

26 Repräsentationen müssen keine Codes sein, solange sie lokal bleiben. Der Rückzugs-Reflex ist so verdrahtet, daß ganz unterschiedliche Kombinationen von bedrohlichen Stimuli eine passende Gruppe von motorischen Neuronen in Gang setzen können. Ja, es gibt eine Repräsentation der Bedrohung, aber nicht notwendigerweise einen Code im Sinn eines Zellverbands von stereotypisiertem Muster.

27 Hebb (1980), Epigramm S. 1, Geschichte S. 62.

27 Zu Vorhersagen von Bewegungen s. Georgopoulos et al. (1992).

28 Patricia S. Goldman-Rakic, »Working memory and the mind«, *Scientific American* 267(3):73–79 (September 1992).

28 Moshe Abeles, *Corticotonics: Neural Circuits of the Cerebral Cortex* (Cambridge University Press 1991).
E. Vaadia, I. Haalman, M. Abeles, H. Bergman, Y. Prut, H. Slovin, A. Aertsen, »Dynamics of neuronal interactions in monkey cortex in relation to behaviourial events«, *Nature* 373:515–518 (9. Februar 1995).

29 Erwin Schrödinger, *Was ist Leben? Die lebende Zelle mit den Augen des Physikers betrachtet* (1944; dt.: Piper 1999).

33 Gerald F. Joyce, »Directed molecular evolution«, *Scientific American* 267(6):90–97 (Dezember 1992).

33 Holland (1992).

34 Potentiell gibt es einen enormen Unterschied, bei einigen Arten wenigstens, zwischen der Anzahl der erfolgreichen Befruchtungen und der jener Nachkommen, die lange genug im Uterus verbleiben, um geboren zu werden. Beim Menschen beträgt das Verhältnis fünf zu eins, was darauf schließen läßt, daß den Umweltfaktoren bei der Ausrichtung der Charakteristika einer menschlichen Population eine große Rolle zukommen könnte.

36 »Schmalspur«-Spezialisten: Calvin (1998).

36 A. M. Lister, »Rapid dwarfing of red deer on Jersey in the last interglacial«, *Nature* 342:539–542 (30. November 1989).

36 Darwin (1859) schreibt in Kapitel III:
»Die Zahl der Hummeln eines Bezirkes hängt großenteils von der Zahl der Feldmäuse ab, die ihre Waben und Nester zerstören. Oberst Newman, der lange die Gewohnheiten der Hummeln beobachtete, glaubt, daß ›in ganz England mehr als zwei Drittel der Hummelnester von Mäusen zerstört werden‹. Die Anzahl der Mäuse hängt bekanntlich wieder von der Zahl der Katzen ab. ›In der Nähe von Dörfern und Landstädtchen‹, sagt Newman, ›fand ich die meisten Hummelnester, was ich den Katzen zuschreibe, die die Mäuse vernichten.‹ Es ist daher durchaus glaublich, daß die Anwesenheit zahlreicher Katzen in irgendeinem Bezirke durch Vermittlung der Mäuse und dann der Bienen auf die Anzahl gewisser Pflanzen bestimmend einwirken kann.«

37 Jonathan Weiner, *Der Schnabel des Finken* (Knaur 1996).

37 *L'esprit de l'escalier* stammt aus Howard Rheingold, *They Have a Word for It* (Tarcher 1987).

37 Ein Weibchen, das seine Partner anhand der Schnelligkeit des Denkens beim Männchen wählt, verbessert damit diese Schnelligkeit sowohl bei seinen Söhnen als auch bei seinen Töchtern (falls das Gen nicht auf dem Y-Chromosom liegt).

2 Klone im zerebralen Kortex

Für die lokalen Schaltkreise des zerebralen Kortex s. die Sonderausgabe der Zeitschrift *Cerebral Cortex* 3 (September/Oktober 1993) hg. v. Kathleen S. Rockland. Eine Einführung in die iterativen Aspekte der Architektur findet sich in William H. Calvin, »Cortical columns, modules, and Hebbian cell assemblies«, in *Handbook of Brain Theory and Neural Networks,* hg. von M. A. Arbib (MIT Press 1995), S. 269–272. Der primäre visuelle Kortex ist der am besten untersuchte Bereich: Jennifer S. Lund, »Anatomical organization of macaque monkey striate visual cortex«, *Annual Reviews of Neuroscience* 11:253–288 (1988).

39 Richard Dawkins, *Das egoistische Gen* (Springer 1978).

40 Von Békésys Experimente mit lateraler Inhibition sind wiedergegeben in Floyd Ratliff, *Mach Bands: Quantitative Studies on Neural Networks in the Retina* (Holden-Day, San Francisco 1965).

40 C. Stephanis, Herbert Jasper, »Recurrent collateral inhibition in pyramidal tract neurons«, *Journal of Neurophysiology* 27:855–877 (1964).

40 R. J. Douglas, C. Koch, M. Mahowald, K. A. Martin, H. H. Suarez, »Recurrent excitation in neocortical circuits«, *Science* 269:981–985 (18. August 1995).

43 Es ist nicht so, daß den Axonen in den »Lücken« Synapsen fehlen, vielmehr haben sie weitverzweigte Bäume von Endungen, die sich um die metrische Distanz herum bündeln. Vgl. Abb. 3 in Barbara A. McGuire, Charles D. Gilbert, Patricia K. Rivlin, Torsten N. Wiesel, »Targets of horizontal connections in macaque primary visual cortex«, *Journal of Comparative Neurology* 305:370–392 (1991). Ihre Zelle 1 ist hier in der Abb. m. frdl. Gen. wiedergegeben.

43 R. A. Fisken, L. J. Garey, T. P. S. Powell, »The intrinsic, association, and commissural connections of the visual cortex«, *Philosophical Transactions of the Royal Society (London)* 272B:487–536 (1975).

43 Die Gitter-Konnektivität in den Oberflächenschichten wurde mit Ausnahme von Ratten bei allen untersuchten Säugetieren festgestellt, sogar ein Beuteltier, das Quokka, hat sie (J. S. Lund, Vorlesung in Seattle, 27. Februar 1996).

44 Greg Stuart, Bert Sakmann, »Amplification of EPSPs by axosomatic sodium channels in neocortical pyramidal neurons«, *Neuron* 15:1065–1076 (November 1995).

44 A. Das, Charles D. Gilbert, »Long-range horizontal connections and their role in cortical reorganization revealed by optical recording of cat primary visual cortex«, *Nature* 375:780ff (29. Juni 1995). Die Illustration ist eine Grauwert-Version ihrer Farbabbildung, genau wie der weiter vorn gezeigte »Mexikanerhut«.

44 Atsushi Iriki, Constantine Pavlides, Asaf Keller, Hiroshi Asanuma, »Long-term potentiation of thalamic input to the motor cortex induced by coactivation of thalamocortical and corticocortical afferents«, *Journal of Neurophysiology* 65:1435–1441(1991).

44 Rafael Lorente de Nó, »Analysis of the activity of the chains of internuncial neurons«, *Journal of Neurophysiology* 1:207–244 (1938). Vgl. auch seinen Artikel auf S. 288–315 in der 3. Aufl. von John E. Fulton, *Physiology of the Nervous System* (Oxford University Press 1949).

44 Abeles (1991).

45 David Somers und Nancy Kopell, »Rapid synchronization through fast threshold modulation«, *Biological Cybernetics* 68:393–407 (1993). J. T. Enright, »Temporal precision in circadian systems: a reliable neuronal clock from unreliable components?«, *Science* 209:1542–1544 (1980).

46 Hugh Smith, »Synchronous flashing of fireflies«, *Science* 82:51 (1935).

46 Steven Strogatz, Ian Stewart, »Coupled oscillators and biological synchronization«, *Scientific American* 269:102–109 (Dezember 1993).

46 Wolf Singer, »Synchronization of cortical activity and its putative role in information processing and learning«, *Annual Review of Physiology* 55:349–374 (1993).

49 »Schrittkonnektivität« ist ein allgemeinerer Ausdruck als »Gitterkonnektivität«, weil er auch die Fälle einschließt, in denen Axone streifenförmig enden. Die Lücken und Bündelungen, so glaubt man, bilden sich pränatal, vielleicht infolge inhibitiver Aktionen der großen Korbneuronen in den Oberflächenschichten, deren Axonverzweigungen gerade weit genug reichen, um die Lücken abzudecken, aber nicht so weit, daß sie die nächste Axonenden-Bahn inhibieren. Wären intermediäre Axonenden während der Entwicklung aufgrund der gegen sie arbeitenden Inhibition niemals erfolgreich, könnten sie eliminiert werden. Das Grundmuster von Bündeln und Lücken der Oberflächen-Pyramidenneuronen könnte daher dem der großen Korbneuronen folgen. Die Axone der großen Korbneuronen der anderen Schichten reichen nicht weit genug, um zu den Gitterabständen zu passen (und diejenigen der Ratte sind in allen Schichten nicht ausreichend). Vgl. Jennifer S. Lund, Takashi Yoshioka, Jonathan B. Levitt, »Comparison of intrinsic connectivity in different areas of macaque monkey cerebral cortex«, *Cerebral Cortex* 3:148–162 (März/April 1993).

50 Auch andere Organisationsprinzipien könnten am Werk sein und mit den perfekten Dreiecken konkurrieren. Im primären visuellen Kortex beispielsweise könnten die Orientierungskolumnen, die Farbflecken und die okularen Dominanzfaktoren die Muster mal hierhin, mal dorthin ziehen.

3 Ein komprimierter Code

53 Hebb (1980), S. 88.

54 Lund et al. (1993).

55 E. Rausell, E. G. Jones, »Extent of intracortical arborization of thalamocortical axons as a determinant of representation in monkey

somatic sensory cortex«, *Journal of Neuroscience* 15:4270 (1995). X. Wang, M. M. Merzenich, K. Sameshima, W. M. Jenkins, »Remodeling of hand representation in adult cortex determined by timing of tactile stimulation«, *Nature* 378:71–75 (2. November 1995).

55 Daniel Y. Ts'o, R. D. Frostig, E. E. Lieke, A. Grinvald, »Functional organization of primate visual cortex revealed by high resolution optical imaging«, *Science* 249:417–420 (27. Juli 1990).

55 William H. Calvin, Peter C. Schwindt, »Steps in production of motoneuron spikes during rhythmic firing«, *Journal of Neurophysiology* 35:311–325 (1972).
William H. Calvin, John D. Loeser, »Doublet and burst firing patterns within the dorsal column nuclei of cat and man«, *Experimental Neurology* 48:406–426 (1975).
William H. Calvin, George W. Sypert, »Fast and slow pyramidal tract neurons: An intracellular analysis of their contrasting repetitive firing properties in the cat«, *Journal of Neurophysiology* 39:420–434 (1976).
William H. Calvin, Daniel K. Hartline, »Retrograde invasion of lobster stretch receptor somata in the control of firing rate and extra spike patterning«, *Journal of Neurophysiology* 40:106–118 (1977).

56 A. J. Rockel, R. W. Hiorns, T. P. S. Powell, »The basic uniformity in structure of the neocortex«, *Brain* 103:221–244 (1980). Sie schätzen, daß eine Minikolumne rund 110 Neuronen umfaßt.

57 Es gibt einen guten Grund, mit der Farbe anzufangen: Die Flecken könnten helfen, die Orientierung der Dreiecksanordnungen zu fixieren.

57 Zur Bindung (s. a. Glossar) vgl. beispielsweise die »Temporal tagging«-Hypothese von Francis Crick und Christof Koch, »Some reflections on visual awareness«, *Cold Spring Harbor Symposiums in Quantitative Biology* LV:953–962 (1990).

59 Zugleich wiederhole ich meine Einschränkung hinsichtlich perfekter Regelmäßigkeit: Genau wie die Dreiecke regelmäßig hinsichtlich der

Übertragungszeit und nicht der tatsächlich identischen Distanzen sind, müssen die Sechsecke nicht perfekt im Sinn gleich weit entfernter korrespondierender Punkte sein. Die Möglichkeit, daß die Endungsmuster sich einfach während der Entwicklung in nur grob dreieckiger Manier selbst organisieren, legt zugleich den Schluß nahe, daß die Mosaiken eher Penrose-Kachelungen gleichen und nicht Sechseck-Mosaiken. Besonders wahrscheinlich wäre das dort, wo der Kortex erheblich gekrümmt ist, also oben und unten an jedem Sulcus (an Lederbällen kann man demonstrieren, daß eine sphärische Oberfläche aus einer Mischung von Fünf- und Sechsecken zusammengesetzt sein kann).

66 William H. Calvin, »Error-correcting codes: Coherent hexagonal copying from fuzzy neuroanatomy«, *World Congress on Neural Networks* 1:101–104 (1993).

4 Den zerebralen Park verwalten

65 Michael A. Arbib, *In Search of the Person* (University of Massachusetts Press 1985), S. 52–53.

66 Barbara L. Finlay und Richard B. Darlington, »Linked regularities in the development and evolution of mammalian brains«, *Science* 268:1578–1584 (16. Juni 1995).

67 Charles Darwin betont in *Die Enstehung der Arten* (1859, Reclam Stuttgart 1963), daß jedes Detail einer Struktur so verstanden werden kann, daß es direkt oder indirekt von besonderem Nutzen für irgendeine Vorgängerform gewesen ist.

67 Zur Konversion und Koexistenz von Funktionen in derselben Struktur s. Darwin (1859, Reclam Stuttgart 1963).

67 Der Sprachkortex ist nicht ausschließlich mit Sprache beschäftigt, vgl. die ersten Kapitel von Calvin und Ojemann (1995).

68 Cicero, *De oratore.*

69 Garrett Hardin, »The tragedy of the commons«, *Science* 162:1243–1248 (1968).

71 Zum kartesianischen Theater vgl. Daniel C. Dennett, *Philosophie des menschlichen Bewußtseins* (Hoffmann und Campe 1994).

72 Für den menschlichen motorischen Kortex ist nachgewiesen worden, daß beim Erlernen serieller, rasche Reaktionen erfordernder Aufgaben die Exzitabilität der relevanten Regionen des Kortex sich steigert, wie man an größeren Bereichen beobachtete, bei denen ein transkranialer magnetischer Standard-Stimulus eine EMG-Reaktion der relevanten Muskelgruppen hervorrufen konnte. Als die Reaktionszeit jedoch das endgültige Minimum erreichte, fiel der Bereich ab. Vgl. S. Alvaro Pascual-Leone, Jordan Grafman, Mark Hallett, »Modulation of cortical motor output maps during development of implicit and explicit knowledge«, *Science* 263:1287–1289 (1994). Diese Expansion könnte mit größeren Sechseck-Territorien korrespondieren, genauso aber auch mit der Erzeugung einer Auswahl von alternativen motorischen Programmen; im letzteren Fall würde der Abfall dem Umstand entsprechen, daß der Bereich nicht länger herumsuchen muß.

73 Zur Massenaktion vgl. den Klassiker Walter J. Freeman, *Mass action in the nervous system* (1975); eine gute Zusammenfassung dieses uralten neurophysiologischen Themas findet sich in Freemans *Societies of Brains* (Erlbaum 1995).

75 Karl Popper (1979), zitiert von Raphael Sassower in *Cultural Collisions: Postmodern Technoscience* (Routledge).

75 Donald T. Campbell, »Epistemological roles for selection theory«, in N. Rescher (Hg.), *Evolution, Cognition, and Realism: Studies in Evolutionary Epistemology* (Lanham, MD: University Press of America 1990), S. 1–19, Zitat S. 9.

5   Resonanzen in chaotischen Erinnerungen

77   Marcus Tullius Cicero (104–43 v. Chr.), *Gespräche in Tusculum*, hg. v. Olof Gigon (Ernst Heimeran 1951), S. 63.
Friedrich Wilhelm Nietzsche, *Menschliches, allzu Menschliches, Anhang: Vermischte Meinungen und Sprüche* (1879), Band 2, 1. Abteilung (1886), Text Nr. 122.
George Santayana, in W. H. Auden und L. Kronenberger, *The Viking Book of Aphorisms* (Viking 1962), S. 323.

77   Finken, s. Weiner (1996).

78   Aktivierung des EEG in kleinen Bereichen des Neokortex: Itzhak Fried, George Ojemann, Eberhard Fetz, »Language-related potentials specific to human language cortex«, *Science* 212:353–356 (1981).

78   Elizabeth E. Loftus, *Eyewitness Testimony* (Harvard University Press 1979).
S. Sporns und Tonini (1994) und Calvin und Ojemann (1995, Kapitel 7 und 8) bieten eine Zusammenfassung, wie bereits existierende Verbindungen ausgestaltet werden.

80   Zu Chaos s. Abraham et al. (1990), Freeman (1995) und Stewart (1998).

81   »… wie ein Schmetterling flattert«: Freeman (1995), S. 63.

81   Die in den epileptischen Foci des zerebralen Kortex zwischen den Anfällen beobachtete Aktivität muß nicht notwendigerweise einem »kleinen« Anfall entsprechen: W. H. Calvin, »Normal repetitive firing and its pathophysiology«, in J. Lockard und A. A. Ward jr. (Hgg.), *Epilepsy: A Window to Brain Mechanisms* (Raven Press 1980), S. 97–121.
Zur Übertragung der Chaostheorie auf die Gehirnaktivität vgl. Steven J. Schiff et al., »Controlling chaos in the brain«, *Nature* 370:615–620 (1994).
Zur Rolle des synchronen Input s. X. Wang, M. M. Merzenich, K. Sameshima, W. M. Jenkins, »Remodeling of hand representation in adult cortex determined by timing of tactile stimulation«, *Nature* 378:71–75 (1995).

Markus Meister, Leon Lagnado, Denis A. Baylor, »Concerted signaling by retinal ganglion cells«, *Science* 270:1207–1210 (17. November 1995).

83 Patricia K. Kuhl, »Learning and representation in speech and language«, *Current Opinion in Neurobiology* 4:812–822 (1994).

84 Freeman (1995), S. 67.

85 Eine Diskussion der LTP und der aktivitätsabhängigen strukturellen Änderungen an Synapsen findet sich in jedem neurobiologischen Standardwerk wie z. B. Eric R. Kandel, James H. Schwartz, Thomas M. Jessell, *Principles of Neural Science* (Elsevier ³1991).

85 Karl S. Lashley, *Brain Mechanisms and Intelligence* (University of Chicago Press 1929).

86 Zum Hintergrund des Problems, Ensembles zusammenzustellen, s. Wolf Singer, »Development and plasticity of cortical processing architectures«, *Science* 270:758–764 (3. November 1995).

86 Peter A. Getting, »Emerging principles governing the Operation of neural networks«, *Annual Reviews of Neuroscience* 12:185–204 (1989).

89 Zu den Eigenschaften der NMDA-Kanäle s. Charles F. Stevens, »Two principles of brain organization: a challenge for artificial neural networks«, in Daniel Gardner (Hg.), *The Neurobiology of Neural Networks* (MIT Press 1993), S. 13–20, bes. S. 18.

90 Dies ist vielleicht nicht der richtige Zeitpunkt, die temporale Summierung zu behandeln (vgl. die Beispiele für zufällige Rivalen in Calvin 1980, später angeführt), doch es sollte angemerkt werden, daß die NMDA-Kanäle auch zu einem langsameren Verfall der EPSPs beitragen. Darüber hinaus stimuliert der Eintritt von Kalzium-Ionen durch einen NMDA-Kanal wahrscheinlich diverse sekundäre Boten-Mechanismen im Inneren des Neurons.

91 Über die Pyramidenneuronen der Schicht 5 bekommen wir jetzt Informationen dank Messungen sowohl am Zellkörper als auch am Apikaldendriten. Konsistent den EPSPs folgende Aktionspotentiale können sie um 20 Prozent verstärken, aber es braucht ziemlich große Spannungsveränderungen, vielleicht sogar Kalziumspitzen in der Nähe, um die EPSPs effektiv zu konditionieren. S. Greg Stuart und Bert Sakmann, »Amplification of EPSPs by axosomatic sodium channels in neocortical pyramidal neurons«, *Neuron* 15:1065–1076 (1995). A. M. Brown, Peter C. Schwindt, Wayne Crill, »Different voltage dependence of transient and persistent Na^+ currents is compatible with modal-gating hypothesis for sodium channels«, *Journal of Neurophysiology* 71:2562–2565 (1994).

92 Einer einfachen Theorie zufolge gibt es in Dendriten zwei Schwellenwerte für Kalziumströme, wobei der niedrigere mit Langzeitdepression assoziiert ist und der höhere mit Langzeitpotenzierung. Vgl. C. Hansel, A. Artola, Wolf Singer, »Ca^{2+} signals associated with the induction of long-term potentiation and long-term depression in pyramidal cells of the rat visual cortex«, *Society for Neuroscience Abstracts* 711.3 (1995).

92 Kortikale Neuronen sind individuell in der Lage auf fortgesetzten Input hin rhythmisch zu feuern: William H. Calvin, George W. Sypert, »Fast and slow pyramidal tract neurons: An intracellular analysis of their contrasting repetitive firing properties in the cat«, *Journal of Neurophysiology* 39:420–434 (1976).

92 W. R. Softky, Christof Koch, »The highly irregular firing of cortical cells is inconsistent with temporal integration of random EPSPs«, *Journal of Neuroscience* 13:334–50 (1993).

93 *Mea culpa:* Ich verbrachte ziemlich viel Zeit damit, Leute davon zu überzeugen, daß kortikale Neuronen rhythmisch feuern sollten, genau wie motorische Neuronen, daß sie beeindruckend *analog* wären; W. H. Calvin, »Normal repetitive firing and its pathophysiology«, in J. Lockard und A. A. Ward jr. (Hgg.), *Epilepsy: A Window to Brain Mechanisms* (Raven Press 1980), S. 97–121. Die analogen Aspekte könnten natürlich immer noch ein Hauptfaktor der dendritischen

Verstärkung synaptischen Inputs sein, sogar in den Fällen, wo es um das Entdecken von Koinzidenzen geht: s. Jennifer Altman (Hg.), *Coincidence Detection in the Nervous System* (Human Frontier Science Program, Strasbourg 1996).

93 Jede Menge Aktivität von Dreiecksanordnungen wäre mein Lieblingskandidat für eine Region des Neokortex, die etwas Interessantes tut, und nicht etwa insgesamt hohe Aktivitätslevel, wie sie Durchblutung oder Stoffwechsel nahelegen. Man beachte, daß beim Übergang von unorganisierter Aktivität zu verschärften Dreiecksanordnungen eine automatische Aussteuerung solche traditionelleren Indikatoren der neokortikalen »Aktivität« de facto maskieren könnte. Aufgrund der automatischen Aussteuerung würde es an den Knoten der Dreiecksanordnungen zu mehr Feuern kommen und zu weniger in der Nähe – und es gäbe keine Nettoveränderung in der räumlich gemittelten Aktivität, die man mit den auf der Durchblutung basierenden Meßtechniken entdecken könnte.

94 Abeles (1991).

94 Peter König, Andreas K. Engel, Wolf Singer, »Relation between oscillatory activity and long-range synchronization in cat visual cortex«, *Proceedings of the National Academy of Sciences U.S.A.* 92:290–294 (1995).

95 Herbert A. Simon, *Die Wissenschaften vom Künstlichen* (Springer ^{2}1994), S. 153.

6 Die Aufteilung des Spielfelds

97 John Z. Young, *A Model of the Brain* (Clarendon Press 1964). Sein »The organization of a memory system«, *Proceedings of the Royal Society* (London) 163B:285–320 (1965) führt das Mnemon-Konzept ein, bei dem geschwächte Synapsen dazu dienen, eine Funktion in Gang zu setzen. Eine spätere Version findet sich in »Learning as a process of selection«, *Journal of the Royal Society of Medicine* 72:801–804 (1979).

97 Richard Dawkins, »Selective neuron death as a possible memory mechanism«, *Nature* 229:118–119 (1971).

98 Jean-Pierre Changeux, A. Danchin, »Selective stabilization of developing synapses as a mechanism for the specification of neuronal networks«, *Nature* 264:705–712 (1976).

98 Gerald M. Edelman, »Group selection and phasic reentrant signaling: a theory of higher brain function«, in F. O. Schmitt und F. G. Worden (Hgg.), *The Neurosciences Fourth Study Program* (MIT Press 1979), S. 1115–1139.

98 Größenunterschiede des primären visuellen Kortex bei Erwachsenen: Suzanne S. Stensaas, D. K. Eddington und W. H. Dobelle, »The topography and variability of the primary visual cortex in man«, *Journal of Neurosurgery* 40:747–755 (Juni 1974).

98 Zu den »stummmen« Synapsen s. a. Patrick D. Wall, »Do nerve impulses penetrate terminal arborizations? A pre-presynaptic control mechanism«, *Trends in Neurosciences* 18:99–103 (Februar 1995).

98 Otto Rössler, »The chaotic hierarchy«, *Zeitschrift für Naturforschung* 38A:788–802 (1983).

98 Gerald M. Edelman, *Unser Gehirn – ein dynamisches System. Die Theorie des neuronalen Darwinismus und die biologischen Grundlagen der Wahrnehmung* (Piper 1993).
William H. Calvin, »A global brain theory« (eine Buchbesprechung von Gerald Edelmans Originalausgabe *Neural Darwinism* [Basic-Books 1987]), *Science* 240:1802–1803 (24. Juni 1988).

99 »Differential amplification of particular variants in a population« ist aus Edelman (1989), S. 39.

99 »[Dies] ist eine Populationstheorie …«: Edelman (1989).

101 Überschreiben: Loftus (1979).

101 Wiederholte Feuersequenzen des Hippocampus während des Schlafs
s. William E. Skaggs, Bruce L. Macnaughton, »Replay of neuronal
firing sequences in rat hippocampus during sleep following spatial
experience«, *Science* 271:1870–1873 (29. März 1996).

101 G. Buzháki, A. Bragin, J. J. Chrobak, Z. Nádasdy, A. Sik, M. Hsu, A.
Ylinen, »Oscillatory and intermittent synchrony in the hippocam-
pus: relevance to memory trace formation«, in G. Buzháki et al.
(Hgg.), *Temporal Coding in the Brain* (Springer 1994) S. 145–172.

102 Auch das »Verzittern« des Timings ist mit vielen Klonen leicht zu
lösen. Die moderne Version der »Werftheorie« findet sich in William
H. Calvin, »The unitary hypothesis: A common neural circuitry for
novel manipulations, language, plan-ahead, and throwing?«, in Kathleen R. Gibson und Tim Ingold (Hgg.), *Tools, Language, and Cognition in
Human Evolution* (Cambridge University Press 1993), S. 230–250.

102 Überscharfe Wahrnehmung: William H. Calvin, »Precision timing
requirements suggest wider brain connections, not more restricted
ones«, *Behavioral and Brain Sciences* 7:334 (1984).

103 Evolutionär stabile Strategien (ESSs) s. John Maynard Smith, *The Evolution of Sex* (Cambridge University Press 1978).

104 Da die Axone mehrere Endungsbüschel im Abstand von »0,5 mm«
haben, müssen die Tore nicht sehr breit sein.

113 Nischen-Zitat aus: Ernst Mayr, *Eine neue Philosophie der Biologie* (Piper
1991), S. 169. Nach der Definition von G. E. Hutchinson ist eine
Nische ein multidimensionaler Ressourcenraum.

113 Borneo-Zitat aus: Mayr (1991), S. 169–170.

113 Potentieller Nischenraum: Mayr (1991), S. 162.

114 Zur Evolution der Tabellenkalkulation vgl. mein Buch *Der Strom, der
bergauf fließt. Eine Reise durch die Evolution* (Carl Hanser 1994), Drei-
zehnter Tag.

114 Evolutionär stabile Strategien (ESSs) konstituieren sicherlich eine Meta-Ebene für die kortikalen Wettbewerbe. Genau wie sie erklärten, warum der unmittelbare Eigennutz nicht die ideale Lösung für das Gefangenen-Dilemma und ähnliche Spiele ist, werden ESSs vermutlich sich als relevant für Konkurrenzen um den Arbeitsraum erweisen. Wenn die Simulation einer neokortikalen Darwin-Maschine erst einmal die einfachen Wettbewerbe bewältigt, wird es interessant zu beobachten, welche kooperativen Phänomene sich ergeben. Doch das liegt außerhalb der Möglichkeiten der gegenwärtigen Analyse, die ihre Erklärungskraft primär aus den Mosaiken der Planimetrie bezieht.

115 James L. Gould und Carol Grant Gould, *Bewusstsein bei Tieren. Ursprünge von Denken, Lernen und Sprechen* (Spektrum Akademischer Verlag 1997), S. 51.
William James, »Great men, great thoughts, and the environment«, *The Atlantic Monthly* 46(276):441–459 (Oktober 1880).

Zwischenspiel

Die Kreidezeichnung von Charles Darwin aus den vierziger Jahren des 19. Jahrhunderts stammt von Samuel Laurence. Eine Farbreproduktion zeigt der Schutzumschlag von Janet Browne, *Charles Darwin, Volume 1, Voyaging* (1995). Das Original befindet sich in Darwins Landsitz Down House in einem Londoner Vorort (Wegbeschreibung unter: *http://weber.u. washington.edu/~wcalvin/down_hse.html).*

117 Richard Dawkins, *The Extended Phenotype* (Freeman 1982).

122 Roy M. Pritchard, Woodburn Heron, Donald O. Hebb, »Visual perception approached by the method of stabilized images«, *Canadian Journal of Psychology* 14:67–77 (1960).

122 Das Profil der Versuchsperson wurde übernommen aus Hebb (1980, zugleich Quelle der Geschichte); es ist die Nachzeichnung eines Fotos aus Roy M. Pritchard, »Stabilized images on the retina«, *Scientific American* 204:72–78 (Juni 1961).

123 Die Cheshire-Katze erscheint und verschwindet in: Lewis Carroll, *Alice im Wunderland* (Originalausgabe 1865, dt. z.B. Deutscher Taschenbuch Verlag 1987).

124 Andauerndes Feuern kann auf anhaltenden Input oder auf Sicker-ströme zurückzuführen sein, die eine Art Schrittmacher darstellen; s. z. B.: William H. Calvin, Charles F. Stevens, »Synaptic noise and other sources of randomness in motoneuron interspike intervals«, *Journal of Neurophysiology* 31:574–587 (1968).

124 Eine Würdigung Hebbs durch seinen ehemaligen Studenten und langjährigen Kollegen Peter M. Milner (der auch Hebbs Zellensemble auf Kategorien und Synchronität ausweitete) findet sich in »The mind and Donald O. Hebb«, *Scientific American* 268(1):124–l29 (Januar 1993) und »Neural representations: some old problems revisited«, *Journal of Cognitive Neuroscience* 8:69–77 (Januar 1996).

124 Hebb führte in die Wissenschaft alle drei wichtigen Konzepte ein, für die er heute gefeiert wird: erst das zweispurige Gedächtnis, dann das Zellensemble und schließlich die Hebbsche Synapse – und das auf bloß zwei aufeinanderfolgenden Seiten (S. 61–62) von *The Organization of Behavior*. An vielen Stellen des Buches entschuldigt und verteidigt er sich, daß er den Leser mit seinen Spekulationen belastet, aber Hebb war neben der physiologischen Ausrichtung durch seinen Lehrer Karl Lashley felsenfest davon überzeugt, daß es sich lohne, theoretisch zu arbeiten. Eine solche Haltung war unter den Neurowissenschaftlern seiner Zeit selten, die auf theoretische Überlegungen mit äußerster Ungeduld reagierten. Die Neurowissenschaftler waren in einer ganz anderen Lage als die Physiker, bei denen der seit langem bestehende Wettstreit zwischen Theoretikern und experimentell Arbeitenden sich als äußerst fruchtbar erwies. Als ich inmitten meiner zwei Dekaden experimentellen Arbeitens mich zeitweilig der Theorie zuzuwenden begann, wurde letztere noch immer verleumdet, und es gab nur wenige Vollzeit-Theoretiker in neurowissenschaftlichen und verwandten Einrichtungen. Erst als Mitte der achtziger Jahre der Konnektionismus die Aufmerksamkeit aller zu fesseln begann, gewann die Theorie unter den Neurowissenschaftlern halbwegs an Ansehen. Und einer der Sachverhalte, über die damals alle sprachen, waren die

retrograd verstärkten Synapsen, die vier Jahrzehnte zuvor Hebb unter zahlreichen Entschuldigungen vorhergesagt hatte.

125 Richard Dawkins, »Viruses of the mind«, in Bo Dahlbom (Hg.), *Dennett and His Critics: Demystifying Mind* (Blackwell 1993). S. auch Richard Brodie, *Virus of the Mind* (Integral Press, Seattle 1995).

126 Modifikation der Konnektivität: Franklin B. Krasne, »Extrinsic control of intrinsic neuronal plasticity: a hypothesis from work on simple systems«, *Brain Research* 140:197–206 (1978).

131 J. Allan Hobson, *The Chemistry of Conscious States* (Little, Brown 1994), S.117.

131 Hebb (1980), S. 5.

7   Der Brownsche Begriff

133 Kant's Werke, Band III, *Kritik der reinen Vernunft*, Zweite Auflage 1787 (Georg Reimer 1911), S. 136

134 Eleanor Rosch, s. Johnson (1987).

134 Samuel Butler (»II«), zitiert in: W. H. Auden und L. Kronenberger, *The Viking Book of Aphorisms* (Viking 1962), S. 333.

134 Bickerton (1995), S. 51–52.

136 Einfache assoziative Erinnerungen s. Daniel L. Alkon, *Memory's Voice* (HarperCollins 1992).

140 Robert Holt, »The microevolutionary consequences of dimate change«, *Trends in Evolution and Ecology* 5:311–315 (1990).

141 Freeman (1995), S. 100.

142 »Zukünftige Stellen-Zellen« s. L. F. Abbott, K. I. Blum, »Learning and

generating motor sequences«, *Nervous Systems and Behaviour* (Proceedings of the 4th International Congress of Neuroethology 1995), S.106.

142 Der Begriff der Efferenz leitet sich her von E. von Holst, H. Mittelstaedt, »Das Reafferenzprinzip. Wechselwirkungen zwischen Zentralnervensystem und Peripherie«, *Naturwissenschaften* 37:464–476 (1950).

142 J. Allan Hobson, *The Chemistry of Conscious States* (Little, Brown 1994), S. 59–60.

144 »Vom Titel über die Abstracts zum Volltext« kann heute noch ausgeweitet werden zu Web-Seiten, die fünfminütige audiovisuelle Präsentationen hinzufügen und vielleicht sogar einen halbstündigen virtuellen Rundgang durchs Labor, wobei optional die diversen Experimentiertechniken demonstriert werden.

144 Bruce Schneier, *Applied Cryptography* (Wiley 1994), S.28.

146 Mein kurzer Abriß der Musikgeschichte stammt aus Steven R. Holtzman, *Digital Mantras: The Languages of Abstract and Virtual Worlds* (MIT Press 1994), S. 18–33.

147 Von den anderen kortikalen Theorien ist besonders relevant: Krishna V. Shenoy, Jeffrey Kaufman, John V. McCrann, Gordon L. Shaw, »Learning by selection in the trion model of cortical organization«, *Cerebral Cortex* 3:239–248 (1993).

148 Hebb (1980), S. 107.

8   Konvergenzzonen mit einem Schuß Sex

149 John Maynard Smith, *The Theory of Evolution* (Cambridge University Press 1993), S. 41.

150 Die Übertragungsgeschwindigkeit in Axonen hängt ab von ihrem

Durchmesser, der Dicke ihrer Myelin-Umhüllung und der Dichte der Natrium-Kanäle an den Ranvier-Ringen. Weil Natrium-Kanäle regelmäßig ersetzt werden, könnte das Einfügen neuer Kanäle leicht dazu benutzt werden, die Übertragungsgeschwindigkeit in einem Seitenast zu erhöhen. Auch kleinere Verzögerungen an den Verzweigungspunkten werden in Erwägung gezogen, für die größte – und zugleich variabelste, um vielleicht Übertragungszeiten anzugleichen – Verzögerung ist allerdings die Synapse selbst verantwortlich. Für eine theoretische Erörterung s. Y. Manor, Christof Koch, Idan Segev, »Effect of geometrical irregularities on propagation delay in axonal trees«, *Biophysical Journal* 60:1424–1437 (1991).

151 Ich danke meinem Kollegen John W. Sunsten für die Fotos vom gesamten Gehirn; sie zählen zu der exzellenten Sammlung unter *http://www1.biostr.-washington.edu/DigitalAnatomist.html.*

151 Strychnin-Neuronographie: J. G. Dusser de Barenne, W. S. McCulloch, »Functional organization of the sensory cortex of the monkey«, *Journal of Neurophysiology* 1:69–85 (1938).

151 Eine Zusammenfassung der Kolumnen und Schichten findet sich in William H. Calvin, »Cortical columns, modules, and Hebbian cell assemblies«, in M. A. Arbib, *Handbook of Brain Theory and Neural Networks* (MIT Press 1995), S. 269–272.

152 Zu den Konvergenzzonen s. Antonio R. Damasio, »Time-locked multiregional retroactivation: a systems-level proposal for the neural substrates of recall and recognition«, *Cognition* 33:25–62 (1989). Für ein gutes Beispiel für die kortikokortikale Konnektivität vgl. Terry W. Deacon, »Cortical connections of the inferior arcuate sulcus cortex in the macaque brain«, *Brain Research* 573:8–26 (1992).

152 Ausschnitt von Pablo Picasso, *Buste de femme au chapeau* (1941), Musée Picasso, Paris.

152 Für die temporale Summierung von Inputs s. Calvin und Ojemann (1995), S. 118f.

267

155 Zeitfenster des NMDA-Kanals (bei Zimmertemperatur): J. M. Bekkers, C. F. Stevens, »Computational implications of NMDA receptor channels«, *Cold Spring Harbor Symposia on Quantitative Biology* LV:131–135 (1990).

157 Einen weiteren Beitrag zur Unterdrückung der weniger Erfolgreichen leistet die Langzeit-Depression (LTD), eine Reduzierung der synaptischen Stärken aufgrund von konditionierenden Stimuli, die nicht ausreichen, um eine Langzeit-Potenzierung (LTP) hervorzurufen. Es ist noch unklar, ob es sich bei der LTD tatsächlich um einen synaptischen Mechanismus handelt oder um eine Reduktion der dendritischen Verstärkung durch Kalzium- und Natrium-Ströme, doch sie müßte die wünschenswerte Eigenschaft ausweisen, die Größe des heißen Flecks zu reduzieren.

158 Gameten-Dimorphismus: Lynn Margulis und Dorion Sagan, *Origins of Sex* (Yale University Press 1986), und Maynard Smith (1978).

159 Die Voraussetzungen für eine sexuelle Selektion werden ausführlicher diskutiert in Cronin (1991), S.114.

159 Marc Aurel, *Selbstbetrachtungen, Siebentes Buch, 25* (Insel 1992), S. 109.

160 Ich spreche von »in etwa analog«, weil der Spermium-Ei-Dimorphismus nicht der unterschiedlich großer DNS-Mengen ist, sondern einer der gespeicherten Energie. Allerdings haben Eier tatsächlich etwas mehr DNS, und zwar wegen der rein maternalen mitochondriellen mtDNS und den beiden weiblichen X-Chromosomen.

162 Synästhesie wird beschrieben in Richard E. Cytowic, *Farben hören, Töne schmecken. Die bizarre Welt der Sinne* (Byblos 1995).

165 Henry J. Perkinson, *Teachers Without Goals/Students Without Purposes* (McGraw-Hill 1993), S. 34.
Damien Broderick (1996). S. *http://odyssey.apana.org.au/~terminus/iq-14.html#Interview with Damien Broderick.*

167 Roger Shank und Robert Abelson, *Scripts, Plans, Goals and Understanding* (Erlbaum 1977), S. 41.
Kinder beruhigen, indem man sie zum Mitsingen des letzten Worts bringt: Sandra Trehub, University of Toronto, persönliche Mitteilung (1995).
Peter Brooks, *Reading for the Plot: Design and Intention in Narrative* (Random House 1984), S. 1–2.

168 Das Gedicht »Jabberwocky« wurde später veröffentlicht in Lewis Carroll *Through the Looking Glass*, dt. zit. nach: *Alice im Spiegelland*, übers. v. Lieselotte u. Martin Remané (Deutscher Taschenbuch Verlag 1981) S. 28.

169 Dennett (1997), S. 191.

169 Hinweis: Bei Dennetts Beispiel handelt es sich im Original um eine deutsche Übersetzung eines englischen Klassikers; damit hätte es für ein deutsches Publikum nicht mehr funktioniert, und es wurde folglich vom Übersetzer durch ein analoges, anderssprachiges Beispiel (in einer Übersetzung von M. Henri Blaze, 1847) ersetzt; die endgültige Auflösung findet sich in den Anmerkungen zum letzten Kapitel.

173 Gordon H. Bower und Daniel G. Morrow, »Mental models in narrative comprehension«, *Science* 247:44–48 (1990).

174 J. Hore, S. Watts, J. Martin, B. Miller, »Timing of finger opening and ball release in fast and accurate overarm throws«, *Experimental Brain Research* 103: 277–286 (1995).
J. Hore, S. Watts, D. Tweed, »Arm position constraints when throwing in three dimensions«, *Journal of Neurophysiology* 72:1171–1180 (1994).

174 William H. Calvin, Charles F. Stevens, »Synaptic noise as a source of variability in the interval between action potentials«, *Science* 155:842–844 (1967).

175 William H. Calvin, »A stone's throw and its launch window: timing precision and its implications for language and hominid brains«, *Journal of Theoretical Biology* 104:121–135 (1983).

175 William H. Calvin, George W. Sypert, »Fast and slow pyramidal tract neurons: An intracellular analysis of their contrasting repetitive firing properties in the cat«, *Journal of Neurophysiology* 39:420–434 (1976).

176 John R. Clay, Robert DeHaan, »Fluctuations in interbeat interval in rhythmic heart-cell clusters«, *Biophysical Journal* 28:377–389 (1979).

176 J. T. Enright, »Temporal precision in circadian systems: a reliable neuronal clock from unreliable components?«, *Science* 209:1542–1544 (1980).

177 Brian Eno, Rundfunk-Interview in *Fresh Air* (1990) und persönliche Mitteilung (1995).

177 Vgl. meine Erwähnung der NMDA-Effekte in Kapitel 7. Da brachte ich als Beispiel die Korrektur von Armbewegungen, aber gleichermaßen trifft das auf subvokale Sequenzen zu.

178 Ein gutes, physiologisch orientiertes Buch über Musik ist das des Neurologen Frank R. Wilson, *Tone Deaf and All Thumbs?* (Viking Penguin 1986). Die Illustration, die die Bifurkation der Bahn eines von mehreren Magneten angezogenen Pendels zeigt, entstand mit Hilfe von James Gleick, *CHAOS: The Software* (Autodesk 1991).

180 John Holland, »Complex adaptive systems«, *Daedalus* (Winter 1992), S. 25.

10 Die Metaphern-Manufaktur

181 Samuel P. Huntington, »If not civilizations, what?«, *Foreign Affairs* 72(5):186–194 (1993).

181 Michael Reddy, »The conduit metaphor«, in A. Ortony (Hg.), *Metaphor and Thought* (Cambridge University Press 1979).

181 Die Kunst, richtig zu raten, wird diskutiert in Calvin (1998).

182 Allan Sandage, zitiert von Timothy Ferris in *The New Yorker*, S. 50 (15. Mai 1995).

182 »Ohne Phantasie …«: Harold Osborne, *Aesthetics and Art, Theory* (Dutton 1970), S. 208.

183 Freeman (1995), S. 107.

183 Der Begriff »Schema« wird im allgemeinen für Wissensstrukturen gebraucht, ich verwende ihn aber in Johnsons (1987, S. 2) Sinn eines Bildschemas, eines dynamischen Musters, das in etwa wie eine abstrakte Version eines Bildes fungiert und somit ein großes Spektrum verschiedener Erfahrungen verknüpft, die alle ähnliche Merkmale aufweisen.

183 Meine grammatikalischen Ausführungen gehen zurück auf Derek Bickerton, *Language and Species* (University of Chicago Press 1990). Im menschlichen Sprachkortex sind die Pyramidenneuronen der Schicht 3 in der linken Hemisphäre konsistent größer: J. J. Hutsler, M. S. Gazzaniga, »Acetylcholinesterase staining in human auditory and language cortices: regional variation of structural features«, *Cerebral Cortex* 6:260–270 (April 1996).

183 In Schach halten: s. Johnson (1987), S. 126.

184 P. Iverson, Patricia K. Kuhl, »Mapping the perceptual magnet effect for speech using signal detection theory and multidimensional scaling«, *Journal of the Acoustical Society of America* 97:553–562 (1995).

185 Nancy J. C. Andreasen, Pauline S. Powers, »Creativity and psychosis: An examination of conceptual style«, *Archives of General Psychiatry* 32:70–73 (1975).

186 Dedre Genter, Donald Genter, »Flowing water or teeming crowds: mental models of electricity«, in Dedre Genter und Albert Stevens (Hgg.), *Mental Models* (Erlbaum 1983), S. 99–129.

186 Hans Selye: s. Johnson (1987), Kapitel 5.

187 Minsky (1990), Kapitel 20.

188 »Dann reduziert man die Exzitabilität, bis nur die besseren Resonanzen aktiv bleiben«: Dies ähnelt einer DNS-Untersuchungstechnik, mit der man den Prozentsatz von verknüpften DNS-Fragmenten anhand der Temperatur abschätzt, bei der die Oberfläche der Lösung zu gerinnen beginnt.

188 Henry Moore, zitiert in Ken Macrorie, *Telling Writing* (Hayden Book Company ³1980), S. 26.

189 Wenn ein spatiotemporales Muster nicht spatial geklont werden muß, um die Aufmerksamkeit der Output-Bahnen zu gewinnen, kann die spatiale Ausdehnung von Attraktoren kleiner als ein Sechseck-Paar sein. Das aber würde sehr wenigen Zellen sehr viel Macht verleihen, die Rekrutierung eines Chors wäre sicherer.

191 Die gemeinsame neurale Maschinerie für Sprache und Handbewegungen habe ich jüngst diskutiert in William H. Calvin, »The unitary hypothesis: A common neural circuitry for novel manipulations, language, plan-ahead, and throwing?«, in Kathleen R. Gibson und Tim Ingold (Hgg.), *Tools, Language, and Cognition in Human Evolution* (Cambridge University Press 1993), S. 230–250.

192 »Und umgekehrt …«: Calvin (1993).

192 George A. Ojemann, »Brain organization for language from the perspective of electrical stimulation mapping«, *Behavioral and Brain Sciences* 6(2):189–230 (Juni 1983).

192 Bickerton (1990), S. 86.

193 Jacob Bronowski, *The Origins of Knowledge and Imagination* (Yale University Press 1978, nach Vorlesungen aus dem Jahr 1967).

194 Kenneth J. W. Craik, *The Nature of Explanation* (Cambridge University Press 1943).

194 Narrative Einheit: s. beispielsweise Paul Ricoeur, *Time and Narrative* (University of Chicago Press 1984).

195 Heinz Pagels, *The Dreams of Reason* (Simon & Schuster 1988).

11 Wie in mentalen Mosaiken Gedanken entstehen

197 Dennett (1997), S. 646. Und da ich Ihnen die Auflösung von Dennetts Zitat-Rätsel versprochen habe: Bei X handelt es sich um

```
Idxvwv ehuxhkpwhq Prqrorj yrp Dqidqj ghv huvwhq
Whlov ghu johlfkqdpljhq Wudjrhglh yrq Jrhwkh:
»Kdeh qxq, dfk! Sklorvrsklh,
Mxulvwhuhl xqg Phglflq,
Xqg ohlghu dxfk Wkhrorjlh!
Gxufkdxv vwygluw, plw khlvvhp Ehpxhkq.
Gd vwhk' lfk qxq, lfk duphu Wkru!
Xqg elq vr noxj dov zlh cxyru;«
```

Und damit Sie nicht unfreiwillig auf den ersten Blick die Antwort erkennen, habe ich den Text nach der berühmten Cäsar-Methode verschlüsselt, bei der jeder Klartext-Buchstabe durch den dritten rechts davon (Alphabet der 26 Grundbuchstaben in aufsteigender Folge) ersetzt wird (die Interpunktion wurde nicht chiffriert).

```
ABCDEFGHIJKLMNOPQRSTUVWXYZ = Klartext
DEFGHIJKLMNOPQRSTUVWXYZABC = chiffrierter Text.
```

198 Karl R. Popper und John C. Eccles, *Das Ich und sein Gehirn* (Piper 1982), S. 162–163.

198 Eugen Herrigel, *Zen in der Kunst des Bogenschießens* (O. W. Barth o. J.).

198 Charles Darwin, *Die Entstehung der Arten* (1859, Reclam Stuttgart 1963), S.229

203 Jonathan Weiner, *Der Schnabel des Finken oder Der kurze Atem der Evolution* (Knaur 1996), S. 192.

203 J. B. S. Haldane, *Journal of Genetics* 58 (1963).

203 Eine Geschichte der Vermischung von Erklärungs- und Mechanismenebenen findet sich in Helena Cronin, *The Ant and the Peacock* (1991).

203 Zur Ignoranz hinsichtlich des Problems der Erklärungsebenen s. mein *Wie das Gehirn denkt. Die Evolution der Intelligenz*, 3. Kapitel, »Der Traum des Hausmeisters«.

204 William James, *Principles of Psychology* (1890).

205 Francis Crick und Christof Koch, »The problem of consciousness«, *Scientific American* 267(3):152–159 (September 1992). Ihr neurales Korrelat des Bewußtseins (NCC, von Neural Correlate of Consciousness) ist eine relevante Gruppe von Neuronen, die genügend lange ein relevantes Muster feuern. Man kann sich leicht vorstellen, daß eine auf Populationen gestützte Hegemonie ihr NCC darstellen könnte, aber ich warne, daß eine passive Bewußtheit viel simpler sein könnte als die kreativen Konstrukte, die die James-Piaget-Popper-Ebenen von Bewußtsein implizieren; für das blitzartige Erkennen eines vertrauten Objekts braucht es im Gegensatz zu einer vieldeutigen Wahrnehmung oder einer neuartigen Bewegungsfolge vielleicht gar keinen Klonwettbewerb.

205 Edelman (1989), S. 148.

206 Paul Valery, zitiert in W. H. Auden und L. Kronenberger, *The Viking Book of Aphorisms* (Viking 1962), S. 346.

206 Traumschlaf: Hobson (1988).

208 »Zu langsam ...«: Eine unserer besten Möglichkeiten, einen Mangel an Neurotransmitter zu kompensieren, besteht darin, die Zeit zu verlängern, die er im synaptischen Spalt verbleibt. Und Medikamente, die den Zerfall oder die Abgabe des Transmitters verzögern, verän-

274

dern die Zeitkonstanten und verlangsamen somit die natürlichen Fluktuationen.

209 Kay Redfield Jamison, *Meine ruhelose Seele. Die Geschichte einer Depression* (Bertelsmann 1997), S. 76.

209 Gemischte Depressionen: Frederick K. Goodwin, Kay Redfield Jamison, *Manic-depressive Illness* (Oxford University Press 1990), S. 48.

209 Hobson (1994).

210 Hebb (1980), S. 26.

210 Jeanne d'Arc: Calvin und Ojemann (1995), S. 95.

211 »Aufgrund eines lange zurückliegenden Erfolgs …«: das könnte im einen Extrem die Aufbauphase der Ontogenese sein, während der die diffuse Verdrahtung ausgedünnt wird, so daß nur solche Endungs-Clusters übrigbleiben, die bei Probeläufen erfolgreich zusammengearbeitet haben.

212 Funktionelle Rollen für EEG-Rhythmen werden diskutiert in Theodore H. Bullock, »How do brains work?«, Kapitel 10 von E. Basar, T. H. Bullock (Hgg.), *Induced rhythms in the brain* (Birkhäuser 1991).

213 Wallace Stevens, aus »Adagia«, in *Opus Posthumous* (Knopf 1957); dt.: »Der Planet auf dem Tisch. Gedichte und Adagia« (Klett-Cotta).

214 Unsere modernen Erfahrungen mit der Datentransmission in Paketen zeigen eine Möglichkeit auf, wie Flaschenhälse serieller Ordnung umgangen werden können, was es erlaubt, daß der Kanal simultan unterschiedliche Aufgaben wahrnimmt (Internet-Telefon, Transfer von Textdateien, das Herunterladen von Bildern – alles wird von denselben zwei verzwirnten Drähten erledigt). Multiplex-Frequenzen sind eine andere Möglichkeit, genau wie das Time Slicing. Solange wir also nicht der Frage mit experimentellen Techniken hartnäckig genug nachgegangen sind, sollte man nicht vergessen, daß die »Einheit des Bewußtseins« nicht so klar ist, wie es den Anschein hat.

215 Langsamer verblassende Attraktoren werden vielleicht über Nacht ausgeblendet, vorausgesetzt, daß Schlafprozesse den kortikalen Bereich davon abhalten, neue zu schreiben. Der REM-Schlaf inhibiert ja schließlich auch zahlreiche Muskeln; zugleich die für Agenden benutzten kortikalen Bereiche zu inhibieren könnte ganz ähnlich funktionieren wie die Mantras meines *Zwischenspiels*.

216 George Steiner, »Has truth a future?«, Bronowski Memorial Lecture, nachgedruckt in Bernard Dixon (Hg.), *From Creation to Chaos* (Basil Blackwell 1989), S. 234–252, Zitat S. 250. »Neugierig auf etwas zu sein«, wie Steiner es ausdrückte, ist eine Art evolvierender Agenda, die das tägliche Leben kreativer Menschen strukturiert. Wahrscheinlich gibt es multiple evolvierende Agenden ohne festgelegte Hierarchie, etwa wenn man das Schreiben eines Opus magnum unterbricht, um die Waschmaschine zu füllen und einzuschalten, und dann eine Stunde später noch einmal, um die ausgedörrten Zimmerpflanzen zu gießen.

218 Bickerton (1990). Zu einigen Elementen einer Universalgrammatik s. Jackendoff (1993), S. 81, S. 159–164; Bickerton (1995), S. 30 ff; und Noam Chomsky, »A minimalist program for linguistic theory«, S. 1–52 in K. Hale und S. J. Keyser (Hgg.), *The View from Building 20* (MIT Press 1993). (Bei letzterem handelt es sich um ein »Behelfsgebäude« aus dem Zweiten Weltkrieg am M. I. T.; in den Jahren 1961 bis 1962 hatte ich ein Büro in 20B–225.) Man glaubt, daß für die wichtigsten Aspekte der Universalgrammatik ein Mechanismus der rekursiven Einbettung zuständig ist.

220 William H. Calvin, »The emergence of Universal Grammar from protolanguage: corticocortical coherence could enable binding and recursive embedding«, *Society for Neuroscience Abstracts* 22 (1996).

224 Darwin (1859), S. 678.

Glossar und kurze Einführungen

227 S. Stewart (1998), S. 117.

229 Wer mehr über Chaos erfahren will, sollte mit Kapitel 8 von Stewart (1998) beginnen und dann übergehen zu Abraham (1990), Glass und Mackey (1990) und Freeman (1995).

231 Eine Diskussion der Einheitsproblematik findet sich auch in William H. Calvin und Katherine Graubard, »Styles of neuronal computation«, Kapitel 29 in F. O. Schmitt und F. G. Worden (Hgg.), *The Neurosciences, Fourth Study Program* (MIT Press 1979).

231 Helena Cronin, *The Ant and the Peacock* (Cambridge University Press 1991), S. 107.

231 Zum genetischen Code vgl. ein gutes Biologie-Standardwerk oder Douglas R. Hofstadter, *Metamagicum: Fragen nach der Essenz von Geist und Struktur* (Klett-Cotta 1988), S. 731ff.

239 Zur Resonanz s. beispielsweise Stewart (1998), S. 24–25.

Über den Autor

Nach anfänglichem Liebäugeln mit dem Fotojour-
nalismus und dem Elektroingenieurswesen machte
ich meinen Abschluß in Physik an der Northwestern University (B. A. 1961), verbrachte ein Jahr am
MIT und an der Harvard Medical School, wo ich
das kennenlernte, was schließlich zur Neurowissenschaft werden sollte; dann ging ich an die University of Washington, wo ich unter Charles F. Stevens arbeitete und schließlich meinen Abschluß in
Physiologie und Biophysik machte (Ph. D. 1966).
Ich blieb in Seattle und verbrachte 20 Jahre im
Department of Neurological Surgery am anderen

Ende des Gebäudes, das mir Raum für meine theoretischen und experimentellen Arbeiten über die repetitiven Feuermechanismen des Neurons
bot. 1978 und 1979 war ich Gastprofessor für Neurobiologie an der Hebr-
ew University of Jerusalem, dann verlagerten sich meine Interessen in
Richtung der theoretischen Fragen über die Gruppeneigenschaften neuraler Schaltkreise – und die gewaltige Gehirnvergrößerung im Verlauf der
Hominidenevolution. Freunde aus der Psychologie, Zoologie, Archäologie und physischen Anthropologie gaben ihr Bestes, um mir in ihren Dis-
ziplinen weiterzuhelfen, in denen ich während der achtziger Jahre her-
umwilderte. Nachdem ich Bücher zu schreiben begonnen hatte, konnte
ich dank der Honorarvorauszahlungen immer öfter mich unbezahlt frei-
stellen lassen und aufhören, Finanzierungsanträge zu schreiben, und ich
konnte Verantwortung abgeben. Andere Universitätsforscher verbringen
bis zu einem Drittel ihrer Zeit damit, Studenten zu unterrichten und sich
mit der Bürokratie herumzuschlagen; ich verbringe nun ungefähr denselben Anteil meiner Zeit damit, Bücher für allgemein interessierte Leser zu
verfassen und mich mit Verlegern herumzuschlagen. Seit ein paar Jahren
bin ich jetzt assoziiertes Mitglied des Department of Psychiatry and Behavioral Sciences an der University of Washington – abermals eine wunder-

bare Erfahrung, obwohl ich genausowenig Psychiater bin wie zuvor Neurochirurg. Wenn man mich zwingt, meine Spezialisierung anzugeben, sage ich in der Regel, ich sei theoretischer Neurophysiologe.

Weitere Details finden sich auf meinen Web-Seiten, beispielsweise der Volltext vieler meiner Aufsätze und Kapitel aus meinen Büchern. Die Links findet man auf *http://weber.u.washington.edu/@ wcalwin/*.

Über den Graphiker

Die meisten der Freihand-Zeichnungen im Text stammen von Malcolm Wells, der unter vielem anderen Architekt ist, Autor von *Unterground Buildings*, der Illustrator meines Buches *Wie der Schamane den Mond stahl*, und Mitbesitzer der Underground Art Gallery in Brewster, Massachusetts, auf Cape Cod.

Register

281

283